# 液压与气动传动

| 主　编 | ◎ | 吴　娟 | 张建峰 | 杨凤祥 | |
| --- | --- | --- | --- | --- | --- |
| 副主编 | ◎ | 袁天运 | 武志强 | 马红微 | 殷银伟 |
| 编　委 | ◎ | 吴　娟 | 张建峰 | 杨凤祥 | 袁天运 |
| | | 武志强 | 马红微 | 殷银伟 | 朱静静 |
| | | 薄杰静 | 任秀菊 | 庞艳华 | 张艳娟 |
| | | 刘林广 | 马　宁 | | |

西南交通大学出版社

·成　都·

图书在版编目（CIP）数据

液压与气动传动 / 吴娟，张建峰，杨凤祥主编.

成都：西南交通大学出版社，2024. 9. —— ISBN 978-7

-5774-0091-4

Ⅰ. TH138；TH137

中国国家版本馆 CIP 数据核字第 20247X96J6 号

Yeya yu Qidong Chuandong

**液压与气动传动**

主　编／吴　娟　张建峰　杨凤祥

策划编辑／黄庆斌

责任编辑／张文越

封面设计／GT 工作室

西南交通大学出版社出版发行

（四川省成都市金牛区二环路北一段 111 号西南交通大学创新大厦 21 楼　610031 ）

营销部电话：028-87600564　　028-87600533

网址：http://www.xnjdcbs.com

印刷：成都勤德印务有限公司

成品尺寸　185 mm × 260 mm

印张　17.75　　字数　442 千

版次　2024 年 9 月第 1 版　　印次　2024 年 9 月第 1 次

书号　ISBN 978-7-5774-0091-4

定价　49.80 元

课件咨询电话：028-81435775

图书如有印装质量问题　本社负责退换

版权所有　盗版必究　举报电话：028-87600562

# 前　言

按照《关于深化现代职业教育体系建设改革的意见》《国家职业教育改革实施方案》的有关要求，要培养专业有深度、运用有尺度、素养有高度的高素质技能人才，不断探索产教融合、工学结合双元育人新模式，使课堂知识体系与生产实践有效衔接、学习环节与工作流程的高度融合、职业教育培养目标与企业人才需求统筹兼顾。学校骨干教师、企业专家、行业能手组成的课程开发团队，充分调研企业生产情况与学校专业建设情况，对传统的液压与气压传动技术知识体系进行优化梳理，将岗位工作能力的培养作为教学目标的落脚点，将创新能力培养与职业素养融通作为教学策划的靶向点，将工作流程与课堂教学过程融合作为教学过程的支撑点来编写本书，突出了以学生为主体的教学理念，提升学生分析问题、解决问题的能力。本书编写重点主要体现在以下几个方面：

第一：本书是工学结合课程体系的重要组成部分。

本书结合兄弟院校专业发展特点并结合我校专业发展的实际，将本专业课程与其他课程共同开发，有利于课程开发的整体性和系统性，更有利于学生对于本专业的发展方向与就业定位有机结合起来，突出专业课程的重要性，以更好地激发学生主动学习的兴趣。

第二：本书是对职业能力和岗位需求深度剖析。

本书严格按照项目化教学规范、设计流程，通过企业调研，将传统知识、岗位需求和职业能力进行细化整理，提炼出岗位能力需求的 8 个项目 25 个学习任务。每个学习任务包括任务目标、任务描述、获取信息、任务实施、任务总结等教学环节，将课堂学习过程融入工作过程，通过典型的工作案例的生产化处理，锻炼了学生解决实际问题的能力，突出了"学生主体、能力本位"职业教育理念，深化了产教融合、工学结合的新思想。

第三：本书是对教学理念、创新模式的深入探索。

本书重点突破传统教学理念，以专业为载体，以特色为方向，引导学生怎么学，真正做到让老师辅助引导、学生主动探索；将企业工作规范融入于教学环节中，借助图文并茂的呈现方式，提升学生的学习兴趣；通过思维导图阐释知识结构，提升学生解决综合问题的能力。本书可作为高等职业院校、高等专科学校、成人高校及开放性教育的教材，也可作为相关工作岗位培训的教材及自学用书。

本书在编写的过程中，认真分析职业院校学生的学习特点，细化典型工作任务，使学生积极主动地参与到教学过程的各个环节。在编写过程中，编者团队阅读了大量的技术资料和相关出版物，同时也得到了许多相关兄弟院校的大力支持，在此致以诚挚谢意。

由于编者水平有限，书中存在的不是之处，恳请读者批评指正。

编　者
2024 年 6 月

# 数字资源目录

| 序号 | 二维码名称 | 资源类型/数量 | 页码 |
|---|---|---|---|
| 1 | 液压传动原理 | 二维动画 | 3 |
| 2 | 液压传动的特点 | 二维动画 | 5 |
| 3 | 液压传动计算 | 二维动画 | 8 |
| 4 | 液压泵的分类 | 二维动画 | 16 |
| 5 | 齿轮泵的分类 | 二维动画 | 22 |
| 6 | 叶片泵工作原理 | 二维动画 | 32 |
| 7 | 柱塞泵的工作原理 | 二维动画 | 41 |
| 8 | 溢流阀的工作原理 | 二维动画 | 98 |
| 9 | 减压阀的工作原理 | 二维动画 | 103 |
| 10 | 节流阀的工作原理 | 二维动画 | 109 |
| 11 | 调速阀的工作原理 | 二维动画 | 112 |
| 12 | 组合机床动力滑台液压系统 | 二维动画 | 148 |
| 13 | 液压油的性质与选用 | 二维动画 | 164 |
| 14 | 方向控制阀的工作原理 | 二维动画 | 233 |

# 目　录

项目一　液压传动基础认知 …………………………………………………………… 001

    任务一　液压传动初识 ……………………………………………………… 001

    任务二　液压传动基本知识 ……………………………………………… 007

项目二　液压动力元件 ………………………………………………………………… 014

    任务一　液压动力元件认知 ……………………………………………… 014

    任务二　齿轮泵 ……………………………………………………………… 022

    任务三　叶片泵 ……………………………………………………………… 031

    任务四　柱塞泵 ……………………………………………………………… 039

项目三　液压执行元件 ………………………………………………………………… 052

    任务一　液压执行元件认知 ……………………………………………… 052

    任务二　液压马达 …………………………………………………………… 056

    任务三　液压缸 ……………………………………………………………… 064

项目四　液压控制元件 ………………………………………………………………… 076

    任务一　液压控制元件认知 ……………………………………………… 076

    任务二　液压方向控制元件 ……………………………………………… 081

    任务三　液压压力控制元件 ……………………………………………… 096

    任务四　液压流量控制元件 ……………………………………………… 107

项目五　液压辅助元件与液压基本回路 ………………………………………… 114

    任务一　液压辅助元件 …………………………………………………… 114

    任务二　液压基本回路 …………………………………………………… 124

**项目六　典型液压系统及典型故障排除** ························· 144

　　任务一　典型机床液压系统 ····························· 144

　　任务二　重型起重机液压系统 ··························· 155

**项目七　气压传动基础认知** ································· 170

　　任务一　气压传动技术认知 ··························· 170

　　任务二　气压传动基础知识 ··························· 177

**项目八　气压传动系统元件组成及基本原理** ·················· 186

　　任务一　气压传动系统气源装置 ························ 186

　　任务二　气压传动系统辅助元件 ························ 200

　　任务三　气压传动系统执行元件 ························ 209

　　任务四　气压传动系统控制元件 ························ 225

　　任务五　气压传动基本回路 ··························· 241

　　任务六　典型气压传动系统及常见故障排除方法 ············· 257

**参考文献** ················································· 273

# 项目一  液压传动基础认知

液压传动是利用液体作为工作介质，通过液压泵将原动机的机械能转换为液体的压力能，然后通过液压控制阀对液体的压力、流量和方向进行控制，再经过液压执行元件将液体的压力能转换为机械能，以驱动负载实现直线往复运动或回转运动的一种传动方式。它具有功率密度大、易于实现过载保护、调速范围宽、控制精度高、易于实现自动化等优点，被广泛应用于工程机械、冶金机械、农业机械、航空航天、船舶等领域。

在实际应用中，需要根据具体的工作要求和工况条件，合理选择液压元件和设计液压系统，以确保系统的稳定性、可靠性和高效性。液压传动基础认知主要包括两个学习任务：液压传动初识、液压传动基础知识。

## 任务一  液压传动初识

伴随着自动化工业水平的逐渐提高，液压传动、机械传动与电气传动融合在一起，使其满足了各种工况下的自动化、大功率重量比场合、高动态响应场合等特点，由于液压技术本身特性已经推广至工程建设、汽车、自动化生产线等不同领域，而且也成为检验国家工业化制造关键核心技术。本任务主要从液压传动的概念、液压传动的发展、液压传动的工作原理、液压传动的组成和液压传动的特点认知液压传动技术。

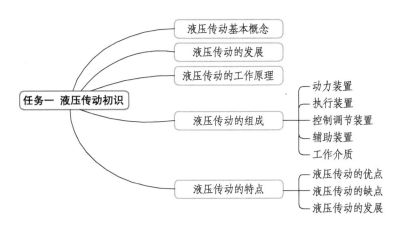

【学习目标】

### 知识目标：

（1）说出液压传动的概念。

（2）描述液动传动的特点。

### 能力目标：

（1）具备总结液压传动发展历程的能力。

（2）具备分析液压传动系统特点的能力。

### 素质目标：

（1）在学习液压系统组成和工作原理的过程中，通过团队协作探究液压系统特点，使学生具备分析问题和解决问题的能力。

（2）通过探究液压系统概念和发展等知识，使学生具备严格谨慎、务真求实的学习精神。

 【任务描述】

液压系统在生活中得到了大量的应用，如简单的千斤顶，汽车中的自动变速器、制动系统，挖掘机的破碎和反铲等，都利用了液压装置，根据自己的生活体验并结合课本相关内容，老师提出 2 个问题：什么是液压传动？液压传动的工作原理？请通过学习液压传动初识，解答教师问题。

【获取信息】

千斤顶是液压技术应用最为典型的设备之一，通过了解千斤顶的工作原理，分析液压系统的基本组成、工作原理，分析怎么实现力的放大，以及放大的倍数如何计算，从而更好地认知液压系统的性能及应用。

> **头脑风暴：** 液压传动中为什么必须用液压油而不能用水呢？
> _____
> _____

1. 液压传动基本概念

液压传动是以液压油为工作介质，借助密闭工作空间的容积变化和油液的压力来传递能量的一种传动形式。

### 2. 液压传动的发展史（图 1-1-1）

液压传动也称流体传动，是根据 17 世纪帕斯卡提出的液体静压力传动原理而发展起来的新兴技术，在工业、农业生产中广为应用。而今，流体传动技术水平的高低已成为一个国家工业发展水平的重要标志。

17 世纪，英国科学家罗伯特·博义发明了第一个液压设备——水压钟。

19 世纪，法国工程师约瑟夫·布拉莫和英国工程师威廉·乔治·阿姆斯特朗分别发明了液压起重机和水力压力机。工作介质水改为油，工作性能进一步提高。

20 世纪 20 年代，美国工程师威廉·奥伯林发明了可控液压元件，实现了液压传动的自动化控制。

20 世纪 60 年代，液压传动逐渐应用于重型机械领域，如挖掘机、起重机等。

20 世纪 70 年代，随着工业自动化的发展，液压传动得到了广泛应用，如机床、塑料机械、冶金设备等。

21 世纪，随着高科技产业的快速发展，液压传动和微电子技术密切结合，突出了高压、高速、大功率、节能高效、低噪声、长寿命、高度集中化，如液压混合动力汽车、智能液压系统等，推动了社会的进步，大大提高了人类的工作效率。

图 1-1-1　液压传动发展历程

### 3. 液压传动的工作原理

液压传动典型的实例是千斤顶（图 1-1-2）。其工作原理：由手动液压泵和液压缸组成。其中杠杆 1、小缸体 2、活塞 3、回油管 5、管道 6 和单向阀 4、7 组成手动液压泵，大活塞 8、大缸体 9、管道 10 和截止阀 11 组成升降液压缸。需要千斤顶工作时，提起杠杆手柄 1 使小活塞 3 向上移动，小活塞下端油腔容积增大，形成局部真空，这时单向阀 4 打开，通过吸油管 5 从油箱 12 中吸油，这是吸油过程；压下手柄时，小活塞下移，小

液压传动原理

缸体的下腔压力升高，单向阀 4 关闭，单向阀 7 打开，下腔的油液经管道 6 输入大缸体 9 的下腔，迫使大活塞 8 向上移动。再次提起杠杆手柄 1 吸油时，单向阀 7 关闭，使大缸体 9 中的油液不能倒流，这是压油过程；打开截止阀 11，大缸体下腔的油液通过管道 10、截止阀 11 流回油箱，大活塞 8 在重物和自重的作用下向下移动，这是卸油过程。

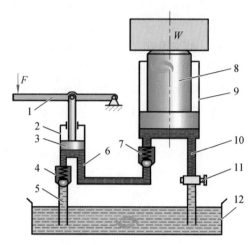

图 1-1-2　液压千斤顶工作原理

由此可见，液压传动是以液体为工作介质进行能量传递和控制的一种传动形式。它们通过各种元件组成不同功能的基本回路，再由若干基本回路有机地组合成具有一定控制功能的传动系统。其实质上是一种不同能量的转换过程，它由液压泵将原动机的机械能转换为液体的压力能，再通过液压缸或液压马达将液体压力能转换为机械能，以驱动工作机构完成各种动作。

> **想一想：** 为什么液压千斤顶体积小巧，却可以将人力放大到足够抬起沉重的汽车？
>
> _____
>
> _____

### 4. 液压传动的组成

由工作原理可知，一套完整的、能够正常工作的液压传动系统，至少由 5 部分组成。

1）动力装置

其是将原动机（电动机）供给的机械能转换为液体或者气体的压力能的装置，为各类液（气）压设备提供动力。最常见的形式是液压泵或空气压缩机。

2）执行装置

其是将液体或气体的压力能转换为机械能的装置，包括做直线运动的液压缸和做回转运动的液压马达、摆动缸，它们又称为液压系统的执行元件。

3）控制调节装置

其是控制执行元件的压力、流量和方向，以保证执行元件完成预期的工作运动，如压力阀、流量阀、方向阀等。

4）辅助装置

其是使工作介质（油或气）储存、输送、净化、润滑、测量以及用于元件间连接的装置，如过滤器、油管、压力计、流量计、油箱、油雾器、消声器等。

5）工作介质

其是进行能量和信号的传递。在液压系统中通常用液压油液为工作介质，同时还可起润滑、冷却和防锈的作用，气动系统则以压缩空气作为工作介质。

> **头脑风暴：** 依据液压千斤顶组成分析各组成部件分别实现哪一功能？
>
> _____
>
> _____

### 5. 液压传动的特点

液压传动的特点

1）液压传动的优点

（1）质量小、体积小、反应快。在输出相同的功率条件下，体积和质量相对较小，因此惯性力小，动作灵敏。这对制造自动控制系统很重要。

（2）实现无级调速，调速范围大，可在系统运行中调速，还可获得很低的速度。

（3）操作简单，调整控制方便，易于实现自动化。特别是和机、电联合使用，能方便地实现复杂的自动工作循环。

（4）便于实现"三化"，即系列化、标准化和通用化。

（5）便于实现过载保护，使用安全、可靠。

液压传动还可以输出较大推力和扭矩，传动平稳，而且能够自我润滑，因此液压元件使用寿命较长。

2）液压传动的缺点

（1）元件制作精度要求高，系统要求封闭、不泄气、不泄油，因而加工和装配的难度较大，使用和维护的要求较高。

（2）实现定比传动困难，因此不适用于传动比要求严格的场合，例如螺纹和齿轮加工机床的传动系统。

总的来说，液压传动的优点是主要的，其缺点将随着科学技术的发展不断被完善，例如气压传动、电力传动、机械传动合理使用，构成气液、电液（气）等联合传动，以进一步发挥各自的优点，互相补充，弥补某些不足之处。

3）液压传动的发展

（1）液压技术正向高压、高速、大功率、高效率、低噪声和高度集成化、数字化等方向发展。

（2）气动技术正向节能化、小型化、轻量化、位置控制的高精度化，以及与机、电、液、气相结合的综合控制技术方向发展。

# 练习题

## 一、判断题

1. 活塞缸可实现执行元件的直线运动。　　　　　　　　　　　　　　　　（　　）
2. 作用于活塞上的推力越大，活塞运动速度越快。　　　　　　　　　　　（　　）
3. 液压缸活塞运动速度只取决于输入流量的大小，与压力无关。　　　　（　　）
4. 液压传动，以液压油为工作介质。　　　　　　　　　　　　　　　　　（　　）
5. 液压传动装置本质上是一种能量转换装置。　　　　　　　　　　　　　（　　）

## 二、选择题

1. 将发动机输入的机械能转换为液体的压力能的液压元件是（　　　）。【单选题】

　　A. 液压泵　　　　　　B. 液压马达　　　　　　C. 液压缸　　　　　　　　D. 控制阀

2. 液压系统的执行元件是（　　　）。【单选题】

　　A. 电动机　　　　　　B. 液压泵　　　　　　C. 液压缸或液压马达　　　D. 液压阀

3. 液压系统中，液压泵属于（　　　）。【单选题】

　　A. 动力部分　　　　B. 执行部分　　　　　C. 控制部分　　　　　　　D. 辅助部分

4. 液压传动的特点有（　　　）。【单选题】

　　A. 可与其他传动方式联用，但不易实现远距离操纵和自动控制

　　B. 可以在较大的速度范围内实现无级变速

　　C. 能迅速转向、变速、传动准确

　　D. 体积小、质量小，零部件能自润滑，且维护、保养和排放方便

5. 液压传动（　　　）在传动比要求严格的场合采用。【单选题】

　　A. 适宜于　　　　　　B. 不宜于　　　　　　C. 以上都不对

## 三、简答题

1. 简述液压传动系统的基本原理和液压传动系统的组成。
2. 简述液压传动的特性。

# 任务二 液压传动基本知识

液压油是液压系统中的工作介质，在运动中有传递动力、改变运动状态的作用，还对液压装置的机构、零件起到润滑、冷却、密封和防锈作用，因此，在掌握液压传动系统之前，必须对液压传动中的工作介质有基本的认识，从而更好地解决液压传动中诸多工作问题，有利于液压传动技术的飞跃式发展。本任务主要从液压传动介质、液压传动的主要参数、液体流动时的能量、液压系统的异常现象等内容掌握液压传动的基本知识。

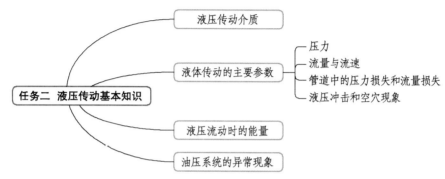

【学习目标】

知识目标：

（1）说出液压传动介质的物理特性。
（2）说出液动传动各连接方式中液压缸参数的计算。
（3）说出液体流动时能量的计算方法。

能力目标：

（1）具备分析液压油标号选择的能力。
（2）具备分析排除液压系统异常现象的能力。

素质目标：

（1）在学习过程中，通过团队协作探究液压油的性能，使学生具备维护和保养设备的能力。
（2）通过分析液压传动参数，使学生选择和正确使用液压传动设备的能力。

【任务描述】

一台35 t级挖掘机已运转15 000 h，现需要更换液压油，但在这台挖掘机上并未标明，该如何选择液压油呢？同学们根据自己的生活体验并结合课本相关内容，回答解决这一问题的主要方法。

 【获取信息】

液体是液压传动的工作介质，因此，了解液体的基本性质，掌握液体平衡和运动的主要力学规律，对于正确理解液压传动原理以及合理选择使用液压系统是非常重要的。

### 1. 液压传动介质

液压传动，以液压油（图1-2-1）为工作介质，借助密闭工作空间的容积变化和油液的压力来传递能量的一种传动形式，同时兼顾润滑、冷却、密封和防锈的作用。由此可见，液压传动介质的优劣是传动性能的关键。目前，液压传动介质是石油炼制产品，主要有矿物油、合成油、水基液体、磷酸酯等。

（1）矿物油：最常用的液压传动介质，具有良好的润滑性和防锈性。

（2）合成油：由化学合成方法制成，具有更好的低温性能和抗氧化性。

（2）水基液体：例如水-乙二醇混合物，具有防火性能，常用于特殊场合。

（3）磷酸酯：用于高温和特殊环境下，具有良好的抗燃性。

图1-2-1　液压油

选择合适的液压传动介质需要考虑工作温度、压力、系统要求等因素。不同的介质可能对系统的性能、寿命和维护要求产生影响。

### 2. 液压传动的主要参数

液压传动的基本参数：压力、流量、流速、管道中的压力损失和流量损失等参数。

> **想一想**：请大家思考生活中你见过哪些液压油？它们分别属于哪一类呢？
>
> _____
>
> _____

1）压力（图1-2-2）

压力由油液的自重和油液受到外力作用而产生的，单位为帕斯卡（Pa）。活塞被液压油推动的压力必须满足一定的条件，在工程机械中压力可以通过改变液压泵的输出功率或调节阀的开口大小来调节。

活塞被压力油推动的条件：$p > \dfrac{F}{A}$

液压传动计算

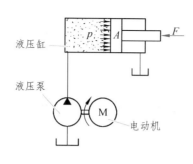

图 1-2-2　压力

（1）液体静压力的特性。

① 液体静压力垂直于其作用面，其方向与该面的内法线方向一致。

② 静止液体内，任意点的静压力在各个方向上都相等。

（2）液体压力的传递。

由液体压力静力学可知，静止液体中任意一点处的压力都包含液体面上的压力，因此，由外力作用所产生的压力可以等值地传递到液体内部的所有各点，这也是对帕斯卡原理（图1-2-3）的基本认知。

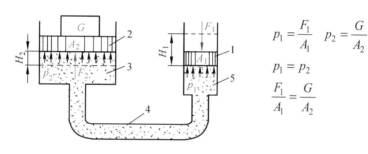

图 1-2-3　帕斯卡原理

（3）压力的表示方法。

绝对压力：以绝对真空作为基准所表示的压力。

相对压力：以大气压力作为基准所表示的压力。

绝对压力 = 大气压力+相对压力

压力的法定单位是 Pa（帕），在工程上常采用 kPa（千帕）和 MPa（兆帕）。

**畅所欲言**：液体压力的变化与温度有没有关系？

_____

_____

2）流量与流速

流量（图 1-2-4）是指单位时间内流过管道或液压缸的液体体积，用 $q_v$ 表示，单位为立方米每秒（m³/s），流量可以通过改变液压泵的转速或调节阀的开口大小来调节。

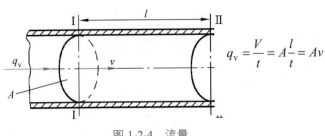

图 1-2-4　流量

流速是液体流质点在单位时间内所移动的距离。

$$v = \frac{q_{\mathrm{v}}}{A}$$

液流连续性原理（图 1-2-5）：液体在无分支管路中，通过每一截面的流量是相等的。

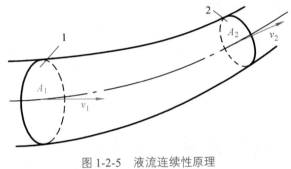

图 1-2-5　液流连续性原理

$$q_{v_1} = q_{v_2} \quad\Longrightarrow\quad A_1 V_1 = A_2 V_2$$

3）管道中的压力损失和流量损失

由静压传递原理可知，密封的静止液体具有均匀传递压力的性质，即当一处受到压力作用时，其各处的压力均相等。液体流动的状态分层流与紊流，所谓的层流指液体在流动时呈现不混杂的状态或层状流动，而紊流是混杂紊乱状态的流动。

（1）压力损失。

①沿程压力损失：液体在等径直管中流动时，因其黏性摩擦而产生的压力损失。

②局部压力损失：液体流经管道的弯头、接头、突变截面以及阀口、滤网时，所引起的压力损失。

③压力损失的利弊。

压力损失降低了系统的效率，增加了能量消耗，使液压油的温度上升，泄漏量加大，影响了液压传动系统的性能，甚至可能使油液氧化变质，产生的杂质甚至会造成管道或阀口堵塞，造成系统故障。

阻力效应是许多液压控制元件的基础。溢流阀、减压阀、节流阀等都是利用小孔及缝隙的液压阻力来进行工作的，液压缸的缓冲装置也是利用缝隙的阻力进行工作的。

（2）减小压力损失的措施。

①尽可能缩短管道长度，减少管道截面的突变和弯曲次数。

②提高管道内壁的表面结构质量。

③适当增大管路直径以增大通流截面积，降低流速。

④ 选用适宜黏度的液压油。

**头脑风暴：** 直管层流状态与紊流状态的压力损失影响因素有哪些？

_____

_____

（3）流量损失。

所谓流量损失主要针对液体泄漏，其不仅浪费油液，污染环境，还会降低系统的效率，影响系统的正常工作。常见的泄漏分内泄漏和外泄漏。内泄漏是液压元件内部高压腔与低压腔之间的泄漏。而外泄漏是液压传动系统内部的油液泄漏到系统外部时的泄漏。

减小泄漏的常用措施：采用合理的密封装置和密封件，提高零件加工和装配精度，正确布置管路，保持系统清洁等。

4）液压冲击和空穴现象

（1）液压冲击：在液压传动系统中，由于某些原因使液体压力突然升高，形成很大的压力峰值的现象。

液压冲击不但会引起设备振动，产生噪声，而且会损坏系统的密封装置、管道和液压元件，影响系统正常工作，缩短系统使用寿命，甚至造成事故。

① 液压传动系统产生液压冲击的原因：

a. 流动的液体突然停止（如突然关闭阀门）。

b. 静止的液体突然流动和流动的液体突然变向。

c. 运动部件突然制动和换向。

d. 某些液压元件动作不灵敏。

② 防止和减少系统液压冲击的措施。

a. 减慢阀的关闭速度和延长运动部件的换向时间。

b. 限制油液在管道中的流速，以减小油液的动能；减小系统中工作元件的运动速度，以减小其惯性。

c. 用橡胶软管代替金属管或在冲击源处安装蓄能器，以吸收液压冲击的能量。

d. 在易出现液压冲击的位置设置限压阀和设置缓冲装置。

（2）空穴现象。

空穴现象或气穴现象是在流动的液体中，因某点处的压力低于空气分离压力而形成气泡的现象。出现气穴现象时，大量的气泡破坏了液流的连续性，造成流量和压力脉冲。气泡随液流进入高压区后又急剧破灭，引起局部液压冲击并引发噪声和振动。当附着在管壁等金属上的气泡破灭时，它所产生的局部高温会使金属剥蚀，使液压元件的工作性能变差，寿命缩短。

减少和防止空穴现象的措施：

① 减小阀口前后的压力差，一般使压力比 $p_1/p_2 < 3.5$。

② 正确设计管路，避免过多弯曲、急转和绕行，尽量保持平直。

③ 提高系统各连接处的密封性能，防止空气侵入。

④ 提高液压元件的抗腐蚀能力。采用抗腐蚀能力强的材料，提高零件的机械强度和表面

结构质量。

⑤ 限制液压泵的吸油高度。

### 3. 液体流动时的能量

液体流动时的能量主要包括动能、压力能、位能。其中，动能是由液体的流动速度和质量决定的，而位能则与液体的高度和体积有关。在实际应用中，液体流动时的能量可以用来驱动机器、提供能源等。

截面 1：压力能：$P_1V$               截面 2：压力能：$P_2V$

$\quad\quad$ 动能：$\dfrac{1}{2}mV_1^2$                动能：$\dfrac{1}{2}mV_2^2$

$\quad\quad$ 位能：$mgh_1$                位能：$mgh_2$

根据能量守恒定律

$$P_1V + \frac{1}{2}mV_1^2 + mgh_1 = P_2V + \frac{1}{2}mV_2^2 + mgh_2$$

单位体积液体能量则为：

$$p_1 + \frac{1}{2}\rho V_1 + \rho gh_1 = p_2 + \frac{1}{2}\rho V_2 + \rho gh_2 \qquad \text{理想液体的伯努利方程式}$$

而在实际的液体流动中有能量损失，因此其实际的液体能量为

$$p_1 + \frac{1}{2}\rho V_1 + \rho gh_1 = p_2 + \frac{1}{2}\rho V_2 + \rho gh_2 + \Delta p \qquad \Delta p \text{ 为总压力损失}$$

> **想一想**：液体流动中能量损失的原因有哪些？
>
> _____
>
> _____

### 4. 液压系统的异常现象

液压系统的异常现象主要包括以下几种：

（1）压力异常：压力过高或过低，可能是由于油泵故障、油路堵塞或泄漏等原因引起的。

（2）流量异常：流量过大或过小，可能是由于控制阀故障、油路堵塞或泄漏等原因引起的。

（3）温度异常：温度过高，可能是由于油路堵塞、油泵过载或冷却系统故障等原因引起的。

（4）噪声异常：系统出现异常噪声，可能是由于油泵、控制阀或液压缸等部件故障引起的。

（5）泄漏：油路出现泄漏，可能是由于密封件损坏、管路连接松动或油路破裂等原因引起的。

因此发现液压系统出现异常现象，需要及时进行检查和维修，以确保系统的正常运行。

# 练习题

## 一、判断题

1. 油液在无分支管路中稳定流动时，管路截面积大的地方流量大，截面积小的地方流量小。 （　　）

2. 液体在变径的管道中流动时，管道截面积小的地方，液体流速高，压力小。 （　　）

3. 液压系统的工作压力一般是指绝对压力值。 （　　）

4. 在液压系统中，液体自重产生的压力一般可以忽略不计。 （　　）

5. 油液的黏度随温度而变化，低温时油液黏度增大，高温时黏度减小，油液变稀。（　　）

## 二、选择题

1. 在静止油液中，（　　）。【单选题】
   A. 任意一点所受到的各个方向的压力不相等
   B. 油液的压力方向不一定垂直指向承压表面
   C. 油液的内部压力不能传递动力
   D. 当一处受到压力作用时，将通过油液将此压力传递到各点，且其值不变

2. 流量连续性方程是（　　）在流体力学中的表达形式，而伯努力方程是（　　）在流体力学中的表达形式。【单选题】
   A. 能量守恒定律　　　B. 动量定理　　　　C. 质量守恒定律　　　D. 其他

3. 在液体流动中，因某点处的压力低于空气分离压而产生大量气泡的现象，称为（　　）。【单选题】
   A. 层流　　　　　　　B. 液压冲击　　　　C. 空穴现象　　　　D. 紊流

4. 油液在截面积相同的直管路中流动时，油液分子之间、油液与管壁之间摩擦所引起的损失是（　　）。【单选题】
   A. 沿程损失　　　　　B. 局部损失　　　　C. 容积损失　　　　D. 流量损失

5. 液压系统产生噪声的主要原因之一是（　　）。【单选题】
   A. 液压泵转速过低　　B. 液压泵吸空　　　C. 油液不干净

## 三、简答题

1. 简述什么气穴现象。
2. 简述减少压力损失的措施。

# 项目二　液压动力元件

液压动力元件是指将原动机的机械能转换为液体压力能的元件，它是整个液压系统的核心部分，液压系统是以液压泵作为向系统提供一定的流量和压力的动力元件，液压泵将原动机输出的机械能转换为工作液体的压力能，是一种能量转换装置。

由于大多数工作液体都是矿物质油类产品，液压泵又常称为油泵。

## 任务一　液压动力元件认知

液压动力元件是一个能量转化装置，其性能的好坏对于整个液压系统的工作稳定性起到关键性作用，本节课通过对液压泵的工作原理、液压泵的性能参数等方面入手，依据工作环境，正确选择不同工况下合适的液压泵，为了更深入地了解液压泵的工作原理，一定结合生活中的实际应用，让同学们真正理解其结构原理，从而加深了本节课的认知。

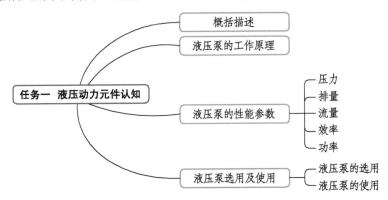

### 【学习目标】

知识目标：

（1）说出液压泵的工作原理。

（2）会分析液压泵的性能参数。

能力目标：

（1）具备利用液压泵工作原理分析基本结构的能力。

（2）具备依据参数正确选择的液压泵能力。

## 素质目标：

（1）在学习讨论中，学生根据生活的体会能正确分析液压泵的工作原理的能力，使学生具备分析问题和解决问题的能力。

（2）通过对液压泵性能参数的掌握，使学生具备严谨的学习态度、求真务实的学习精神。

 **【任务描述】**

液压系统由于自身的特性，在生活、工业生产中得到了广泛应用，作为液压系统的动力元件，为整个系统提供了持续稳定的液压，通过本节课的学习，在理解工作原理的基础上，理解液压泵的性能参数，正确选择液压泵。结合课本的相关内容，老师提出 2 个问题：液压泵的工作原理是什么？液压泵的性能参数的意义。

 **【获取信息】**

液压泵或液压马达是能量转换元件，将动能转化为液压能，目前市面上有很多种类型，其工作的本质是相同的，通过本节课的学习，正确分析液压泵的工作原理及结构特点，液压泵的性能参数及选择。

### 1. 概括描述

**头脑风暴**：生活中你见过哪些液压泵？

1）液压泵的作用

液压泵是液压传动系统中的能量转换元件（图 2-1-1）。

液压泵由原动机驱动，把输入的机械能转换成油液的压力能，再以压力、流量的形式输入到系统中去，它是液压系统的动力源。

图 2-1-1 液压泵能量转化

2）液压泵分类

容积式液压泵排油的理论流量取决于液压泵的有关几何尺寸和转速，而与排油压力无关，但排油压力要影响泵的内泄漏和油液的压缩量，从而影响泵的实际输出流量，液压泵按其在单位时间内所能输出的油液的体积是否可调节而分为定量泵和变量泵两类。单作用叶片泵、径向柱塞泵和轴向柱塞泵可以做变量泵。

液压泵的分类

按结构形式和运动部件运动方式液压泵可分为齿轮式（图 2-1-2）、叶片式（图 2-1-3）、柱塞式（图 2-1-4）、螺杆式（图 2-1-5）等。

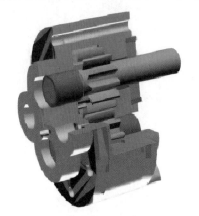

图 2-1-2　齿轮泵

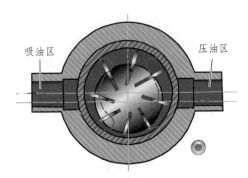

图 2-1-3　叶片泵

图 2-1-4　柱塞泵

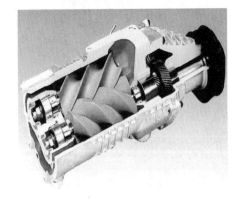

图 2-1-5　螺杆泵

齿轮泵又分内啮合齿轮泵和外啮合齿轮泵。

叶片泵又分双作用叶片泵和单作用叶片泵。

柱塞泵又分径向柱塞泵和轴向柱塞泵。

螺杆泵根据螺杆数量又分为单螺杆泵、双螺杆泵和多螺杆泵。

**头脑风暴**：液压泵在生活中选择的条件有哪些？

#### 2. 液压泵的工作原理

液压泵是靠密封容腔容积的变化来工作的，故一般称为容积式液压泵。

1）吸油过程（图 2-1-6）

当凸轮的向径由最大转向最小时，柱塞向右运动，其左端和泵体间的密封容积增大，形成局部真空，油箱中的油液在大气压的作用下打开单向阀，油液进入泵体内。

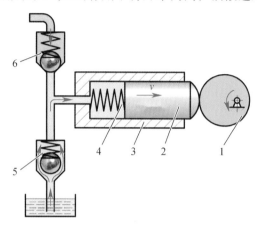

1—偏心轮；2—柱塞；3—缸体；4—弹簧；5、6—单向阀。

图 2-1-6　吸油过程

2）压油过程（图 2-1-7）

当偏心轮的向径由最小转向最大时，柱塞向左运动，密封容积减小，油液产生压力。泵体内压力油经单向阀 6 进入系统，液压泵压油。

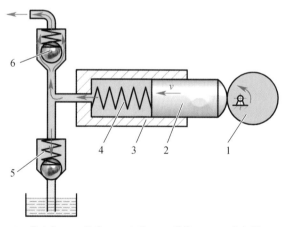

1—偏心轮；2—柱塞；3—缸体；4—弹簧；5、6—单向阀。

图 2-1-7　压油过程

3）工作条件

从上述液压泵的工作原理可以看出，其基本工作条件是：

（1）具有若干个密封且可以周期性变化空间。液压泵的输出流量与此空间的容积变化量和单位时间内的变化次数成正比。

（2）油箱内液体的绝对压力必须恒等于或大于大气压力。这是容积式液压泵能吸入油液的外部条件。因此为保证液压泵能正常吸油，油箱必须与大气相通，或采用密闭的充压油箱。

（3）具有相应的配流机构，将吸油腔和排液腔隔开，保证液压泵有规律地、连续地吸排液体。

**想一想：** 液压泵的流量大小与什么有关？

3. 液压泵的性能参数

1）压力

（1）工作压力 $p_p$：液压泵实际工作时的输出压力称为工作压力。工作压力（图 2-1-8）取决于外负载的大小和排油管路上的压力损失，而与液压泵的流量无关。

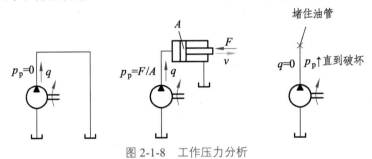

图 2-1-8　工作压力分析

（2）额定压力 $p_n$：液压泵在正常工作条件下，按试验标准规定连续运转的最高压力称为液压泵的额定压力。

$p_n$ 的大小受泵本身的泄漏和结构强度决定。当 $p_p > p_n$ 时，泵过载。

（3）最高允许压力 $p_{max}$：在超过额定压力的条件下，根据试验标准规定，允许液压泵短暂运行的最高压力值，称为液压泵的最高允许压力，超过此压力，泵的泄漏会迅速增加。

它受泵本身的密封性能和零件强度等因素限制。

2）排量

排量是泵主轴每转一周所排出液体体积的理论值 $v$，如泵排量固定，则为定量泵；排量可变则为变量泵。一般定量泵因密封性较好，泄漏小，在高压时效率较高。

泵每转一转理论上排出油的体积，常用单位：ml/r

3）流量

流量：为泵单位时间内排出的液体体积（L/min），有理论流量 $q_t$ 和实际流量 $q$ 两种。

（1）理论流量是指在不考虑液压泵的泄漏流量的情况下，在单位时间内所排出的液体体积的平均值，即

$$q_t = vn$$

式中　$v$——泵的排量（L/r）；

　　　$n$——泵的转速（r/min）。

（2）实际流量是液压泵在某一具体工况下，单位时间内所排出的液体体积称为实际流量，它等于理论流量减去泄漏流量，即

$$q = q_t - \Delta q \qquad (2\text{-}1)$$

式中 $\Delta q$——泵运转时，油会从高压区泄漏到低压区，是泵的泄漏损失。

4）效率

液压泵在能量转换和传递过程中，存在能量损失，如泵的泄漏造成的流量损失，机械运动副之间的摩擦引起的机械能损失等。

（1）液压泵的容积效率：由于液压泵存在泄漏，因此它输出的实际流量 $q$ 总是小于理论流量 $q_t$，$q = q_t - \Delta q$。

$\Delta q$ 为泄漏量，它与泵的工作压力 $p$ 有关，随压力 $p$ 的增高而加大，而实际流量则随压力 $p$ 的增高而相应减少，它们之间的关系如图2-1-9所示。

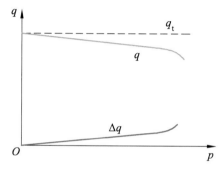

图2-1-9 液压泵流量与压力关系

液压泵的容积率用 $\eta_v$：

$$\eta_V = \frac{q}{q_t} = \frac{q}{V_n} \qquad (2\text{-}2)$$

由此得出液压泵的实际输出流量的计算公式为

$$q = V_n \eta_V \qquad (2\text{-}3)$$

对于性能正常的液压泵，其容积效率大小随泵的结构类型不同而不同。齿轮泵：0.7~0.9；叶片泵：0.8~0.95；柱塞泵：0.9~0.95。

（2）液压泵机械效率：由于存在机械损耗和液体黏性引起的摩擦损失，因此液压泵的实际出入转矩 $T_i$ 必然大于理论转矩 $T_t$，其机械效率为表示泵内摩擦损失程度的性能参数：

$$\eta_m = \frac{T_t}{T_i} \qquad (2\text{-}4)$$

（3）液压泵的总功率 $\eta$：液压泵的总效率为输出功率 $p_0$ 和输入功率 $p_i$ 之比，

$$\eta_0 = \frac{p_0}{p_i} = \frac{pq}{2\pi n T_i} = \frac{pV_n}{2\pi n T_i} \cdot \frac{q}{V_n} = \eta_m \eta_V \qquad (2\text{-}5)$$

即液压泵的总效率等于容积效率 $\eta_V$ 和机械效率 $\eta_m$ 的乘积。

5）功率

功率是指单位时间内所做的功，用 $p$ 表示。由物理学可知，功率等于力和速度的乘积。现以图为例，当液压缸内油液对活塞的作用力与负载相等时，能推动活塞以速度 $v$ 运动，则液压缸的输出功率为

$$p = Fv \tag{2-6}$$

因 $F = pA$，$v = q/A$，将其代入式（2-6），得

$$p = pA\frac{q}{A} = pq \tag{2-7}$$

式（2-6）即为液压缸的输入功率，其值等于进液压缸的流量和液压缸工作压力的乘积。按上述原理，液压泵的输出功率等于泵的输出流量和工作压力的乘积。

（1）理论输入功率。

泵输入的机械能表现为转矩 $T$ 和转速 $n$；泵输出的压力能表现为油液的压力 $p$ 和流量 $q$，若忽略转换过程中的能量损失，泵的输出功率等于输入功率，即泵的理论输入功率为

$$pq_t = 2\pi nT_t \tag{2-8}$$

（2）实际输入功率。

作用在液压泵主轴上的机械功率，当输入转矩为 $T_i$、角速度为 $w$ 时：

$$p_i = wT_i \tag{2-9}$$

（3）实际输出功率。

实际吸、压油口间的压差和输出流量的乘积：

$$p_0 = \Delta pq = \Delta pq_t\eta_v \tag{2-10}$$

$\Delta p$ 为泵进出口压力差。

实际能量在转化过程中有能量损失，输出功率<输入功率。

> **想一想**：液压泵的性能参数对于选用液压泵起到什么作用？
>
> _____
>
> _____

4. 液压泵选用及使用

1）液压泵的选用

（1）根据系统压力选择：液压泵的压力应满足系统的工作压力要求，同时应留有一定的压力储备。

（2）根据流量选择：液压泵的流量应满足系统的流量需求，同时应考虑系统的泄漏和节流损失。

（3）根据液压泵的类型选择：根据系统的工作特点和要求，选择适合的液压泵类型，如柱塞泵、齿轮泵、叶片泵等。

2）液压泵的使用

（1）注意液压泵的安装和维护：液压泵应安装在牢固的基础上，并保证其吸油口和排油口的清洁和密封。同时，应定期检查和维护液压泵，确保其正常工作。

（2）注意液压泵的启动和停止：在启动液压泵之前，应确保系统中的所有元件都已正常工作。在停止液压泵之前，应先关闭液压泵的出口阀，然后再停止液压泵的运转。

另外，对于经常使用的液压泵，在停止使用后，可以用干净的布或塑料薄膜覆盖在泵上，防止灰尘和杂物进入。同时，要将液压泵存放在干燥、通风良好的地方，避免受潮生锈。

# 练习题

## 一、判断题

1. 理论流量是指考虑液压泵泄漏损失时，液压泵在单位时间内实际输出的油液体积。（ ）

2. 双作用叶片泵可以做成变量泵。（ ）

3. 液压泵在某一具体工况下，单位时间内所排出的液体体积称为实际流量，它等于理论流量减去泄漏流量。（ ）

4. 液压泵的输出功率等于泵的输出流量和工作压力的乘积。（ ）

5. 实际吸、压油口间的压差和输出流量的乘积为实际输出功率。（ ）

## 二、选择题

1. 下列属于定量泵的是（ ）。【单选题】

    A. 齿轮泵　　　　B. 单作用式叶片泵　　　　C. 径向柱塞泵　　　　D. 轴向柱塞泵

2. 柱塞泵中的柱塞往复运动一次，完成一次（ ）。【单选题】

    A. 进油　　　　B. 压油　　　　C. 进油和压油

3. 泵常用的压力中，（ ）是随外负载变化而变化的。【单选题】

    A. 泵的工作压力　　B. 泵的最高允许压力　　C. 泵的额定压力

4. 在没有泄漏的情况下，根据泵的几何尺寸计算得到的流量称为（ ）。【单选题】

    A. 实际流量　　　B. 理论流量　　　C. 额定流量

5. 液压泵在正常工作条件下，按试验标准规定连续运转的最高压力称为（ ）。【单选题】

    A. 实际压力　　　B. 理论压力　　　C. 额定压力

## 三、简答题

1. 什么是液压泵的工作压力？最高压力和额定压力有何关系？

2. 液压泵工作的必要条件是什么？

# 任务二　齿轮泵

齿轮泵是一种通过齿轮啮合来输送液体的机械装置。它的主要部件包括一对互相啮合的齿轮、泵壳和密封装置。齿轮的旋转运动带动液体在泵壳内循环，从而实现液体的输送。齿轮泵适用于输送高黏度、高压力和低流量的液体，在工业和日常生活中都有广泛应用。

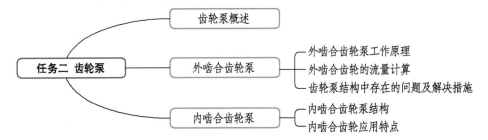

【学习目标】

### 知识目标：

（1）说出齿轮泵工作原理分析。
（2）说出齿轮泵内外结合的结构和应用特点。

### 能力目标：

（1）具备总结齿轮泵工作原理分析能力。
（2）具备分析齿轮泵流量计算及结构分析的能力。

### 素质目标：

（1）在学习过程中，通过小组协作完成齿轮泵工作原理的总结并进行汇报，提高同学们团队协作与语言表达能力。
（2）通过齿轮泵特点会正确应用，体现将理论知识与生活实践的结合，建构学生理论联系实际的学习能力。

【任务描述】

液压泵种类很多，其中应用最为广泛的是齿轮泵。根据其结构特点，齿轮泵一般都利用其定量泵形式，由于结构相对简单，价格低廉，体积较小，质量轻等特点，所以应用比较广泛，但也有自身的缺点，由此可见，根据自己的生活认知并结合课本相关内容，老师提出 3 个问题：什么是齿轮泵？齿轮泵工作原理是什么？齿轮泵如何选用？通过小组合作互相学习，回答老师的问题。

齿轮泵的分类

## 【获取信息】

齿轮泵由于结构简单、价格低廉等优点而得到广泛应用，比如传统燃油车的油泵，液压转向助力泵等齿轮泵较为常见，那么齿轮泵工作原理是什么？如何根据工作需求正确选择型号匹配的齿轮泵呢？从而更为深入地了解齿轮泵。

**头脑风暴**：你知道生活中哪些泵所用的是齿轮泵？

_____

_____

### 1. 齿轮泵概述

齿轮泵是以成对齿轮啮合运动完成吸油和压油动作的一种定量液压泵。齿轮泵是结构最简单的一种，且价格便宜，故在一般机械上被广泛使用；齿轮泵是定量泵，可分为外啮合齿轮泵（图 2-2-1）和内啮合齿轮泵（图 2-2-2）两种。

图 2-2-1 外啮合齿轮泵

图 2-2-2 内啮合齿轮泵

优点：体积小，工作可靠，成本低，抗污染力强，便于维修使用。

缺点：容积效率较低，齿轮承受径向不平衡力，不能变量。

### 2. 外啮合齿轮泵

1）外啮合齿轮泵的工作原理（图 2-2-3）

右侧吸油室由于相互啮合的轮齿逐渐脱开，密封工作容积逐渐增大，油液吸入吸油腔，并随着齿轮旋转，把油液带到左侧压油室。随着齿轮的相互啮合，压油室密封工作腔容积不断减小，油液便被挤出去，从压油口输送到压力管路中去。

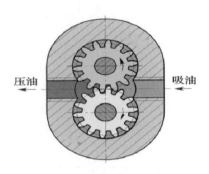

图 2-2-3　外啮合齿轮泵工作原理

在齿轮泵中，吸油区和压油区由相互啮合的轮齿（图 2-2-4）和泵体分隔开来，因此没有单独的配油机构。

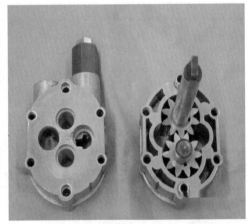

图 2-2-4　常见外啮合齿轮泵

**头脑风暴：**齿轮泵在工作中润滑如何解决呢？

2）外啮合齿轮泵的流量计算

（1）排量 $V$。

排量是液压泵每转一周所排出的液体体积，这里近似等于两个齿轮的齿间容积之和。设齿间容积等于齿轮体积，则有

$$V = \pi D h B = 2\pi Z m^2 B \qquad (2\text{-}11)$$

式中　　$D$—齿轮节圆直径（$D=mZ$）；

　　　　$h$—齿轮齿高（2 m）；

　　　　$B$—齿轮齿宽；

　　　　$Z$—齿轮齿数；

　　　　$m$—齿轮模数。

由于齿间容积比轮齿的体积稍大，并且齿数越少误差越大，因此，在实际计算中用 3.33 来代替上式中 π 值，齿数少时取大值。所以通常修正为

$$V = 6.66Zm^2B \qquad (2\text{-}12)$$

（2）流量 $q$。

齿轮泵的实际流量为

$$q = Vn\eta_{pV} = 6.66Zm^2Bn\eta_{pV} \qquad (2\text{-}13)$$

式中　$n$ —齿轮泵的转速；

　　　$\eta_{pV}$ —齿轮泵的容积效率；

　　　$q$ —齿轮泵的实际流量。

实际上，在齿轮啮合过程中压油腔的容积变化率是不均匀的，因此齿轮泵的瞬时流量是脉动变化的。设 $q_{max}$ 和 $q_{min}$ 分别表示齿轮泵的最大、最小瞬时流量，则流量脉动率 $\delta_q$ 为

$$\delta_q = \frac{q_{max} - q_{min}}{q} \times 100\% \qquad (2\text{-}14)$$

表 2-2-1 给出了不同齿轮齿数时外啮合齿轮泵的流量脉动率。在相同情况下，内啮合齿轮泵的流量脉动率要小得多。

表 2-2-1　不同齿数齿轮流量脉动率

| $Z$ | 6 | 8 | 10 | 12 | 14 | 16 | 20 |
|---|---|---|---|---|---|---|---|
| $\delta_q$ | 0.347 | 0.263 | 0.212 | 0.178 | 0.153 | 0.134 | 0.107 |

（3）齿轮泵结构中存在的问题及解决措施。

齿轮泵存在三个共性问题：间隙泄漏、径向力、困油现象。

① 间隙泄漏：径向间隙（齿顶与齿轮壳内壁的间隙）；轴向间隙（齿端面与侧板之间的间隙），又称端面间隙；齿面间隙（啮合处，此处泄漏量很小）。

齿面泄漏——约占齿轮泵总泄漏量的 5%；

径向泄漏——约占齿轮泵总泄漏量的 20%～25%；

轴向泄漏*——约占齿轮泵总泄漏量的 75%～80%。

总之，泵压力愈高，泄漏愈大。齿轮泵轴向间隙愈小，容积效率就越高。但轴向间隙过小将导致摩擦力增大，机械效率降低。

解决方法：中低压齿轮泵多采用端盖与泵体分离的三片式结构。

对于中高压和高压齿轮泵，一般采取液压自动补偿轴向间隙的措施。端面间隙补偿采用静压平衡措施，在齿轮和盖板之间增加一个补偿零件，如浮动轴套、浮动侧板（图 2-2-5）。

② 径向不平衡力的问题。

产生的原因：齿槽内的油液由吸油区的低压逐步增压到压油区的高压。在齿轮泵中，由于在压油腔和吸油腔之间存在着压差，液体压力的合力作用在齿轮和轴上，是一种径向不平衡力。

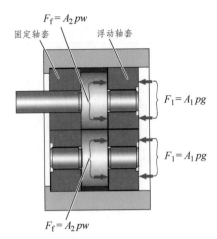

图 2-2-5　浮动轴套和浮动侧板

　　工作压力越高，径向不平衡力也越大，直接影响轴承的寿命。径向不平衡力很大时能使轴弯曲、齿顶和壳体内表面产生摩擦。

　　危害：使泵轴弯曲、齿顶与泵体摩擦等。

　　平衡措施：

　　a. 缩小压油口，以减小压力油作用面积；

　　b. 增大泵体内表面和齿顶间隙；

　　c. 开压力平衡槽（图 2-2-6）；

　　d. 加粗齿轮轴径，并采用承载能力较大的滑动轴承或滚针轴承。

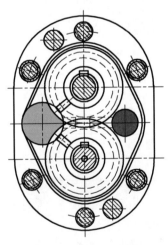

图 2-2-6　开压力平衡槽

　　③ 困油现象（图 2-2-7）。

　　产生原因：

　　a. 齿轮重叠系数 $\varepsilon>1$，在两对轮齿同时啮合时，它们之间将形成一个与吸、压油腔均不相通的闭死容积，此闭死容积随齿轮转动其大小发生变化，先由大变小，后由小变大。

　　b. 受困油液受挤压而产生瞬间高压，密封容腔的受困油液将从缝隙中被挤出，导致油液发热，轴承等零件也受到附加冲击载荷的作用。

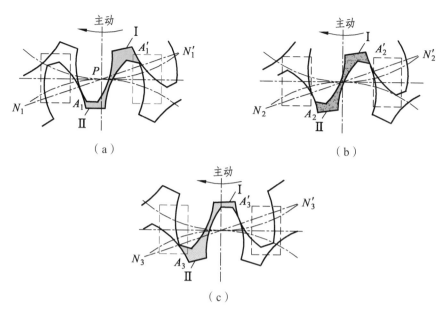

图 2-2-7 困油现象

c. 若密封容积增大时，无油液的补充，又会造成局部真空，使溶于油液中的气体分离出来，产生气穴。

产生的危害：闭死容积由大变小时油液受挤压，导致压力冲击和油液发热，闭死容积由小变大时，会引起汽蚀和噪声。

卸荷措施：在前后盖板或浮动轴套上开卸荷槽。

开设卸荷槽（图 2-2-8）的原则：两槽间距 $a$ 为最小闭死容积，而使闭死容积由大变小时与压油腔相通，闭死容积由小变大时与吸油腔相通。

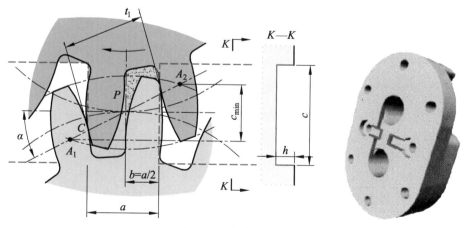

图 2-2-8 卸荷槽分析

### 3. 内啮合齿轮泵的概述

内啮合齿轮泵根据结构不同分渐开线内啮合齿轮泵和摆线式内啮合齿轮泵。

1）渐开线内啮合齿轮泵（图 2-2-9）

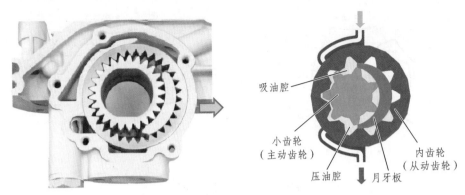

图 2-2-9　渐开线内啮合齿轮泵

（1）工作原理：小齿轮和内齿轮相互啮合，它们的啮合线和月牙板将泵体内的容腔分成吸油腔和压油腔。

当小齿轮按图示方向转动时，内齿轮同向转动。容易看出，图中上面的腔体是吸油腔，下面的腔体是压油腔。

（2）应用特点：由于内外齿轮转向相同，齿面间相对速度小，运转时噪声小；又因齿数相异，绝对不会发生困油现象，但因外齿轮的齿端必须始终与内齿轮的齿面紧贴，以防内漏，故不适用于较高的压力，泵的额定压力可达 30 MPa。

2）摆线式内啮合齿轮泵（图 2-2-10）

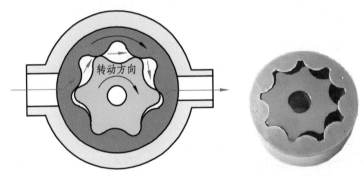

图 2-2-10　摆线式内啮合齿轮泵

（1）结构特点：

① 由一对相互啮合的内齿轮组成。

② 内外齿有一偏心距，外转子比内转子多一齿，故又称为一齿差泵。

③ 外转子回转一周，每个工作容积依次完成一次吸、排液。

（2）工作原理：泵轴带动外小齿轮旋转（图 2-2-11），外小齿轮带动内齿轮在泵体中旋转，从而实现容积的变化，实现吸油与压油过程。

（3）应用特点：

① 结构紧凑，体积小，排量大。

② 运转平稳，噪声低。

③ 加工精度要求高，容积效率较低。

图 2-2-11　摆线式内啮合齿轮泵整体结构

**头脑风暴：**齿轮泵在工作中如何避免困油现象的？

_____

_____

## 练习题

### 一、判断题

1. 齿轮泵多采用变位齿轮是为了减小齿轮重合度，消除困油现象。　　　　（　）
2. 齿轮泵具有体积小、工作可靠、成本低、抗污染力强、便于维修使用等特点。（　）
3. 外啮合齿轮泵的排量是液压泵每转一周所排出的液体体积。　　　　　（　）
4. 齿轮泵存在三个共性问题：间隙泄漏、径向力、困油现象。　　　　　（　）
5. 在齿轮泵中，由于在压油腔和吸油腔之间存在着压差，液体压力的合力作用在齿轮和轴上，是一种径向不平衡力。　　　　　　　　　　　　　　　　　　　（　）

### 二、选择题

1. 齿轮泵存在径向压力不平衡现象。要减少径向压力不平衡力的影响，目前应用广泛的解决办法有（　　　）。【多选题】
　　A. 减小工作压力　　　　　　　　　　B. 缩小压油口
　　C. 扩大泵体内腔高压区径向间隙　　　D. 使用滚针轴承
2. 提高齿轮油泵工作压力的主要途径是减小齿轮油泵的轴向泄漏，引起齿轮油泵轴向泄漏的主要原因是（　　　）。【单选题】
　　A. 齿轮啮合线处的间隙　　　　　　　B. 泵体内壁（孔）与齿顶圆之间的间隙
　　C. 传动轴与轴承之间的间隙　　　　　D. 齿轮两侧面与端盖之间的间隙
3. 为了消除齿轮泵困油现象造成的危害，通常采用的措施是（　　　）。【单选题】
　　A. 增大齿轮两侧面与两端面之间的轴向间隙

B. 在两端泵端盖上开卸荷槽

    C. 增大齿轮啮合线处的间隙

    D. 使齿轮啮合处的重叠系数小于 1

4. 齿轮泵中泄漏途径有三条，其中（　　　　）对容积效率的影响最大。【单选题】

    A. 轴向间隙

    B. 径向间隙

    C. 啮合处间隙

5. 摆线式内啮合齿轮泵的结构特点（　　　　）。【多选题】

    A. 结构紧凑，体积小，排量大

    B. 运转平稳，噪声低

    C. 加工精度要求高，容积效率较低

## 三、简答题

1. 低压齿轮泵泄漏的途径有哪几条？中高压齿轮泵常采用什么措施来提高工作压力的？

2. 齿轮泵的困油现象是怎么引起的，对其正常工作有何影响？如何解决？

# 任务三　叶片泵

　　叶片泵是一种常用的流体机械，通过旋转叶片的挤压来输送液体。它的优点是流量均匀，压力稳定，结构简单，易于维护。叶片泵的类型很多，根据结构和工作原理的不同，可以分为双作用叶片泵、单作用叶片泵等，根据输出的流量是否可调分定量叶片泵和变量叶片泵。

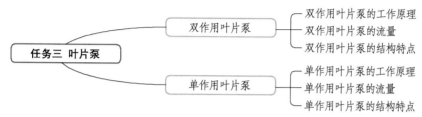

【学习目标】

　　知识目标：

　　（1）说出双作用叶片泵原理和特点。
　　（2）说出单作用叶片泵原理和特点。

　　能力目标：

　　（1）具备根据工作要求正确选择叶片泵能力。
　　（2）具备分析限压式变量叶片泵工作原理的能力。

　　素质目标：

　　（1）在学习过程中，各小组团结协作完成叶片泵工作分析，使学生具备正确选择使用叶片泵工作的能力。
　　（2）通过任务引领，培养学生阅读、分析问题能力，具备求真务实、精益求精的学习精神。

　　头脑风暴：在生活中中，你能分辨出液压泵是属于那种结构吗？

　　_____

　　_____

【任务描述】

　　市加工中心数控机床在使用时，总是出现磨损过度、断裂、卡死等现象，导致加工工件质量不合格，作为机床维修工，对现场机床进行了检查与维护，发现该机床的液压泵工作不良导致，根据该设备，我们如何对于液压泵进行选择和维护呢？根据自己的生活体验并结合课本相关内容，老师提出 2 个问题：什么是叶片式液压泵？叶片式液压泵如何选择和使用？请通过学习叶片泵，解答教师问题。

 【获取信息】

液压泵是靠容积的变化实现吸油、压油的工作过程，根据结构分液压泵分齿轮泵、叶片泵、柱塞泵等，由于原动机的功率和转速变化范围有限，为了适应工作机的工作力和工作速度变化范围变化较宽，以及性能的要求，结构小、运转平稳、噪声小的液压泵也是我们所必需的，根据其不同的结构分析叶片泵工作原理？工作特点是什么？从而更好地选择泵的使用。

叶片泵按输出流量是否可调，分为定量叶片泵和变量叶片泵；按每转吸油和压油次数不同，分为单作用式和双作用式两种。

1. 双作用叶片泵

双作用叶片泵均为定量泵，一般最大工作压力为 7 MPa，经过结构优化改进后的高压双作用式叶片泵，其工作压力最大可达 16 ~ 21 MPa，因此需根据具体要求选择叶片泵。

叶片泵工作原理

1）双作用叶片泵工作原理（图 2-3-1）

双作用式叶片泵主要由叶片、定子、转子、配油盘、转动轴和泵体等组成，定子内表面是由两段半径为 $R$ 的圆弧、两段半径为 $r$ 的圆弧和四段过渡曲线 8 个部分组成的，且定子和转子是同心的。

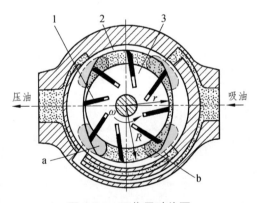

图 2-3-1 双作用叶片泵

叶片在小圆弧经过渡曲线而运动到大圆弧的过程中，叶片外伸，密封空间的容积增大，吸入油腔 a：在从大圆弧经过渡曲线运动到小圆弧的过程中，叶片被定子内壁逐渐压进槽内，密封空间容积变小，将油液从压油腔 b 压出。

转子旋转一周，叶片在转子叶片槽内滑动两次，完成两次吸油和压油，故称双作用式叶片泵。泵的两个吸油腔和压油腔是径向对称的，作用在转子上的径向液压力平衡，所以又称为平衡式叶片泵。

2）双作用叶片泵的流量（图2-3-2）

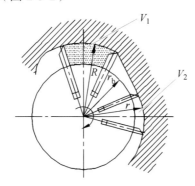

图 2-3-2　双作用叶片泵流量

图 2-3-2 所示，当不考虑叶片厚度时，双作用叶片泵的排量为

$$V_0 = 2(V_1 - V_2)Z \tag{2-15}$$

式中，$Z$ 为密封容腔的个数，$V_1$ 和 $V_2$ 分别是完成吸油和压油后封油区内油液的体积。显然

$$V_1 = \frac{1}{2}(R^2 - r_b{}^2)\beta B \tag{2-16}$$

$$V_2 = \frac{1}{2}(r^2 - r_b{}^2)\beta B \tag{2-17}$$

考虑到 $\beta = 2\pi / Z$，所以

$$V_0 = 2\pi B(R^2 - r^2) \tag{2-18}$$

式中　$B$—叶片的宽度；

　　　$R$、$r$—定子的长半径和短半径。

实际上叶片有一定厚度，叶片所占的空间减小了密封工作容腔的容积。因此转子每转因叶片所占体积而造成的排量损失为

$$V' = \frac{2B(R-r)}{\cos\theta}SZ \tag{2-19}$$

式中　$S$—叶片厚度；

　　　$\theta$—叶片倾角。

因此，双作用叶片泵的实际排量为

$$V = V_0 - V' = 2B\left[\pi(R^2 - r^2) - \frac{(R-r)}{\cos\theta}SZ\right] \tag{2-20}$$

双作用叶片泵的实际输出流量为

$$q = 2\left\{\pi(R^2 - r^2) - \frac{(R-r)}{\cos\theta}SZ\right\}Bn\eta_{pv} \tag{2-21}$$

式中　$n$—叶片泵的转速；

$\eta_{pv}$——叶片泵的容积效率。

叶片泵的流量出现微小的脉动。理论研究表明，当叶片数为 4 的倍数时流量脉动率最小，所以双作用叶片泵的叶片数一般取 12 或 16。

3）双作用叶片泵的结构特点

（1）定子工作表面曲线。

定子工作曲线（图 2-3-3）。由两段大半径圆弧、两段小半径圆弧及四段过渡曲线组成。

定子过渡曲线采用阿基米德螺线或等加速-等减速曲线。我国 YB 型叶片泵采用等加速-等减速曲线作为过渡曲线。

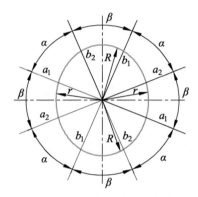

图 2-3-3 双作用叶片泵曲线

（2）配油盘。

配油盘是泵的配油机构。配油盘上的上、下两缺口 b 为吸油窗口，两个腰形孔 a 为压油窗口，相隔部分为封油区域（图 2-3-4）。在腰形孔端开有三角槽，作用是使叶片间的密封容积逐步地和高压腔相通，以避免产生液压冲击，且可减少振动和噪声。在配油盘上对应于叶片根部位置处开有一环形槽 c，在环形槽内有两个小孔 d 与排油孔道相通，引进压力油作用于叶片底部，保证叶片紧贴于内表面，能可靠密封，f 为泄油孔，用于将泵体间的泄漏油引入吸油腔。

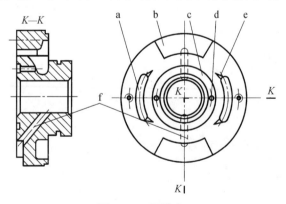

图 2-3-4 配油盘

想一想：影响叶片泵容积率的因素有哪些?

_____

_____

为了保证配油盘的吸、压油窗口在工作中能隔开，就必须使配油盘上封油区夹角 $\varepsilon$ 大于或等于两个相邻叶片间的夹角（图 2-3-5），即

$$\varepsilon' \geqslant \frac{2\pi}{Z} \tag{2-22}$$

式中　$Z$——叶片数。

此外，还要求定子圆弧部分的夹角 $\beta \geqslant \varepsilon$，以免产生困油和气穴现象。

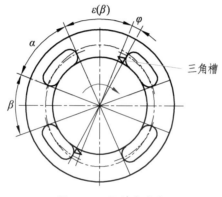

图 2-3-5　配油盘夹角

注意事项：

① 封油区所对应的夹角必须等于或稍大于两个叶片之间的夹角。

② 叶片根部与高压油腔相通，保证叶片紧压在定子内表面上。

③ 在配油盘上开三角槽。在配油盘的压油窗口上开有一个三角槽，它的作用主要是用来减小泵的流量脉动和压力脉动。

（3）叶片倾角。

叶片在转子中的安放应当有利于叶片的滑动，磨损要小。图 2-3-6 给出了叶片的受力分析。在工作过程中，受离心力和叶片根部压力油的作用，叶片紧紧地与定子接触。

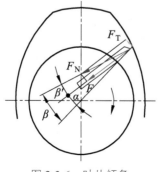

图 2-3-6　叶片倾角

定子内表面给叶片顶部的反作用力 $F_N$ 可分解为两个力，即与叶片垂直的力 $F_T$ 和沿叶片槽方向的力 $F$。

显然，力 $F_T$ 容易使叶片折断。为此，通常将转子槽按旋转方向倾斜 $\alpha$ 角，这样可以减小力 $F_T$ 的值。由理论分析和实验验证，一般取 $\alpha$ 为 $10° \sim 14°$。

（4）双作用式叶片泵提高压力的措施。

随着技术的发展，双作用叶片的最高工作压力已达成 $20 \sim 30$ MPa，这是因为双作用叶片泵转子上的径向力基本上是平衡的，不像齿轮泵和单作用叶片泵那样，工作压力的提高会受到径向承载能力的限制；其主要限制条件是叶片和定子内表面的磨损。

> **想一想：** 双作用叶片泵的叶片倾角是前倾安装，什么是前倾？

为了解决定子和叶片的磨损，要采取措施减少在吸油区叶片对定子内表面的压紧力，目前采取的措施有以下几种：

① 减少作用在叶片底部的油液压力：通过阻尼孔或减压阀减少吸油口油液的压力。

② 减少叶片底部受压力作用的面积：减少叶片厚度，一般为 $1.8 \sim 2.5$ mm。

③ 利用双叶片结构（图 2-3-7）：在转子 2 的槽中装有两个叶片 1，它们之间可以相对自由滑动，在叶片顶端和两侧面倒角之间构成 V 形通道，使叶片底部的压力油经过通道进入叶片顶部，因此使叶片底部和顶部的压力相等。

适当选择叶片顶部棱边的宽度，既可保证叶片顶部有一定的作用力压向定子 3，同时也不至于产生过大的作用力而引起定子的过度磨损。

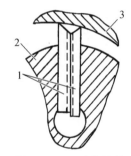

图 2-3-7　双叶片结构

### 2. 单作用叶片泵

单作用叶片泵多为变量泵，工作压力最大为 7.0 MPa。

1）单作用叶片泵的工作原理（图 2-3-8）

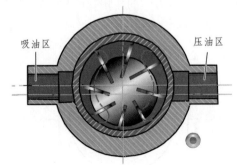

图 2-3-8　单作用叶片泵

在转子转动时，在离心力以及叶片根部油液压力作用下，叶片顶部贴紧在定子内表面上，于是两相邻叶片、配油盘、定子和转子便形成了一个密封的工作腔。当转子回转时，工作腔的容积发生变化，从而实现吸油和压油。

（1）吸油过程：右边的叶片逐渐伸出，相邻两叶片间的密封容积逐渐增大，形成局部真空，油液在大气压作用下，经配油盘的吸油窗口吸入吸油腔。

（2）压油过程：左边的叶片被逐渐压入槽内，密封容积逐渐减小，将油液经配油窗口压出。

（3）流量调节原理：改变偏心量的大小，便可改变工作容腔的大小，形成变量泵。如果偏心距只能在一个方向上变化，形成单向变量泵，如果偏心距可在相反的两个直径方向变化，形成双向变量泵。

> **想一想**：单作用叶片泵是如何实现变量的？
>
> _____
>
> _____

2）单作用叶片泵的流量

单作用叶片泵结构分析（图 2-3-9），其排量为

$$V'_\text{p} = (V_1 - V_2)Z$$
$$= 2\pi BeD \qquad\qquad（2\text{-}23）$$

式中，$Z$ 为叶片数；$B$ 为叶片宽；$e$ 为偏心量；$D$ 为定子内径。

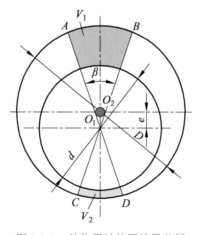

图 2-3-9 单作用叶片泵流量分析

其实际流量为

$$q_\text{pv} = 2\pi BeDn\eta_\text{pv} \qquad\qquad（2\text{-}24）$$

变量泵，改变偏心量，就可以改变排量 $V'$ 和实际流量 $V_\text{pv}$。

叶片泵的流量脉动受叶片数影响，叶片数为奇数时，脉动率 $\sigma$ 小，一般叶片数为 13～15。

3）单作用叶片泵的结构特点

（1）改变定子和转子之间的偏心距便可改变流量。

（2）单作用叶片泵不宜用作高压泵。

（3）一般叶片数量为 13 或 15 片，叶片的安装位置有一个与旋转方向相反的倾斜角，一般为 24°。

（4）通过配流盘排油窗口边缘开三角卸荷槽的方法来消除困油现象。

（5）配流盘的外侧与压油腔连通，使配流盘在液压推力作用下压向转子，使单作用叶片泵的端面间隙具有自动补偿能力。

# 练习题

## 一、判断题

1. 双作用叶片泵因两个吸油窗口、两个压油窗口是对称布置，因此作用在转子和定子上的液压径向力平衡，轴承承受径向力小、寿命长。　　　　　　　　　　　　　　（　　）

2. 双作用叶片泵的转子叶片槽根部全部通压力油是为了保证叶片紧贴定子内环。　（　　）

3. 双作用叶片泵也称定量泵，单作用叶片泵也称变量泵。　　　　　　　　　　（　　）

4. 理论研究表明，当叶片数为 4 的倍数时流量脉动率最小，所以双作用叶片泵的叶片数一般取 12 或 16。　　　　　　　　　　　　　　　　　　　　　　　　　　（　　）

5. 配流盘的外侧与压油腔连通，使配流盘在液压推力作用下压向转子，使单作用叶片泵的端面间隙具有自动补偿能力。　　　　　　　　　　　　　　　　　　　　　　（　　）

## 二、选择题

1. 双作用叶片泵具有（　　　）的结构特点；而单作用叶片泵具有（　　　）的结构特点。【多选题】

    A. 作用在转子和定子上的液压径向力平衡

    B. 所有叶片的顶部和底部所受液压力平衡

    C. 不考虑叶片厚度，瞬时流量是均匀的

    D. 改变定子和转子之间的偏心可改变排量

2. 双作用叶片泵的叶片倾角应顺着转子的回转方向（　　　）。【单选题】

    A. 后倾　　　　　　　　　　B. 前倾　　　　　　　　　　C. 后倾和前倾都可

3. 目前双作用叶片泵定子内表面常用的过渡曲线为（　　　）。【单选题】

    A. 等加速-等减速曲线　　　B. 阿基米德螺旋线　　　　　C. 渐开线

4. 单作用式叶片泵的转子每转一转，吸油、压油各（　　　）次。【单选题】

    A. 1　　　　　　　　　　　　B. 2

    C. 3　　　　　　　　　　　　D. 4

5. 单作用叶片泵的结构特点（　　　）。【多选题】

    A. 改变定子和转子之间的偏心距便可改变流量

    B. 单作用叶片泵不宜用作高压泵

    C. 一般叶片数量为 13 或 15 片

## 三、简答题

1. 比较双作用叶片泵和单作用叶片泵各自的特点。
2. 为什么许多双作用叶片泵的叶片朝转动方向前倾？而单作用叶片泵的叶片后倾？

# 任务四　柱塞泵

柱塞泵是一种通过柱塞在柱塞缸内往复运动，使密封工作容腔的容积发生变化来实现吸油、压油的液压泵。柱塞泵具有结构紧凑、功率密度大、效率高、流量调节方便等优点。根据柱塞排列方式的不同，柱塞泵可分为轴向柱塞泵和径向柱塞泵两大类。柱塞泵被广泛应用于高压、大流量的液压系统中，如工程机械、船舶、航空航天、冶金等领域。

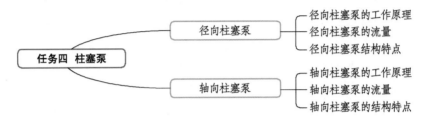

## 【学习目标】

### 知识目标：

（1）说出径向柱塞泵的原理和特点。
（2）说出轴向柱塞泵的原理和特点。

### 能力目标：

（1）具备根据工作要求正确选择柱塞泵能力。
（2）具备分析径向柱塞泵采用奇数柱塞泵原理的能力。

### 素质目标：

（1）在学习过程中，依据柱塞泵的结构特点能够正确分析数据参数，独立思考，自主学习新知识、新技术，使学生具备正确选择使用柱塞泵的能力。
（2）通过任务引领，培养学生阅读、分析问题能力，强化对于知识的理解与把握，做到举一反三。

## 【任务描述】

柱塞泵在工程机械中作用越来越重要，混凝土输送泵车是在汽车底盘上设计安装了一套混凝土输送液压驱动设备，实现混凝土的搅拌、输送、运输，可将混凝土远距离连续地输送到浇注地，能提高施工效率、减轻劳动强度、降低成本费用等。广泛应用于高层建筑、混凝土堤坝、道路、桥梁和其他大型混凝土结构的建筑施工中。柱塞式液压泵工作不良，根据该设备，我们如何对液压泵进行选择和维护呢？根据自己的生活体验并结合课本相关内容，老师提出 2 个问题：什么是径向、轴向柱塞液压泵？柱塞液压泵如何选择和使用？请通过学习柱塞泵，解答教师问题。

 【获取信息】

前面我们学习了齿轮泵与叶片泵，由于使用寿命和容积效率的影响，它们一般只适用于中、低压泵，但是在许多液压机构中，需要压力高、结构紧凑、效率高、流量调节方面等优点的液压泵，由此而产生依靠柱塞在缸内往复运动，来实现吸油和压油过程的，通过本任务的学习，更加系统全面地学习柱塞泵的结构及原理、性能参数等相关知识，更好地去选择和使用柱塞泵。

> **头脑风暴**：为什么柱塞泵的压力高？
> _____
> _____

柱塞泵是依靠柱塞在缸体内往复运动时，使密封工作腔容积发生变化来实现吸油、压油的。与齿轮泵和叶片泵相比，该泵能以最小的尺寸和最小的重量供给最大的动力，为一种高效率的泵，但制造成本相对较高，该泵用于高压、大流量、大功率的场合。

按照柱塞放置方式分为轴向式和径向式。

按缸体中心线与传动轴线是重合还是斜交，轴向柱塞泵又分直轴式和斜轴式。

## 1. 径向柱塞泵

1）径向柱塞泵的工作原理

径向柱塞泵（图 2-4-1）是指柱塞轴线垂直或大致垂直于泵体轴线的柱塞泵。

柱塞泵的工作原理

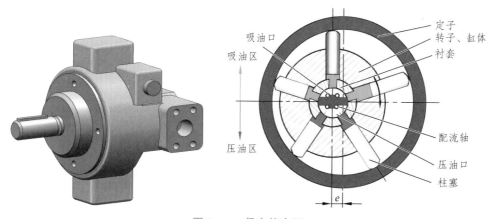

图 2-4-1　径向柱塞泵

转子的中心与定子的中心之间有一个偏心量 $e$。在固定不动的配流轴上，相对于柱塞孔的部位有相互隔开的上下两个配流窗口，该配流窗口又分别通过所在部位的两个轴向孔与泵的吸、排油口连通。

当转子按图示箭头方向旋转时：柱塞绕经上半周时向外伸出，柱塞底部的容积逐渐增大，形成局部真空，从配油轴的吸油口吸油；当柱塞转到下半周时，柱塞底部的容积逐渐减小，向配油轴的压油口压油。

当移动定子，改变偏心量 $e$ 的大小时，泵的排量就发生改变。因此，径向柱塞泵可以作为变量泵使用。

2）径向柱塞泵流量计算

排量：

$$V = \left(\frac{\pi d^2}{4}\right) 2eZ \qquad (2\text{-}25)$$

由（2-25）式可见，改变缸体偏心距 $e$ 可以改变泵的排量 $V$，泵的输出流量：

$$q = \frac{\pi}{2} d^2 eZn\eta_v \qquad (2\text{-}26)$$

由于柱塞在缸体中径向移动速度是变化的，而各个柱塞在同一瞬时径向移动速度也不一样，所以径向柱塞泵的瞬时流量是脉动的，由于奇数柱塞要比偶数柱塞的瞬时流量脉动小得多，所以径向柱塞泵采用奇数柱塞。

3）径向柱塞泵应用特点

径向柱塞泵为了流量脉动率尽可能小，通常采用奇数柱塞数。由于径向尺寸大，结构较复杂，自吸能力差，并且配流轴受到径向不平衡液压力的作用，易于磨损，这些限制了其转速和压力的提高，因此径向柱塞泵逐渐被轴向泵所取代。

**查一查**：目前常见的径向柱塞泵柱塞数是多少？数量多少影响什么？

_____

_____

2. 轴向柱塞泵

轴向柱塞泵的柱塞平行于缸体轴线，常见分斜盘式（图 2-4-2）和斜轴式（图 2-4-3）。

图 2-4-2　斜盘式柱塞泵　　　　　　　图 2-4-3　斜轴式柱塞泵

1）轴向柱塞泵工作原理

（1）斜盘轴向柱塞泵工作原理（图2-4-3）。

轴向柱塞泵主要由柱塞5、缸体7、配油盘10和斜盘1等零件组成。斜盘1和配油盘10固定不动，斜盘法线和缸体轴线间的交角为γ。缸体由轴9带动旋转，缸体上均匀分布有若干个轴向柱塞孔，孔内装有柱塞5，套筒4在弹簧6的作用下通过压板3而使柱塞头部的滑履2和斜盘靠牢，同时套筒8则使缸体7和配油盘10紧密接触，起密封作用。当缸体按图方向转动时，由于斜盘和压板的作用，迫使柱塞在缸体内做往复运动，使各柱塞与缸体间的密封容积增大或缩小，通过配油盘的吸油口或压油口吸油或压油。当缸孔自最低位置向前上方转动（前面半周）时，柱塞在转角$0 \sim \pi$内逐渐向左伸出，柱塞端部的缸孔内密封容积增大，经配油盘吸油口吸油；在转角$\pi \sim 2\pi$（里面半周）时，柱塞被斜盘逐步压入缸体，柱塞端部密封容积减小，经配油盘压油口压油。

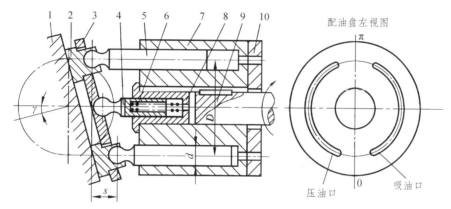

1—斜盘；2—滑履；3—压板；4、8—套筒；5—柱塞；6—弹簧；7—缸体；9—轴；10—配油盘。

图2-4-3 斜盘轴向柱塞泵工作原理

（2）斜轴式轴向柱塞泵工作原理（图2-4-4）。

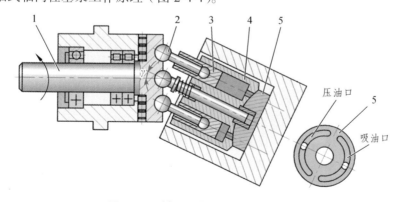

图2-4-4 斜轴轴向柱塞泵工作原理

当传动轴1旋转时，传动轴上的圆盘通过连杆2带动缸体4旋转，并使柱塞3在缸体内做往复运动，通过配油盘5上的配油窗口完成吸油和排油过程。

2）轴向柱塞泵的流量计算（图 2-4-5）

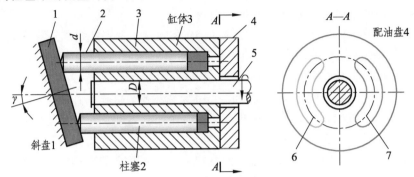

图 2-4-5　斜盘轴向柱塞泵的流量

排量：

$$V = \left(\frac{\pi d^{2'}}{4}\right) DZ \tan\gamma \tag{2-27}$$

由公式可知，改变斜盘倾角 $\gamma$ 可以改变泵排量 $V$。

实际流量：

$$q = \left(\frac{\pi d^{2}}{4}\right) Zn\eta_{v} D \tan\gamma \tag{2-28}$$

式中　$d$—柱塞直径；

$\quad\quad D$—柱塞分布圆直径；

$\quad\quad Z$—柱塞数；

$\quad\quad n$—缸体转速；

$\quad\quad \eta_{v}$—容积效率；

$\quad\quad \gamma$—斜盘倾角。

实际上，柱塞轴向移动速度是随缸体转动角度 $\theta$ 而变化。泵某一瞬时输出流量也随 $\theta$ 而变化，所以泵的输出流量是脉动的，当柱塞数 $Z$ 为单数时，脉动较小，其脉动率为

$$\sigma = \frac{\pi}{2Z} \tan\frac{\pi}{4Z} \tag{2-29}$$

实际上，柱塞泵的排量是转角的函数，其输出流量是脉动的。就柱塞数而言，柱塞数为奇数时的脉动率比偶数柱塞小，且柱塞数越多，脉动越小，故柱塞泵的柱塞数一般都为奇数。

从结构工艺性和脉动率综合考虑，常取 $Z=7$ 或 $Z=9$。

3）轴向柱塞泵结构特点

（1）缸体端面间隙的自动补偿装置。由图 2-4-3 可见，使缸体紧压配油盘端面的作用力，除弹簧 6 的推力外，还有柱塞孔底部的液压力。此液压力比弹簧力大得多，而且随泵的工作压力增大而增大。由于缸体始终受力紧贴着配油盘，就使端面得到了自动补偿，提高了泵的容积效率。

（2）配油盘。如图 2-4-6 所示，a 为压油口，c 为吸油口，外圈 d 为卸压槽，与回油孔相

通，两个通孔 b 起减少冲击、降低噪声的作用。其余 4 个小不通孔，可以起储油润滑作用。配油盘外圆的缺口是定位槽。

（3）滑履。斜盘式柱塞泵中，一般柱塞头部装有滑履（图 2-4-7），二者为球面接触；而滑履与斜盘之间又以平面接触，改善了柱塞工作时的受力状况，并由缸孔中的压力油经柱塞和滑履中间的小孔润滑各相对运动表面，大大降低了相对运动零件的磨损，有利于泵在高压下工作。

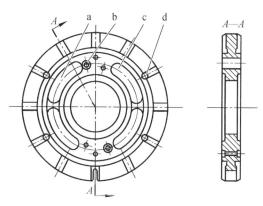

图 2-4-6　柱塞泵的配油盘

（4）变量机构。在变量轴向柱塞泵中均设有专门的变量机构，用来改变斜盘倾角 $\gamma$ 的大小，以调节泵的排量。轴向柱塞泵的变量方式有手动、伺服、压力补偿等多种形式。

图 2-4-7 所示为手动变量机构的轴向柱塞泵。变量时，转动手轮 1，使丝杠 12 随之转动，带动变量活塞 11 沿导向键做轴向移动，通过轴销 10 使支承在变量壳体上的斜盘 2 绕钢球的中心转动，从而改变斜盘倾角 $\gamma$，也就改变了泵的流量。流量调好后应将锁紧螺母 13 锁紧。

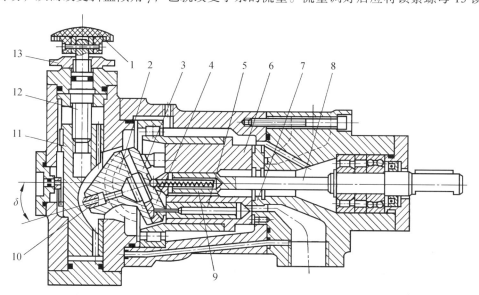

1—手轮；2—斜盘；3—回程盘；4—滑履；5—柱塞；6—缸体；7—配油盘；8—传动轴；
9—弹簧；10—轴销；11—变量活塞；12—丝杠；13—锁紧螺母。

图 2-4-7　SCY14-1 型斜盘式轴向柱塞泵的结构

# 练习题

## 一、判断题

1. 斜盘式轴向柱塞泵构成吸、压油密闭工作腔的三对运动摩擦副为柱塞与缸体、缸体与配油盘、滑履与斜盘。　　　　　　　　　　　　　　　　　　　　　　　　（　　）

2. 轴向柱塞泵既可以制成定量泵，也可以制成变量泵。　　　　　　　　　　（　　）

3. 改变轴向柱塞泵斜盘倾斜的方向就能改变吸、压油的方向。　　　　　　　（　　）

4. 径向柱塞泵的配流方式为径向配流，其装置名称为配流轴；叶片泵的配流方式为端面配流，其装置名称为配流盘。　　　　　　　　　　　　　　　　　　　　　　（　　）

5. 轴向柱塞泵改变斜盘的倾角可改变排量和流量。　　　　　　　　　　　　（　　）

## 二、选择题

1. 径向柱塞泵改变排量的途径是（　　　），轴向柱塞泵改变排量的途径是（　　　）。【单选题】

　　A. 改变定子和转子间的偏心距　　　　　　　B. 改变斜盘的倾角

　　C. 在泵盖上加工卸荷槽　　　　　　　　　　D. 节流调速回路

2. 斜轴式轴向柱塞泵中，既不旋转又不往复运动的零件是（　　　）。【单选题】

　　A. 斜盘　　　　　　　B. 柱塞　　　　　　　C. 配油盘　　　　　　　D. 缸体

3. 液压泵中总效率较高的一般是（　　　）。【单选题】

　　A. 齿轮泵　　　　　　B. 叶片泵　　　　　　C. 变量泵　　　　　　D. 柱塞泵

4. 径向柱塞泵应用特点（　　　）。【多选题】

　　A. 采用奇数柱塞数　　　B. 径向尺寸大，结构较复杂，自吸能力差

　　C. 易于磨损

5. 轴向柱塞泵结构特点（　　　）。【多选题】

　　A. 缸体端面间隙的自动补偿装置　　　　　　B. 装有配油盘

　　C. 在变量轴向柱塞泵中均设有专门的变量机构

## 三、简答题

1. 图2-4-8为轴向柱塞泵和柱塞液压马达的工作原理图，转子按图示方向旋转。

（1）作液压泵时，配油盘安装位置为_____。_____口出油，_____口进油；

（2）作液压马达时，配油盘安装位置为_____。_____口进油，_____口出油。

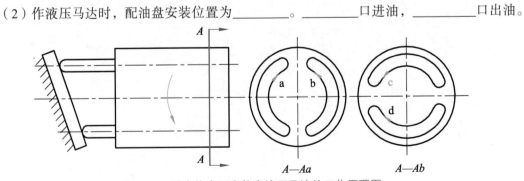

图 2-4-8　轴向柱塞泵和柱塞液压马达的工作原理图

2. 简述斜轴式轴向柱塞泵的工作原理。

【技能训练】

## 柱塞泵的结构认识操作

### 一、工作情景描述

柱塞泵是一种常用的液压泵，用于输送高压液体。拆装柱塞泵是维修和保养液压系统时的常见操作。本次实验旨在通过拆装柱塞泵来熟悉柱塞泵的结构和工作原理。

### 二、学习目标

（1）观察及了解各零件在轴向柱塞泵中的作用，进一步理解常用轴向柱塞泵的结构组成及工作原理；

（2）初步认识柱塞泵的加工及装配工艺；

（3）掌握柱塞泵正确的拆卸、装配及安装连接方法。

### 三、实验设备及工具

柱塞泵、内方扳手、固定扳手、棉纱、铜棒、螺丝刀、卡簧钳等。

### 四、工作流程

#### 学习活动一　明确接受工作任务

表 2-4-1　任务联系单

| 安装任务 | 柱塞泵的结构认知 |
|---|---|
| 组名 | |
| 建议用时 | 90 min |
| 所用部件 | 变量式柱塞泵 |
| 考核要求 | 主要对柱塞泵的结构认知及工作原理分析，明确拆装步骤并规范操作 |
| 技术要求 | 根据要求，完成对于柱塞泵的正确安装及调试。要求：<br>（1）正确地选择和使用工具，利用规定的力矩完成拆卸。<br>（2）拆装时按照正确的操作流程完成拆卸，并认真清洗元件，安装后要认真调试工作性能 |

（一）认识柱塞泵的结构及工作原理

引导问题 1　柱塞泵泵油原理是什么？

引导问题 2　柱塞泵的基本组成是什么？

引导问题 3　柱塞泵的变量原理是什么？

## 学习活动二　制定工作实施方案

### （一）人员分工

1. 小组负责人：＿＿＿＿＿＿＿＿＿
2. 小组成员及分工（表 2-4-2）

表 2-4-2　小组成员及分工

| 姓名 | 分工 |
|---|---|
|  |  |
|  |  |
|  |  |
|  |  |
|  |  |
|  |  |
|  |  |
|  |  |

### （二）工具材料清单（表 2-4-3）

表 2-4-3　工具材料清单

| 序号 | 工具或材料名称 | 数量 | 备注 |
|---|---|---|---|
| 1 | 轴向柱塞泵 | 4 |  |
| 2 | 内六方扳手 | 4 |  |
| 4 | 固定扳手 | 4 |  |
| 5 | 螺丝刀 | 4 |  |
| 6 | 卡簧钳 | 4 |  |
| 7 | 铜棒 | 4 |  |
| 8 | 棉纱 | 若干 |  |
| 9 | 煤油 | 若干 |  |

## （三）工作内容安排（表2-4-4）

表 2-4-4　工作内容安排

| 序号 | 工作内容 | 完成时间 | 备注 |
|---|---|---|---|
|  |  |  |  |
|  |  |  |  |
|  |  |  |  |
|  |  |  |  |
|  |  |  |  |
|  |  |  |  |
|  |  |  |  |
|  |  |  |  |
|  |  |  |  |
|  |  |  |  |

**头脑风暴：**制定任务时要结合柱塞泵工作特点，优化任务过程。

_____

_____

## 学习活动三　现场实施工作任务

### （一）操作步骤及注意事项

（1）拆解轴向柱塞泵时，先拆下变量机构，取出斜盘、柱塞、压盘、套筒、弹簧、钢球，注意不要损伤，观察、分析其结构特点，搞清各自的作用。

（2）轻轻敲打泵体，取出缸体，取掉螺栓分开泵体为中间泵体和前泵体，注意观察、分析其结构特点，搞清楚各自的作用，尤其注意配流盘的结构、作用。

（3）拆卸过程中，遇到元件卡住的情况时，不要乱敲硬砸，请指导老师来解决。

（4）装配时，先装中间泵体和前泵体，注意装好配流盘，之后装上弹簧、套筒、钢球、压盘、柱塞；在变量机构上装好斜盘，最后用螺栓把泵体和变量机构连接为一体。

（5）装配中，注意不能最后把花键轴装入缸体的花键槽中，更不能猛烈敲打花键轴，避免花键轴推动钢球顶坏压盘。

（6）安装时，遵循先拆的部件后安装，后拆的零部件先安装的原则，安装完毕后应使花键轴带动缸体转动灵活，没有卡死现象。操作步骤如表2-4-5所示。

表 2-4-5　操作步骤

| 序号 | 步骤 | 内容 | 工具 | 备注 |
|---|---|---|---|---|
| 1 | 用内六角扳手拆 3×M3 的螺钉 | | 内六角扳手 | |
| 2 | 先拆下泵体，用内六角扳手拆下 6×M8 螺钉，其次取出配流盘，最后拆出传动轴 | | 内六角扳手 | 注意泵体上的垫圈和敲传动轴不能敲毛 |
| 3 | 拆下端盖，用内六角扳手拆 8×M6 的螺钉 | | 内六角扳手 | |
| 4 | 取出滑靴，拆下柱塞、回程盘和缸体以及泵体 | | | 注意钢珠和柱塞不能丢失 |

续表

| 序号 | 步骤 | 内容 | 工具 | 备注 |
|---|---|---|---|---|
| 5 | 拆卸完毕将所有零件放入油盆清洗 | | 油盆和毛刷 | |

### （二）知识链接

#### 1. 缸体

缸体用铝青铜制成，它上面有 7 个与柱塞相配合的圆柱孔，其加工精度很高，以保证既能相对滑动，又有良好的密封性能。缸体中心开有花键孔，与传动轴相配合。缸体右端面与配流盘相配合。缸体外表面镶有钢套并装在滚动轴承上。

#### 2. 柱塞与滑履

柱塞的球头与滑履铰接。柱塞在缸体内作往复运动，并随缸体一起转动。滑履随柱塞做轴向运动，并在斜盘的作用下绕柱塞球头中心摆动，使滑履平面与斜盘斜面贴合。柱塞和滑履中心开有直径 1 mm 的小孔，缸中的压力油可进入柱塞和滑履、滑履和斜盘间的相对滑动表面，形成油膜，起静压支承作用。减小这些零件的磨损。

#### 3. 中心弹簧机构

中心弹簧，通过内套、钢球和压盘将滑履压向斜盘，使活塞得到回程运动，从而使泵具有较好的自吸能力。同时，弹簧又通过外套使缸体紧贴配流盘，以保证泵启动时基本无泄漏。

#### 4. 配流盘

配流盘上开有两条月牙形配流窗口 a、e，外圈的环形槽 f 是卸荷槽，与回油相通，使直径超过卸荷槽的配流盘端面上的压力降低到零，保证配流盘端面可靠地贴合。两个通孔 c（相当于叶片泵配流盘上的三角槽）起减少冲击、降低噪声的作用。4 个小盲孔起储油润滑作用。配流盘下端的缺口，用来与油泵盖准确定位。

#### 5. 滚动轴承

滚动轴承用来承受斜盘作用在缸体上的径向力。

#### 6. 变量机构

变量活塞装在变量壳体内，并与螺杆相连。斜盘前后有两根耳轴支承在变量壳体上（图中未示出），并可绕耳轴中心线摆动。斜盘中部装有销轴，其左侧球头插入变量活塞的孔内。转动手轮，螺杆带动变量活塞上下移动（因导向键的作用，变量活塞不能转动），通过销轴使斜盘摆动，从而改变了斜盘倾角 $\gamma$，达到变量目的。

### 三、拓展学习

1. 叙述轴向柱塞泵的工作过程。
2. 叙述轴向柱塞泵由哪几部分组成？（边拆边说明，每个零件必须进行充分展示）。
3. 柱塞的个数为什么是奇数而不是偶数？
4. 采用中心弹簧结构有何优点？
5. 柱塞泵的配流盘上开有几个槽孔？各有什么作用？
6. 手动变量机构由哪些零件组成？如何调节泵的流量？

## 学习活动四　学习评价与总结

表 2-4-6　学习情况评价表

| 姓名 | | 班级 | | 专业 | |
|---|---|---|---|---|---|
| 学习内容 | | | 指导教师 | | |
| 评价类别 | 评价标准 | 评价内容 | | 配分 | 评价 |
| 过程评价 | 培训过程 | 能认真听讲，做好笔记 | | 5 | |
| | 培训考核 | 参加考核，取得合格成绩 | | 10 | |
| | 制度遵守 | 无迟到早退现象，有 1 次扣 1 分 | | 5 | |
| | | 能坚守本职岗位，无流岗、串岗，遵守厂纪厂规，每违规 1 次扣 1 分 | | 5 | |
| | 工作质量 | 完成产品质量较高，工作中无明显失误 | | 20 | |
| | 文明安全 | 严格遵守安全操作规程，无事故发生 | | 10 | |
| | 技能水平 | 是否具备基本的技能操作能力 | | 10 | |
| | 创新意识 | 对于工作岗位有创新建议提出 | | 5 | |
| | 主动程度 | 工作能积极主动 | | 10 | |
| | 团队协作 | 能和同事团结协作，不计个人得失，服从安排 | | 10 | |
| | 学习能力 | 能主动请教学习 | | 10 | |
| 过程评价（折算成总成绩 35%） | | | | 100 | |
| 结果评价（折算成总成绩 25%） | 实习报告考核（折算成总成绩 10%） | | | 100 | |
| 总计 | | | | 100 | |
| 指导教师签名 | | | | | |

# 项目三　液压执行元件

液压执行元件是将液压能转换为机械能的装置，它在液压系统中扮演着重要的角色，常见的液压执行元件有液压缸和液压马达。

液压缸可以实现直线运动，通过油压推动活塞或柱塞，将液压能转化为直线方向上的机械能。它常用于推动、升降、夹持等应用场景。而液压马达则可以实现旋转运动，将液压能转化为旋转机械能。它常用于驱动旋转设备，如液压绞车、液压风扇等。

这些液压执行元件在工程机械、工业自动化、航空航天等领域都有广泛应用。它们的优点包括力量大、速度可控、响应迅速等。

## 任务一　液压执行元件认知

液压系统中的执行元件是将输入液体的压力能转换成输出机械能的能量转换装置。它驱动执行机构做直线往复运动或旋转（摆动）运动，输出作用力与速度或转矩与转速。学会根据使用条件，选择液压马达的实际输出转矩、实际转速，液压马达的调速范围，启动性能；同时学会根据液压马达选择液压泵的输出压力、流量及配套电机功率、转速，从而更加深入地理解和掌握液压执行元件在液压工作中的作用，更好去维护和使用，提供液压执行元件的工作寿命。

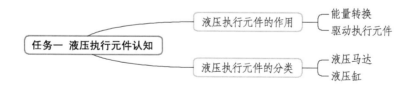

【学习目标】

知识目标：

（1）说出液压执行元件的工作原理。

（2）说出液压执行元件的分类。

能力目标：

（1）具备利用液压执行元件工作原理分析的能力。

（2）具备液压执行元件正确选择的能力。

素质目标：

（1）在学习讨论中，学生正确分析液压执行元件工作原理并通过结构分析掌握其工作过程，使学生具备分析问题和解决问题的能力。

（2）通过对液压执行元件分类的掌握，使学生具备场景选择的能力，具备举一反三的学习能力。

 【任务描述】

液压执行元件是液压动力元件的执行者，也是对于液压工作能力转换者，其主要适应其他形式能量转换不能实现的环境，如需要进行大范围的无级变速，或结构要求紧凑的地方才采用，所以我们在选择使用时要正确理解液压执行元件工作过程，才能深刻认知液压控制元件的性能及检测流程，结合课本的相关内容，老师提出 2 个问题：液压执行元件的工作原理是什么？液压执行元件的分类标准是什么？

> **头脑风暴**：在生活中你见过液压缸吗？你见过液压马达吗？
>
> _____
>
> _____

 【获取信息】

液压执行元件主要有液压马达和液压缸，这两元件由于结构的不同实现的工作过程也不相同，因此只有正确认知他们的结构，才能掌握其工作过程，才能掌握工作性能参数，才能更好地选择和使用，通过本节课学习，正确分析液压执行元件工作原理及结构特点。

1. 执行元件的作用

执行元件（图 3-1-1）是将输入液体的压力能转换成输出机械能的能量转换装置。它驱动执行机构作直线往复运动或旋转（摆动）运动，输出作用力与速度或转矩与转速。

2. 执行元件的分类

根据输出方式不同分为液压马达（图 3-1-2）和液压缸（图 3-1-3）。

液压马达习惯上是指输出旋转运动的液压执行元件。

液压缸是指输出直线运动的液压执行元件。

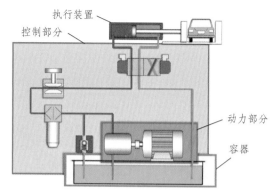

图 3-1-1 执行元件

图 3-1-2 液压马达

图 3-1-3 液压缸

**头脑风暴：**通过结构你能看出液压马达与液压缸各什么特点吗？

_____

_____

# 练习题

## 一、判断题

1. 执行元件是将输入液体的电能转换成输出机械能的能量转换装置。 （ ）
2. 执行元件的主要运动方式是旋转或往复运动。 （ ）
3. 液压马达习惯上是指输出旋转运动的液压执行元件。 （ ）
4. 液压缸是指输出直线运动的液压执行元件。 （ ）

## 二、选择题

1. 执行元件根据输出方式不同分（　　　）。【多选题】

A. 液压马达　　　　　B. 液压缸　　　　　C. 液压泵　　　　　D. 轴向柱塞泵

2. 液压马达习惯上是指输出（　　）。【单选题】

    A. 旋转运动              B. 直线运动           C. 任何运动都可以

3. 液压缸习惯上是指输出（　　）。【单选题】

    A. 旋转运动               B. 直线运动           C. 任何运动都可以

## 三、简答题

1. 简述执行元件的作用。

2. 简述执行元件的分类。

# 任务二　液压马达

　　液压马达是指输出旋转运动的液压执行元件，是将液压泵提供的液压能转变为机械能的一种能量转换装置。它可以实现连续的旋转运动，是液压系统的一种执行元件。

　　根据结构形式的不同，液压马达可以分为齿轮式、叶片式、柱塞式等几种类型。其中，齿轮式液压马达具有体积小、结构简单、效率高等优点，但输出扭矩较小；叶片式液压马达具有体积小、转动惯量小、输出扭矩大等优点，但机械效率较低；柱塞式液压马达具有输出扭矩大、机械效率高、速度范围广等优点，但结构复杂、体积较大。

　　在实际应用中，液压马达通常与液压泵、液压控制阀等元件组成液压传动系统，广泛应用于工程机械、建筑机械、农业机械、船舶、航空航天等领域。

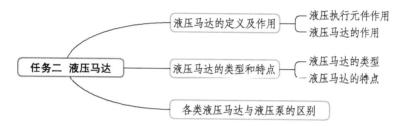

## 【学习目标】

知识目标：

（1）说出各种液压马达的工作原理和特点分析。
（2）说出各种液压马达与液压泵的区别分析。

能力目标：

（1）具备总结液压马达工作原理分析能力
（2）具备分析液压马达类型特点分析的能力。

素质目标：

（1）在学习过程中，通过小组协作完成液压马达工作原理和特点的总结并进行汇报，提升同学们专业语言表达能力。
（2）通过学习液压马达特点会正确选择，体现将理论知识与生活实践的结合，建构液压马达专业认知结构并与理论实际相结合的学习能力。

 【任务描述】

　　液压马达内部零件磨损及损坏，导致液压泵的动力不足及噪声大，严重影响了正常工作，通过技术拆解发现液压泵的叶片有棱边及叶片转子槽上有毛刺，通过技术更换，液压马达重新工作，因此认知液压马达的结构及工作原理非常重要。所以在学习时，根据自己的认知并结合相关知识，老师提出 3 个问题：什么是马达？液压马达工作原理是什么？各种液压马达的特点是什么？通过小组合作互相学习，回答老师的问题。

> **头脑风暴**：你知道生活中哪些是液压马达吗？
>
> _____
>
> _____

 【获取信息】

液压马达将液压能转换为机械能，为其他机构提供力矩和角速度，其内部构造与液压泵类似，差别仅在于液压泵的旋转是由电机所带动，输出的是液压油；液压马达则是输入液压油，输出的是转矩和转速。因此，液压马达和液压泵在细部结构上存在一定的差别。那么液压马达的工作原理及特点是什么？如何根据工作需求正确选择型号匹配的液压马达呢？从而更为深入地了解液压马达。

1. 液压马达的定义及作用

1）液压马达的定义

液压马达（图 3-2-1）是将液压泵提供的液压能转变成机械能的能量转换装置。而液压马达习惯上是指输出旋转运动的液压执行元件。从能量转换的观点来看，液压泵和液压马达是可逆的液压元件。因为它们具有同样的基本结构要素——密闭而又可以周期变化的容积和相应的配油机构。但从结构特点和工作原理来看，液压泵和液压马达是不可逆的液压元件。

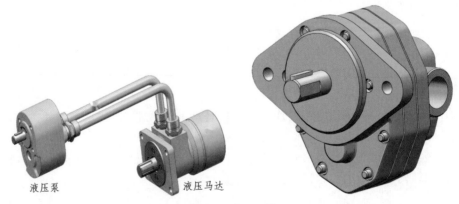

液压泵　　　　　　液压马达

图 3-2-1 液压马达

2）液压马达的作用

液压马达主要是用液体的压力来驱动转子或柱塞运动，从而提供高扭矩和连续旋转运动的输出。液压马达广泛应用于工程机械、船舶与海洋工程、农业设备以及工业自动化等领域，满足各种需要大功率和可靠动力输出的应用。

**头脑风暴：**液压马达一般使用的场所有哪些？

_____

_____

### 2. 液压马达的类型和特点

液压马达根据实现运动的方式不同有几种分类，又有不同特点，因此在选择使用时一定从结构角度去理解。

1）液压马达的分类

（1）液压马达按结构分为：齿轮式（图 3-2-2）、叶片式（图 3-2-3）、柱塞式（图 3-2-4）。

（2）液压马达按额定转速分为：高速和低速。额定转速高于 500 r/mm 的属于高速液压马达，额定转速低于 500 r/mm 的属于低速液压马达。

高速液压马达的基本类型有齿轮式、叶片式、柱塞式等，又称为高速小转矩液压马达。

低速液压马达的主要形式是径向柱塞式，又称为低速大转矩液压马达。

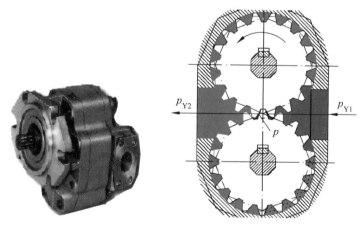

图 3-2-2 齿轮式液压马达

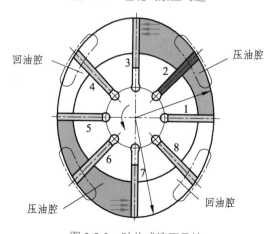

图 3-2-3 叶片式液压马达

图 3-2-4 柱塞式液压马达

2）液压马达的特点

（1）双向液压马达应能够正、反转，因而要求其内部结构对称。

（2）液压马达的转速范围需要足够大，特别是对它的最低稳定转速有一定的要求。

（3）不必具备自吸能力，但密封容积需要具有一定的初始密封性。

（4）虽然与泵的结构相似，但不能互换。

**想一想**：液压马达的基本要素有哪些？

_____

_____

### 3. 各类液压马达与液压泵的区别

1）齿轮式液压马达

齿轮式液压马达与齿轮式液压泵结构相似，都是由两对齿轮啮合构成，进出油口相等，有单独的泄油口。

图 3-2-4 所示，当压力油进入高压腔时，高压腔上、下边缘处的轮齿（a 和 a′）只有高压腔侧受到单方向作用力，相互啮合的一对轮齿（c 和 c′）的齿面只有一部分受压力油的作用。这样两个齿轮上就会各有一个让它们产生转矩的作用力，从而使两齿轮旋转。

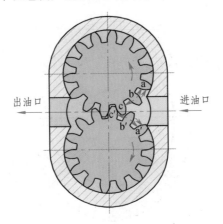

图 3-2-4 齿轮式液压马达

由于密封性能差，容积效率较低，不能产生较大的转矩，且瞬时转速和转矩随啮合点而变化，因此仅用于高速小转矩的场合，如工程机械、农业机械及对转矩均匀性要求不高的设备。

与齿轮泵相比，齿轮液压马达具有以下结构特点：

（1）为了适应正反转的要求，齿轮液压马达结构对称，即进出油口大小相同，泄漏油需经单独的外泄油口引出壳体外。

（2）为了减小启动摩擦转矩，齿轮液压马达轴必须采用滚动轴承。

（3）为了减小输出转矩的脉动，齿轮液压马达的齿数一般选得较多。

2）叶片式液压马达

图 3-2-5 所示为叶片式液压马达的工作原理，当压力油进入压油腔后，在叶片 1、3 的一面作用有压力油，另一面为低压回油。由于叶片 3 伸出的面积大于叶片 1 伸出的面积，所以液体作用于叶片 3 上的作用力大于作用于叶片 1 上的作用力，从而由于作用力不等而使叶片带动转子作逆时针方向旋转。

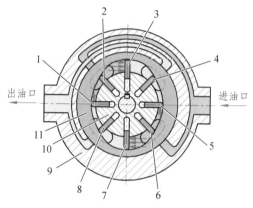

图 3-2-5 叶片式液压马达

由于液压马达一般都要求能正、反转，所以叶片式液压马达的叶片要径向放置。为了使叶片根部始终通有压力油，在回、压油腔通入叶片根部的通路上应设置单向阀。为了确保叶片式液压马达在压力油通入后能正常启动，必须使叶片顶部和定子内表面紧密接触，以保证良好的密封。因此，在叶片根部应设置预紧弹簧。

叶片式液压马达体积小，转动惯量小，动作灵敏，适用于换向频率较高的场合。但其泄漏量较大，低速工作时不稳定。因此，叶片式液压马达一般用于转速高、转矩小和动作要求灵敏的场合。

双作用叶片液压马达的结构特点如下：

（1）为保证启动前，叶片可靠地紧贴定子的内表面，将进、排油腔隔离，双作用叶片液压马达每个叶片底部安装有燕式弹簧 5，弹簧中部套装在销子 4 上，弹簧的一端作用在进油区或长半径圆弧段的叶片根部，另一端作用在排油区或短半径圆弧段的叶片根部，一端向下，另一端向上。

（2）双作用叶片液压马达的叶片在转子槽内是径向放置的，即叶片安放角 $\theta = 0°$。因此，双作用叶片液压马达的排量公式采用时，式中 $\cos\theta = 1$。

（3）为保证叶片液压马达正、反转时，叶片根部始终通高压油，使叶片紧贴定子内表面，在高、低压腔通入叶片根部的通路上装有梭阀，该梭阀是一种特殊结构的单向阀。

3）柱塞式液压马达

柱塞式液压马达根据柱塞结构特点分径向柱塞液压马达和轴向柱塞液压马达，而对于径向柱塞液压马达（图 3-2-7）主要在缸体径向方向上运动产生的动力变化；轴向柱塞式液压马达（图 3-2-6）主要在缸体轴向方向上的变化产生动力。

图 3-2-6　轴向式柱塞液压马达

图 3-2-7　径向式柱塞液压马达

以图 3-2-8 轴向式柱塞液压马达为例，压力油把腔中的柱塞顶出，使之压在斜盘上。斜盘对柱塞的反作用力 $F$ 垂直于斜盘表面，这个力的水平分量 $F_x$ 与柱塞上的液压力平衡，而垂直分量 $F_y$ 则使每个柱塞都对转子中心产生一个转矩，使缸体和马达轴做逆时针方向旋转。

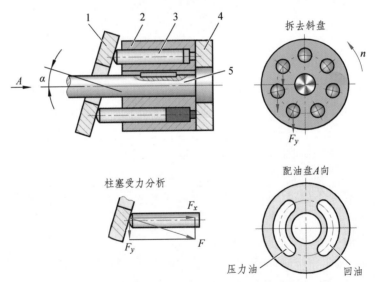

图 3-2-8　轴向式柱塞液压马达柱塞受力分析

当压力油输入液压马达后，所产生的分力 $F_y$ 与轴向分力 $F_x$ 的关系为

$$F_y = F_x \tan \gamma = \frac{\pi}{4} d^2 p \tan \gamma \tag{3-1}$$

式中　$d$ —柱塞直径。

设柱塞中心与液压马达轴心连线和缸体的垂直中心线组成 $F_x$ 角（瞬时方位角）。由此可知，柱塞产生的瞬时转矩为

$$T_i = F_y \gamma = F_y R \sin \phi = \frac{\pi}{4} d^2 R p \tan \gamma \sin \phi \qquad (3\text{-}2)$$

由于柱塞的瞬时方位角是变量，柱塞产生的转矩也发生变化，故液压马达产生的总转矩也是脉动的。

头脑风暴：轴向柱塞式液压马达工作原理是什么？

_____

_____

## 练习题

### 一、判断题

1. 液压马达与液压泵从能量转换观点上看是互逆的，因此所有的液压泵均可以用来做马达使用。 （　　）

2. 因为存在泄漏，所以输入液压马达的实际流量大于其理论流量，而液压泵的实际输出流量小于其理论流量。 （　　）

3. 双作用叶片液压马达的叶片在转子槽内是径向放置的，即叶片安放角 $\theta = 0°$。 （　　）

4. 轴向柱塞式液压马达主要在缸体轴向方向上的变化产生动力。 （　　）

5. 由于柱塞的瞬时方位角是变量，柱塞产生的转矩也发生变化，故液压马达产生的总转矩也是脉动的。 （　　）

### 二、选择题

1. 液压马达工作存在泄漏，因此液压马达的理论流量（　　）其输入流量。【单选题】

　　A. 大于 　　　　　　　　　B. 小于 　　　　　　　　　C. 等于

2. 液压马达按结构分（　　）。【多选题】

　　A. 齿轮式 　　　　　　　　B. 叶片式 　　　　　　　　C. 柱塞式

3. 液压马达按额定转速分为（　　）。【多选题】

　　A. 低速 　　　　　　　　　B. 高速 　　　　　　　　　C. 中速

4. 液压马达的特点（　　）。【多选题】

　　A. 双向液压马达应能够正、反转，因而要求其内部结构对称

　　B. 液压马达的转速范围需要足够大，特别是对它的最低稳定转速有一定的要求

　　C. 必须具备自吸能力，但密封容积需要具有一定的初始密封性

　　D. 虽然与泵的结构相似，但不能互换

5. 与齿轮泵相比，齿轮液压马达具有以下结构特点（　　）。【多选题】

    A. 为了适应正反转的要求，齿轮液压马达结构对称，即进出油口大小相同，泄漏油需经单独的外泄油口引出壳体外

    B. 为了减小启动摩擦转矩，齿轮液压马达轴必须采用滚动轴承

    C. 为了减小输出转矩的脉动，齿轮液压马达的齿数一般选得较多

## 三、简答题

1. 简述液压马达的特点。
2. 简述叶片式液压马达的工作原理。

# 任务三  液压缸

液压缸是将液压能转变为机械能的、做直线往复运动（或摆动运动）的液压执行元件。它结构简单、工作可靠，用它来实现往复运动时，可免去减速装置，并且没有传动间隙，运动平稳，因此在各种机械的液压系统中得到广泛应用。

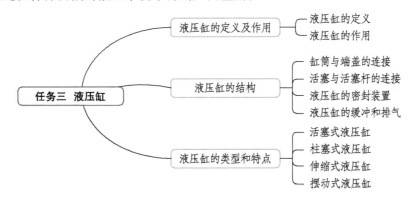

 【学习目标】

知识目标：

（1）说出活塞式液压缸的工作特点及其速度、推力计算等问题分析。
（2）说出液压缸的结构特点。
（3）说出液压缸的类型及要求。

能力目标：

（1）具备根据工作要求正确分析液压缸结构特点的能力。
（2）具备分析各种类型液压缸工作原理的能力。

素质目标：

（1）在学习过程中，各小组团结协作根据任务引领，完成液压缸结构分析，使学生具备正确选择使用液压缸工作的能力。
（2）通过任务引领，培养学生阅读、分析各种液压缸工作特点的能力，具备举一反三、求真务实、精益求精的学习精神。

【任务描述】

液压缸作为液压系统的一个执行部分，其运行故障的发生，往往和整个系统有关，不能孤立看待，既存在影响液压缸正常工作的外部原因，也存在液压缸自身的原因，所以在排除液压缸运行故障时，要认真观察故障的征兆，采用逻辑推理和逐项逼近的方法从外部到内在仔细分析故障原因，从而找出适当的解决办法，避免不加分析盲目地大拆大卸，事倍功半，造成停机停产。根据液压缸工作特点，我们如何对液压缸进行选择和维护呢？根据自己的生活体验并结合课本相关内容，老师提出 2 个问题：什么是液压缸？液压缸的结构特点又是什么呢？请通过学习液压缸，解答教师问题。

 【获取信息】

液压传动作为三大传动技术主要内容之一，主要是利用流体介质完成能量转换以及传递的传动模式，而且和机械传动及电力传动进行比较而言，液压传动系统的输出功率相对比较大，但是单位功率的重量比较小，比较容易完成无级调速与过载保护。另外，液压传动设备比较容易实现自动化，对于相对比较复杂的动作在操作时更为便捷，现阶段液压系统已经普遍运用在现代化制造和重型机械设备以及航空航天等相关领域中。多年来的发展，目前液压系统功能明显改进，并且液压系统自身结构更为复杂，因为液压系统主要是利用封闭管道中受压介质完成能量有效转换与传递，所以和电力传动以及机械传动不同，其中液压系统故障存在较强的隐蔽性和多样性以及不确定性等，若是液压系统出现故障，就容易导致严重的经济损失。因此，必须加强液压系统故障诊断与维修，从而保证液压系统可以安全与稳定运行。

1. 液压缸的定义及作用

1）液压缸的定义（图 3-3-1）
液压缸是一种把液压能转换为机械能的转换装置。

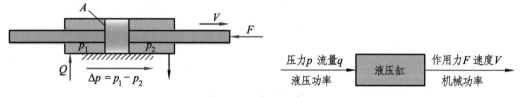

图 3-3-1 液压缸定义

2）液压缸的作用

液压缸（油缸）如图 3-3-2 所示，主要用于实现机构的直线往复运动，其结构简单，工作可靠，应用广泛。其实现的作用：

图 3-3-2 液压缸

（1）液压缸输入量是流体的流量和压力，输出的是直线运动速度和力。

（2）液压缸的活塞能完成直线往复运动，输出的直线位移是有限的。

**头脑风暴：**生活中你都见过哪些元件是属于液压缸？

_____

_____

### 2. 液压缸的结构

液压缸的基本组成包括：缸体、活塞、活塞杆、缸盖、密封圈、进出油口。

1）缸体和缸盖

一般来说，缸体和缸盖的结构形式和其使用的材料有关。工作压力 $p$ 小于 10 MPa 时，使用铸铁；$p$ 小于 20 MPa 时，使用无缝钢管；$p$ 大于 20 MPa 时，使用铸铁或锻钢。液压缸端部与端盖的连接方式很多。铸铁、铸钢和锻钢制造的缸体多采用法兰式连接[图 3-3-3（a）]。这种结构易于加工和装配，其缺点是外形尺寸较大。用无缝钢管制作的缸体，常采用半环式连接[图 3-3-3（b）]和螺纹连接[图 3-3-3（d）]。这两种连接方式结构紧凑、重量轻。但半坏式连接须在缸体上加工环形槽，削弱缸体的强度；螺纹连接须在缸体上加工螺纹，端部的结构比较复杂，装拆时需要专门的工具，拧紧端盖时有可能将密封圈拧变形。较短的液压缸常采用拉杆式连接[图 3-3-3（c）]。这种连接具有加工和装配方便等优点，其缺点是外廓尺寸和重量较大。此外，还有焊接式连接，其结构简单、尺寸小，但焊后缸体有变形，且不易加工，故应用较少。

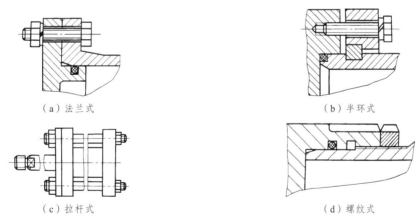

（a）法兰式　　　　　　　　　　　　（b）半环式

（c）拉杆式　　　　　　　　　　　　（d）螺纹式

图 3-3-3　液压缸端部与端盖的连接

2）活塞与活塞杆的连接

整体式活塞组件是把短行程的液压缸的活塞杆与活塞做成一体，这是最简单的形式。但当行程较长时，这种整体式活塞组件的加工较费事，所以常把活塞与活塞杆分开制造，然后再连接成一体。

活塞与活塞杆的连接方式很多，常见的有锥销连接（图 3-3-4）和螺纹连接[图 3-3-4（a）]。锥销连接结构简单，装拆方便，多用于中、低压轻载液压缸中。螺纹连接具有拆卸方便、连接可靠以及适用尺寸范围广的优点。然而，其缺点在于加工和装配时都必须采用可靠的方法。在高压大负载，特别是振动较大的场合，常采用半环式连接[图 3-3-4（b）]。这种连接拆装简单且连接可靠，但结构较为复杂。

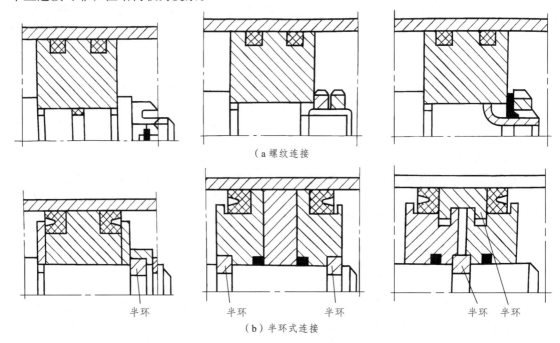

（a 螺纹连接

（b）半环式连接

图 3-3-4　活塞与活塞杆的连接

3）密封装置

液压缸的密封装置用以防止油液的泄漏（液压缸一般不允许外泄漏，其内泄漏也应尽可能小），其设计的好坏对液压缸的工作性能和效率有直接的影响，因而要求密封装置有良好的密封性能，摩擦阻力小，制造简单，拆装方便，成本低且寿命长。液压缸的密封主要指活塞与缸筒、活塞杆与端盖间的动密封和缸筒与端盖间的静密封。常见的密封方法有间隙密封及用 O 形、Y 形、V 形及组合式密封圈密封。

4）缓冲装置

当液压缸驱动的工作部件质量较大，运动速度较高，或换向平稳性要求较高时，应在液压缸中设置缓冲装置，以免在行程终端换向时产生很大的冲击压力、噪声，甚至机械碰撞。常见的缓冲装置如图 3-3-5 所示。

（1）环隙式缓冲装置：图 3-3-5（a）所示为圆柱形环隙式缓冲装置，活塞端部有圆柱形缓冲柱塞，当柱塞运行至液压缸端盖上的圆柱光孔内时，封闭在缸筒内的油液只能从环形间隙 $\delta$ 处挤出去。这时活塞受到一个很大的阻力而减速制动，从而减缓了冲击。图 3-3-5（b）所示为圆锥形环隙式缓冲装置，其缓冲柱塞加工成圆锥体（锥角 $\approx 10°$），环形间隙 $\delta$ 将随柱塞伸入端盖孔中距离的增大而减小，从而获得更好的缓冲效果。

（2）可变节流式缓冲装置：图 3-3-5（c）所示为可变节流式缓冲装置。在其圆柱形的缓冲柱塞上开有几个均布的三角形节流沟槽。随着柱塞伸入孔中距离的增长，其节流面积减小，使缓冲作用均匀，冲击压力小，制动位置精度高。

（3）可调节流式缓冲装置：图 3-3-5（d）所示为可调节流式缓冲装置。在液压缸的端盖上设有单向阀和可调节流阀。缓冲柱塞伸入端盖上的内孔后，活塞与端盖间的油液须经可调节流阀流出。由于节流口的大小可根据液压缸负载及速度的不同进行调整，因此能获得最理想的缓冲效果。当活塞反向运动时，压力油可经单向阀进入活塞端部，使其迅速启动。

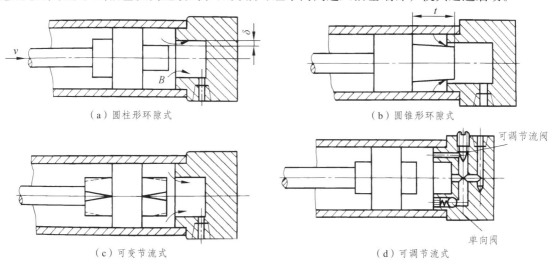

（a）圆柱形环隙式　　　　　　　　　　　　　（b）圆锥形环隙式

（c）可变节流式　　　　　　　　　　　　　（d）可调节流式

图 3-3-5　液压缸的缓冲装置

5）排气装置

液压系统中混入空气后会使其工作不稳定，产生振动、噪声、低速爬行及启动时突然前冲等现象，因此，设计液压缸时必须考虑排除空气。

对于要求不高的液压缸，可以不设专门的排气装置，而将油口布置在缸筒两端的最高处，由流出的油液将缸中的空气带往油箱，再从油箱中逸出。对速度的稳定性要求高的液压缸和大型液压缸，则需在其最高部位设置排气孔并用管道与排气阀（图 3-3-6）相连而排气或在其最高部位设置排气塞（图 3-3-7）排气。当打开排气阀（图 3-3-6 所示位置）或松开排气塞的螺钉并使液压缸活塞（或缸体）以最大的行程快速运行时，缸中的空气即可排出。一般空行程往复 8～10 次即可将排气阀或排气塞关闭，液压缸便可进入正常工作。

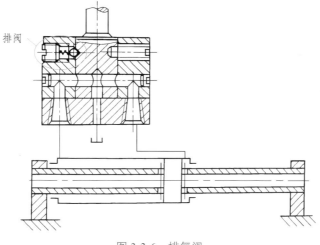

图 3-3-6　排气阀

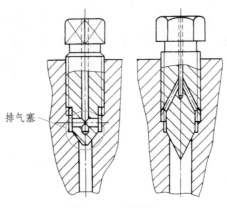

图 3-3-7　排气塞

头脑风暴：液压系统中进入空气后有哪些影响？

_____

_____

### 3. 液压缸的类型和特点

液压缸按其结构形式的不同可分为活塞式液压缸、柱塞式液压缸、组合式液压缸；按液体压力的作用方式又可分为单作用液压缸和双作用液压缸。

液压缸按不同的使用压力可分为中低压、中高压和高压液压缸。中低压液压缸额定压力一般为 $2.5 \sim 6.3\,MPa$。中高压液压缸的额定压力一般为 $10 \sim 16\,MPa$。高压类液压缸的额定压力一般为 $25 \sim 31\,MPa$。

#### 1）活塞式液压缸

活塞式液压缸可分为双杆式和单杆式两种结构形式，其安装又有缸筒固定和活塞杆固定两种方式。

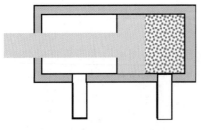

图 3-3-8　单杆式活塞液压缸

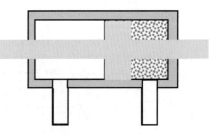

图 3-3-9　双杆式活塞液压缸

（1）单杆式活塞液压缸。

单杆式活塞液压缸的活塞仅一端带有活塞杆，活塞双向运动可以获得不同的速度和输出力，其简图及油路连接方式如图 3-3-10、3-3-11 所示。

结构特点——活塞只有一端带活塞杆，安装分缸体固定和活塞杆固定，工作台移动范围都是活塞有效行程的两倍。

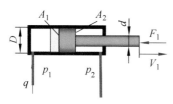

图 3-3-10 无杆腔进油液压缸

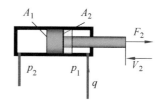

图 3-3-11 有杆腔进油液压缸

无杆腔进油活塞的运动速度 $V_1$ 和推力 $F_1$ 分别为

$$V_1 = \frac{q}{A_1} = \frac{4q}{\pi D^2} \tag{3-1}$$

$$F_1 = p_1 A_1 - p_2 A_2 = \frac{\pi}{4}\left[ D^2 p_1 - (D^2 - d^2) p_2 \right] \tag{3-2}$$

有杆腔进油活塞的运动速度 $V_2$ 和推力 $F_2$ 分别为

$$V_2 = \frac{q}{A_2} = \frac{4q}{\pi(D^2 - d^2)} \tag{3-3}$$

$$F_2 = (p_1 A_2 - p_2 A_1) = \frac{\pi}{4}[(D^2 - d^2) p_1 - D^2 p_2] \tag{3-4}$$

比较上述各式，可以看出：$V_2 > V_1$，$F_2 > F_1$；液压缸往复运动时的速度比为

$$\varphi = \frac{V_2}{V_1} = \frac{D^2}{D^2 - d^2} \tag{3-5}$$

上式表明：当活塞杆直径愈小时，速度比接近 1，在两个方向上的速度差值就愈小。

如果两腔进油（图 3-3-12）它就形成了差动连接。

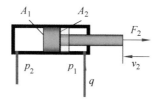

图 3-3-12 差动连接

当单杆活塞缸两腔同时通入压力油时，由于无杆腔有效作用面积大于有杆腔的有效作用面积，使得活塞向右的作用力大于向左的作用力，因此，活塞向右运动，活塞杆向外伸出；与此同时，又将有杆腔的油液挤出，使其流进无杆腔，从而加快了活塞杆的伸出速度，单活塞杆液压缸的这种连接方式被称为差动连接。

活塞的运动速度为

$$V_3 = \frac{q}{A_1 - A_2} = \frac{4q}{\pi d^2} \tag{3-6}$$

在忽略两腔连通油路压力损失的情况下，差动连接液压缸的推力为

$$F_3 = p_1 (A_1 - A_2) = \frac{\pi}{4} d^2 p_1 \tag{3-7}$$

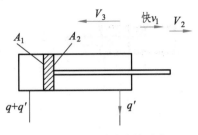

图 3-3-13　差动连接受力

图 3-3-14　差动连接工况

如图 3-3-13、3-3-14 所示比较式（3-1）、式（3-6）可知，$V_3 > V_1$；比较式（3-2）、式（3-7）可知，$F_3 > F_1$。这说明单杆式活塞缸差动连接时能使运动部件获得较高的速度和较小的推力。因此，单杆式活塞缸还常用在需要实现"快进（差动连接）→工进（无杆腔进压力油）→快退（有杆腔进压力油）"工作循环的组合机床等设备的液压系统中。这时，通常要求"快进"和"快退"的速度相等，即 $V_3 = V_2$。由式（3-6）、式（3-3）可知，$A_3 = A_2$，即 $D = \sqrt{2}d$（或 $d \approx 0.71D$）。

单杆式活塞缸不论是缸体固定还是活塞杆固定，工作台的活动范围都略大于缸有效行程的 2 倍。

（2）双杆式活塞液压缸。

双杆液压缸（图 3-35）的活塞两端都带有活塞杆，可实现等速往复运动，分为缸体固定和活塞杆固定两种安装形式。

其原理（图 3-3-16）是当压力油通过油道 a（或 b）分别进入液压缸两腔时，就推动活塞带动工作台做往复运动。活塞上的孔 c 用于装配活塞杆时排除空气。

图 3-3-15　双杆式活塞缸

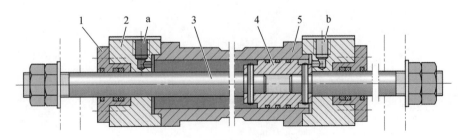

图 3-3-16　双杆式活塞缸工作原理

特征：这种实心双杆液压缸驱动工作台的运动范围大，约等于液压缸有效行程的 3 倍，因而其占地面积较大，它一般只适用于小型机床。

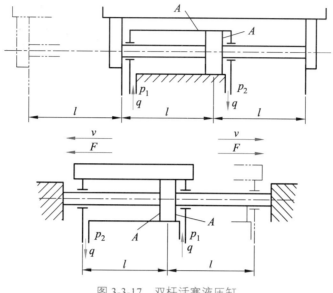

图 3-3-17　双杆活塞液压缸

双杆活塞油缸作用力和速度计算：

双杆活塞缸两端的活塞杆直径通常是相等的，因此左右面积为 A。

当分别向左、右腔输入 $P_1 = P_2$ 和 $q$ 时，液压缸左、右两个方向的推力相等：$F_1 = F_2$；速度相等：$v_1 = v_2$。

当活塞直径为 $D$、活塞杆直径为 $d$、进油腔压力为 $p_1$、出油腔压力为 $p_2$、流量为 $q$ 时：

$$F = A(p_1 - p_2) = \frac{\pi}{4}(D^2 - d^2)(p_1 - p_2) \tag{3-8}$$

$$V = \frac{q}{A} = \frac{4q}{\pi(D^2 - d^2)} \tag{3-9}$$

双杆活塞缸在工作时，一个活塞杆是受拉的，而另一个活塞杆不受力（活塞杆始终不受压力），因此这种液压缸的活塞杆可以做得细些。

2）柱塞式液压缸

液压缸缸体内孔加工精度要求很高，如图 3-3-18（a）所示的柱塞缸由缸筒 1、柱塞 2、导向套 3、密封圈 4 和压盖 5 等零件组成。柱塞由导向套导向，与缸体内壁不接触，因而缸体内孔不需要精加工，工艺性好，成本低。

柱塞缸工作时柱塞端面受压，为了能输出较大的推力，柱塞一般较粗、较重，水平安装时易产生单边磨损，故柱塞缸适宜于垂直安装使用。当其水平安装时为防止柱塞因自重而下垂，常制成空心柱塞并设置支撑套和托架。

柱塞缸只能实现单向运动，它的回程需借自重（立式缸）或其他外力（如弹簧力）来实现。在龙门刨床、导轨磨床、大型拉床等大行程设备的液压系统中，为了使工作台得到双向运动，柱塞缸常常成对使用，图 3-3-18（b）所示。

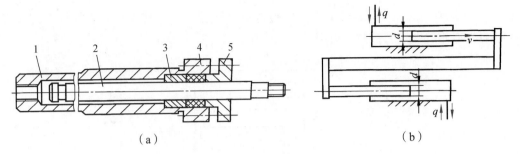

（a）　　　　　　　　　　　　　　（b）

1—缸筒；2—柱塞；3—导向套；4—密封圈；5—压盖。

图 3-3-18　柱塞式液压缸

### 3）伸缩式液压缸

伸缩液压缸又称为多套缸，它是由两个或多个活塞式液压缸套装而成的，前一级活塞缸的活塞是后一级活塞的缸筒。各级活塞依次伸出时可获得很长的行程，而当依次缩回时又能使液压缸保持很小的轴向尺寸。

图 3-3-19 所示为双作用伸缩液压缸的结构。当通入压力油时，活塞有效作用面积最大的缸筒以最低油液压力开始伸出，当行至终点时，活塞有效作用面积次之的缸筒开始伸出。外伸缸筒有效面积越小，工作油液压力越高，伸出速度加快。各级压力和速度可按活塞式液压缸有关公式来计算。

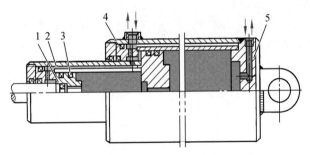

1—活塞；2—套筒；3—O 形圈；4—缸筒；5—缸盖。

图 3-3-19　双作用伸缩缸

除双作用伸缩液压缸外，还有一种单作用伸缩液压缸。图 3-3-20 所示为单作用伸缩液压缸，它与双作用伸缩液压缸的不同点主要是单作用伸缩液压缸的回程靠外力（如重力），而双作用伸缩液压缸的回程靠液压油作用。

伸缩液压缸特别适用于工程机械及自动线步进式输送装置。

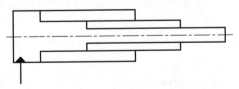

图 3-3-20　单作用伸缩缸

### 4）摆动式液压缸

摆动缸用于将油液的压力能转变为叶片及输出轴往复摆动的机械能。它有单叶片和双叶片两种形式，图 3-3-21 所示为其工作原理。摆动缸由缸体 1、叶片 2、定子块 3、摆动输出轴 4、两端支承盘及端盖（图中未画出）等零件组成。定子块固定在缸体上，叶片与输出轴连为一体。当两油口交替通入压力油（交替接通油箱）时，叶片即带动输出轴做往复摆动。

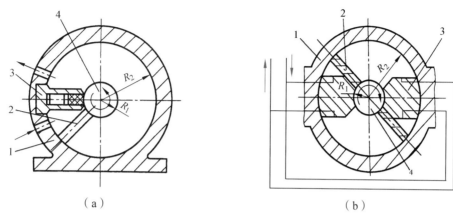

（a）　　　　　　　　　　　　　　　　　（b）

1—缸体；2—叶片；3—定子块；4—摆动输出轴。

图 3-3-21　摆动缸

若叶片的宽度为 $b$，缸的内径为 $D$，半径为 $R_2$，摆动输出轴直径为 $d$，半径为 $R_1$，叶片数为 $Z$，在进油压力为 $p$、流量为 $q$，且不计回油腔压力时，摆动缸输出的转矩 $T$ 和回转角速度 $\omega$ 为

$$T = Zpd\frac{(D-d)(D+d)}{2\times 2} = \frac{Zpd(D^2-d^2)}{4} \qquad (3\text{-}10)$$

$$\omega = \frac{pq}{T} = \frac{4q}{Zb(D^2-d^2)} \qquad (3\text{-}11)$$

> **头脑风暴**：根据活塞式、柱塞式、伸缩式、摆动式液压缸特点，你能选择适用的场合吗？

单叶片缸的摆动角一般不超过 280°，双叶片缸当其他结构尺寸相同时，其输出转矩是单叶片缸的 2 倍，而摆动角度为单叶片缸的一半（一般不超过 150°）。

摆动缸常用于机床的送料装置、间歇进给机构、回转夹具、工业机器人手臂和手腕的回转装置及工程机械回转机构等的液压系统中。

## 练习题

### 一、判断题

1. 当液压缸的活塞杆固定时，其左腔通压力油，则液压缸向左运动。　　　（　　）
2. 单柱塞缸靠液压油能实现两个方向的运动。　　　（　　）

3. 液压缸差动连接时，液压缸产生的推力比非差动时的推力大。（　　）

4. 在液压传动系统中，为了实现机床工作台的往复运动速度一样，采用单出杆活塞式液压缸。（　　）

5. 在某一液压设备中需要一个完成很长工作行程的液压缸，宜采用双杆式液压缸。（　　）

## 二、选择题

1. 液压缸的运动速度取决于（　　）。【单选题】

    A. 压力自流量　　　　　　　B. 流量　　　　　　　　C. 压力

2. 差动液压缸输入流量 $Q=25$ L/min，压力 $p=5$ MPa。如果 $d=5$ cm，$D=8$ cm，那么活塞移动的速度为（忽略液压缸泄漏及摩擦损失）（　　）。【单选题】

    A. $v=0.516$ m/s　　　　　　B. $v=11.212$ m/s

    C. $v=0.212$ m/s　　　　　　D. $v=12.212$ m/s

3. 在某一液压设备中需要一个完成很长工作行程的液压缸，宜采用下述液压缸中的（　　）。【单选题】

    A. 单活塞液压缸　　　　　　B. 双活塞杆液压缸

    C. 柱塞液压缸　　　　　　　D. 伸缩式液压缸

4. 一般单杆油缸在快速缩回时，往往采用（　　）。【单选题】

    A. 有杆腔回油无杆腔进油　　B. 差动连接

    C. 有杆腔进油无杆腔回油

5. 液压泵输出的流量供给液压缸，泵的压力决定于液压缸的（　　）。【单选题】

    A. 速度　　　　　　　　　　B. 负载　　　　　　　　C. 流量

## 三、简答题

1. 简述液压缸缓冲装置的作用。
2. 简述液压缸的类型和特点。

# 项目四　液压控制元件

液压控制元件是液压系统中的关键组成部分，它们能够调节液压系统中的压力、流量和方向等参数，从而实现对执行机构的精确控制。通过学习液压控制元件，可以深入了解液压系统的工作原理和控制方法，掌握液压控制元件的种类、结构、工作原理和应用场景等知识，有助于设计、分析和维护液压系统，提高液压系统的性能和可靠性。

此外，液压控制元件在许多工业领域中得到广泛应用，如机械制造、航空航天、船舶、建筑机械等。掌握液压控制元件的知识将有助于你在这些领域中更好地理解和应用相关技术，提高工作效率和解决实际问题的能力。

液压控制元件的学习主要包括四个学习任务：液压控制元件认知、液压方向控制元件、液压压力控制元件、液压流量控制元件。

## 任务一　液压控制元件认知

在液压传动系统中，用来对油液流动的方向、压力和流量进行控制和调节的液压元件称为控制元件。常见的液压控制元件包括方向控制阀、压力控制阀和流量控制阀。方向控制阀用于控制油液的流动方向，例如单向阀、换向阀等；压力控制阀用于调节系统的压力，如溢流阀、减压阀等；流量控制阀用于控制油液的流量，如节流阀、调速阀等。

这些元件的工作原理和特点各不相同，但它们共同作用，确保了液压系统的正常运行和精确控制。本任务主要探究液压控制元件的作用、类型和要求。

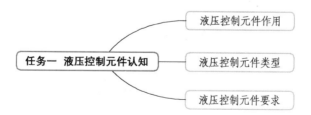

【学习目标】

知识目标：

（1）说出常见液压控制元件的作用、类型和要求。

（2）说出常见液压控制元件的工作原理。

能力目标：

（1）具备常见液压控制元件图形符号的识读能力。

（2）具备根据不同类型、作用的液压控制元件，分析它们在系统中起到具体作用的能力。

素质目标：

（1）在学习过程中，通过团队协作探究液压控制元件特点，使学生具备分析问题和解决问题的能力。

（2）随着技术的发展，保持对新的液压控制元件和技术的学习兴趣，使学生具备不断更新知识的能力。

 【任务描述】

某学校智能制造学院机电一体化专业学生本学期学习液压与气动传动这门课程，本节课老师以山东省某次技能大赛应用设备——工程机械挖掘机液压控制系统为例，请同学们说出其中的液压控制元件都有哪些？并说出它们的作用、类型和工作要求。

 【获取信息】

挖掘机（图 4-1-1）液压系统中常见的液压控制元件有：方向控制阀、压力控制阀、流量控制阀、比例阀、伺服阀、平衡阀、液压马达和液压缸等。这些元件在挖掘机的液压系统中发挥着重要的作用，它们的性能和可靠性直接影响着挖掘机的工作效率和稳定性。

图 4-1-1　挖掘机实物图

## 一、液压控制元件类型

### 1. 按用途分类

（1）方向控制阀：单向阀、液控单向阀、换向阀、比例方向控制阀等。
（2）压力控制阀：溢流阀、减压阀、顺序阀、比例压力控制阀、压力断电器等。
（3）流量控制阀：节流阀、调速阀、比例流量控制阀等。

### 2. 按操纵方法分类

（1）手动控制阀：用手柄及手轮、踏板、杠杆等进行控制。
（2）机械控制阀：用挡块及碰块、弹簧等进行控制。
（3）液压控制阀：利用油液压力所产生的力进行控制。
（4）电动控制阀：用电磁铁等进行控制。
（5）电液控制阀：采用电动控制和液压控制的组合方式进行控制。

### 3. 按连接方法分类

（1）管式连接：螺纹式连接、法兰式连接。
（2）板式及叠加式连接：单层连接板式、双层连接板式、集成块连接、叠加阀。
（3）插装式连接：螺纹式插装、法兰式插装。

> **想一想**：挖掘机上单向阀的位置在哪里？
>
> _____
>
> _____

## 二、液压控制元件作用

液压控制元件的功能各不相同，但其结构和原理却有相似之处，几乎所有阀都由阀体、阀芯和控制部分组成，且都是通过改变油液的通路或液阻而进行调节和控制的。

### 1. 方向控制阀

用于控制液压油的流动方向，使液压缸或液压马达实现伸缩或旋转。常见的方向控制阀有换向阀、单向阀等。

### 2. 压力控制阀

调节和稳定系统中的工作压力。比如溢流阀可以防止系统压力过高，减压阀可以降低某一油路的压力。

### 3. 流量控制阀

控制液压油的流量，实现速度的调节。例如节流阀可以限制油路中的流量，调速阀可以保持流量稳定。

### 4. 比例控制阀

根据输入的电信号或机械信号，成比例地控制液压系统的压力、流量或方向。这种控制阀可以实现精确控制和调节。

## 三、液压控制元件工作要求

这些控制元件的作用是确保挖掘机的各项动作准确、平稳、高效地进行。它们需要满足以下要求：

### 1. 可靠性

油液通过液压控制阀时压力损失小，阀芯工作的稳定性要好；在恶劣的工作环境下能够长期稳定工作，不易出现故障和失效。

### 2. 灵敏度

对控制信号的响应迅速，能够及时调整液压系统的状态，工作时冲击和振动要小，噪声要小。

### 3. 精度

保证控制的准确性，结构简单，动作灵敏，能够准确地控制液压油的流量、压力和方向，以满足系统的工作要求。

### 4. 耐腐蚀性

能够抵抗液压油中的杂质和腐蚀性物质的影响，延长使用寿命。

### 5. 密封性

液压控制元件要具有良好的密封性，防止液压油泄漏和污染，保证系统的正常工作。

### 6. 兼容性

液压控制元件需要与系统中的其他元件相兼容，能够协同工作，实现系统的整体性能。

### 7. 易维护

液压控制元件需要易于维护和维修，方便更换和清洗，以延长元件的使用寿命。

总之，液压控制元件需要满足高精度、高可靠性、高响应速度、良好的密封性、兼容性和易于维护维修等工作要求，以保证液压系统的正常工作和性能。

## 练习题

### 一、判断题

1. 液压控制元件按照用途可分为方向控制阀、压力控制阀和流量控制阀。　　　( )

2. 液压控制元件按照操纵方法可分为手动控制阀、机械控制阀、液压控制阀、电动控制阀、电液控制阀。　　　　　　　　　　　　　　　　　　　　　　　　　　（　　）

3. 方向控制阀的作用是调节和稳定系统中的工作压力。　　　　　　　　　　（　　）

## 二、选择题

1. 方向控制阀包含（　　　）。【多选题】

    A. 单向阀　　　　　　B. 液控单向阀　　　　　C. 换向阀　　　　　D. 比例方向控制阀

2. 压力控制阀包含（　　　）。【多选题】

    A. 溢流阀　　　　　　B. 减压阀　　　　　　　C. 顺序阀　　　　　D. 调速阀

3. 比例控制阀：根据输入的电信号或机械信号，成比例地控制液压系统的（　　　）。【多选题】

    A. 压力　　　　　　　B. 流量　　　　　　　　C. 方向　　　　　　D. 速度

## 三、简答题

1. 简述液压控制元件按照用途分为哪几类。

2. 简述液压控制元件需要满足哪些要求。

# 任务二　液压方向控制元件

常见的液压方向控制元件包括单向阀、换向阀等。

液压方向控制元件是液压系统中的重要组成部分，它的作用是控制液压系统中液压油的流动方向，从而实现对执行元件（如液压缸、液压马达等）的运动方向的控制。并且可以通过改变油路的通断或改变油路的流向，使液压油进入或流出执行元件，从而实现执行元件的伸缩、旋转等运动。

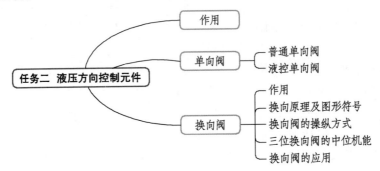

【学习目标】

## 知识目标：

（1）说出普通单向阀的结构、工作原理。

（2）说出换向阀的结构、工作原理。

（3）掌握单向阀和换向阀的图像符号和画法。

## 技能目标：

（1）能正确画出单向阀和换向阀的结构图。

（2）能根据结构图对单向阀和换向阀正确拆装。

## 素质目标：

（1）在操作过程中树立安全操作意识。

（2）小组合作完成单向阀和换向阀的拆装。

（3）具备自主学习知识能力及知识迁移能力。

## 【任务描述】

王先生在使用液压千斤顶换备胎时发现，汽车一侧被千斤顶顶起后总会缓慢下降，造成无法顺利更换备胎。后经过维修技师检测：初步认为千斤顶中单向阀或其油压管路故障，需要选择正确工具对故障进行检测并修复。

 **【获取信息】**

### 一、单向阀

单向阀又称止回阀或逆止阀，它是一种只允许液流向一个方向流动，而不允许反向流动的阀。单向阀可以用于防止液压系统中的油液反向流动，保持系统的压力稳定，也可以用于控制执行机构的运动方向，或者作为安全保护装置

单向阀按工作性能分为普通单向阀和液控单向阀；按结构形式分为直通式单向阀和直角式单向阀。

1. 普通单向阀

1）结构

普通单向阀主要由阀体、阀芯、弹簧和密封件组成，如图 4-2-1 所示。阀体通常采用铸铁或铸钢等材料制成，用于容纳阀芯和弹簧等零件。阀芯是单向阀的关键部件，它通常采用青铜或不锈钢等材料制成，用于控制液流的流动方向。弹簧用于提供阀芯的回复力，使阀芯能够在阀体中保持关闭状态。密封件用于防止液流从阀体和阀芯之间泄漏。

图 4-2-1　普通单向阀实物图

2）液压系统对单向阀性能的要求

对普通单向阀的主要性能要求是：油液通过时压力损失要小，反向截止时密封性要好。普通单向阀的弹簧很软，仅用于将阀芯顶压在阀座上，故阀的开启压力较小。若使用硬弹簧，则可将其作为背压阀使用。具体要求如下：

（1）正向开启压力小。

（2）反向泄漏小，尤其是用在保压系统时要求更高。

（3）通流时压力损失小。液控单向阀在反向流通时压力损失也要小。

3）工作原理

（1）直通式单向阀（图 4-2-2）。

直通式单向阀中的油流方向和阀的轴线方向相同。

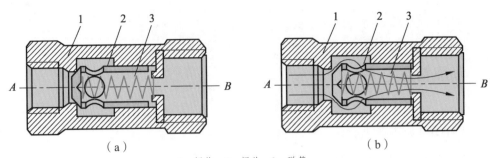

1—阀体；2—阀芯；3—弹簧。

图 4-2-2 直通式单向阀

普通单向阀控制油液只能按一个方向流动而反向截止，故又称止回阀，也简称单向阀。它由阀体、阀芯、弹簧等零件组成，如图 4-2-2 所示。

如图 4-2-3 和图 4-2-4 所示，当液体的压力为 $P_1$ 方向时，液体压力克服弹簧弹力将阀芯推离阀座，此时单向阀是打开的，允许液体流过。反之，当液体的压力为 $P_2$ 方向时，在液体压力和弹簧力的共同作用下，阀芯被推到阀体座上，液体被截止。单向阀的开启压力仅有 0.035 ~ 0.1 MPa。若使用硬弹簧，开启压力可达到 0.2 ~ 0.6 MPa，则可将其作为背压阀使用。

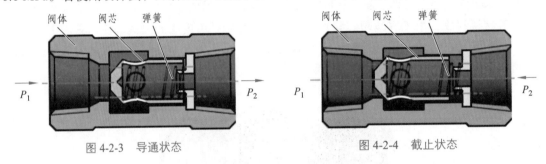

图 4-2-3 导通状态　　　　　　　　图 4-2-4 截止状态

图 4-2-3 和图 4-2-4 所示的阀属于管式连接阀，此类阀的油口可通过管接头和油管相连，阀体的重量靠管路支承，因此阀的体积不能太大太重。

（2）直角式单向阀。

直角式单向阀的进出油口 A、B 的轴线均和阀体轴线垂直。

图 4-2-5 所示的阀属于板式连接阀，阀体用螺钉固定在机体上，阀体的平面和机体的平面紧密贴合，阀体上各油孔分别和机体上相对应的孔对接，用"O"形密封圈使它们密封。工作原理同直通式单向阀。

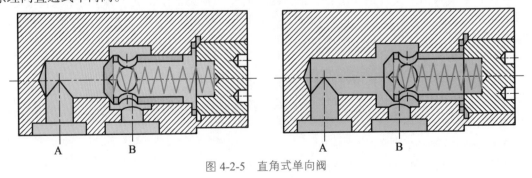

图 4-2-5 直角式单向阀

想一想：液压千斤顶最常用的单向阀是哪种？

_____

_____

4）普通单向阀的应用

（1）单向阀用于对液压缸需要长时间保压、锁紧的液压传动系统中；也常用于防止立式液压缸停止运动时因活塞自重而下滑的回路中。

（2）在双泵供油的系统中，低压大流量泵的出口处必设单向阀，以防止高压小流量泵的输出的液压油流入低压泵内。

（3）单向阀也常安装在泵的出口处，一方面可防止系统中的液压冲击影响泵的工作；另一方面在泵不工作时可防止系统中的油液倒灌入液压泵。

（4）单向阀还可以在系统中分隔油路，以防止油路间的相互干扰。

2. 液控单向阀

1）普通型外泄式液控单向阀（图 4-2-6）

图 4-2-6　普通型外泄式液控单向阀

如图 4-2-7（a）所示为外泄液控单向阀结构图，符号图如图 4-2-7（b）所示。它和普通单向阀相比，在结构上增加了控制油腔、控制活塞 1 及控制油口 K。当 K 未通压力油时，油液只能从 A 流入，从 B 流出，反向则闭锁。当控制油口通过一定压力油时，推动活塞 1 使锥阀芯 3 右移，阀随即保持开启状态，使单向阀也可以反方向通过油流。为了减小控制活塞移动的阻力，控制活塞制成台阶状并设一外泄油口 L。

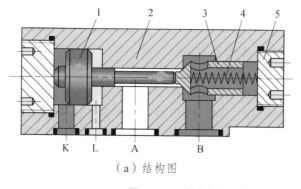

（a）结构图　　　　　　　　　　（b）符号图

图 4-2-7　外泄液控单向阀

2）带卸荷阀芯的内泄式液控单向阀

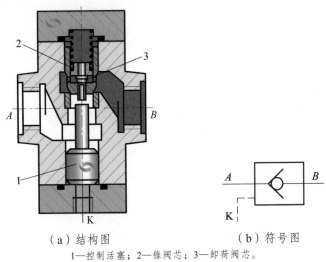

（a）结构图　　　　　　　　（b）符号图

1—控制活塞；2—锥阀芯；3—卸荷阀芯。

图 4-2-8　带卸荷阀芯的内泄式液控单向阀

结构图如图 4-2-8（a）所示，符号图如图 4-2-8（b）所示。当锥阀芯 2 上方油腔压力较高时，顶开锥阀所需的控制压力可能很高。为了减少控制油口 K 的开启压力，在锥阀内部增加另一个卸荷阀芯 3，在控制活塞 1 顶起锥阀芯 2 之前，先顶起卸荷阀芯 3，使上下腔油液经卸荷阀芯上的缺口相通，锥阀上腔 A 的压力油泄到下腔，压力降低。此时控制活塞便可以较小的力将锥阀芯顶起，使 A 和 B 两腔完全连通，这样，液控单向阀用较低的控制油压即可控制有较高油压的主油路。液压压力机的液压系统常采用这种有卸压阀芯的液控制单向阀使主缸卸压后再反向退回。

3）液控单向阀的主要性能要求及应用

液控单向阀具有良好的单向密封性，常用于执行元件需要长时间保压、锁紧回路的情况，也常用于防止立式液压缸停止运动时因自重而下滑以及速度换接回路中。这种阀也称压锁。

液控单向阀的最小反向开启控制压力：一般要求不带卸荷阀芯的为工作压力的 40%～50%；带卸荷阀芯的为工作压力的 5%。

液控单向阀既可以对反向液流起截止作用且密封性好，又可以在一定条件下允许正、反向液流自由通过。

应用示例 1：

用单向阀将系统和泵隔断，如图 4-2-9（a）所示。用单向阀 5 将系统和泵隔断，泵开机时排出的油可经单向阀 5 进入系统；泵停机时，单向阀 5 可阻止系统中的油倒流。

应用示例 2：

用两个液控单向阀使液压缸双向闭锁，如图 4-2-9（b）所示。将高压管 A 中的压力作为控制压力加在液控单向阀 2 的控制口上，液控单向阀 2 也构成通路。此时高压油自 A 管进入缸，活塞右行，低压油自 B 管排出，缸的工作和不加液控单向阀时相同。同理，若 B 管为高压，A 管为低压时，则活塞左行。若 A、B 管均不通油时，液控单向阀的控制 A、B 口均无压力，阀 1 和阀 2 均闭锁。这样，利用两个液控单向阀，既不影响缸的正常动作，又可完成缸的双向闭锁。锁紧缸的办法虽有多种，用液控单向阀的方法是最可靠的一种。

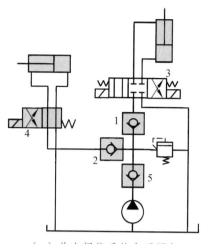

（a）单向阀将系统和泵隔断

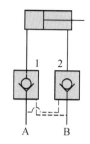

（b）两个液控单向阀使液压缸双向闭锁

图 4-2-9　液控单向阀使用示意图

## 二、换向阀

换向阀是通过阀芯对阀体的相对运动，即改变两者的相对位置，使油路接通、关闭或变换油路方向，从而实现液压执行元件及其驱动机构的启动、停止或改变运动方向的液压阀。

1. 换向阀的分类方法与类型（表 4-2-1）

表 4-2-1　换向阀的分类方法与类型

| 分类方法 | 类型 |
|---|---|
| 按结构分 | 滑阀式、转阀式 |
| 按阀芯工作位置数分 | 二位、三位和多位等 |
| 按进、出口通道数分 | 二通、三通、四通和五通等 |
| 按操纵和控制方式分 | 人力控制、机械控制、电气控制、液压控制、液压先导控制、电液控制等 |
| 按安装方式分 | 管式、板式和法兰式等 |

2. 换向阀的工作原理

1）滑阀式换向阀的工作原理

如图 4-2-10 所示，活塞在中间位置，四个油口都被封闭，活塞处于停止状态。若使阀芯

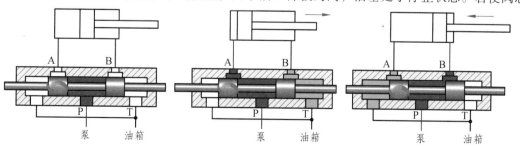

图 4-2-10　滑阀式换向阀的工作原理

左移，则 P 和 A 连通、T 和 B 连通，压力油经 P、A 进入液压缸左腔，液压缸右腔的油液经 B、T 流回油箱，活塞向右运动；若使阀芯右移，则油口 P 和 B 连通、A 和 T 连通，活塞向左运动。

2）转阀式换向阀的工作原理

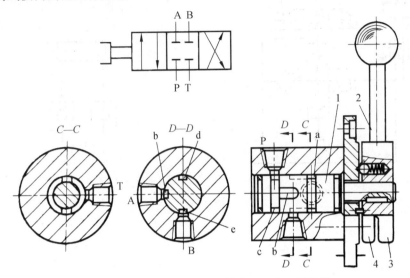

图 4-2-11　转阀式换向阀的换向原理和图形符号

图 4-2-11 所示为转阀式换向阀的换向原理和图形符号图。它变换油液的流向是利用阀芯相对阀体的旋转来实现的。此阀有三个工作位置，四个通口，且为手动操纵，故称作三位四通转阀式手动换向阀。转阀的密封性能较差，径向力又不平衡，一般用于低压、小流量的系统中。

进油口 P 与阀芯上的左环形槽 c 及向左开口的轴向槽 b 相通，回油口 T 与阀芯上的右环形槽 a 及向右开口的轴向槽 e、d 相通。在图中所示位置时，P 经 c、b 与 A 相通，B 经 e、a 与 T 相通；当手柄带动阀芯逆时针方向转到 90°时，其油路变为油口 P 经 c、b 与 B 相通，A 经 d、a 与 T 相通；当手柄位于两个位置中间时，P、A、B、T 四个油口都被封闭。手柄座上有拨叉 3、4，当挡块拨动拨叉时，可使阀芯转动，实现机动换向。

3. 换向阀的图形符号

1）换向阀图形符号的绘制规则

（1）换向阀的主体符号用来表达换向阀的"位"和"通"。方框数即"位"数。在一个方框内，"↑"或"T"符号与方框的交点数为油口的通路数，即"通"数。

（2）方框中的"↑"表示管口连通，方框中的"T"表示阀体液口被封闭。

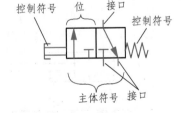

（3）换向阀的控制符号表示阀芯移动的控制方式，绘制在主体符号的两端。

（4）当换向阀没有操纵力的作用处于静止状态时称为常态。

（5）在液压传动系统图中，换向阀的图形符号与油路的连接一般应画在常态位上。

2）换向阀的主体结构和图形符号（图 4-2-12）

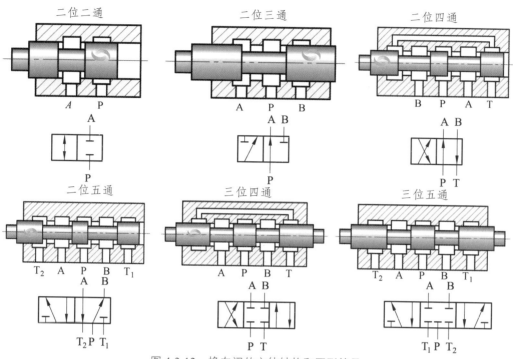

图 4-2-12　换向阀的主体结构和图形符号

4. 常用换向阀的控制方式、图形符号、工作原理

1）控制方式和图形符号（图 4-2-13）

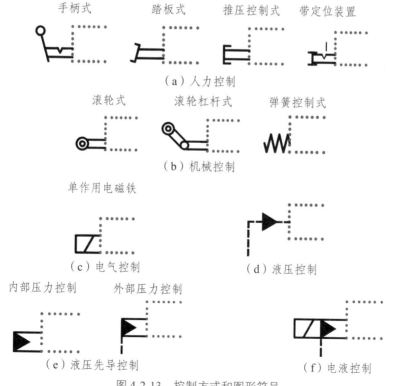

图 4-2-13　控制方式和图形符号

2）结构和工作原理

（1）手动换向阀，如图 4-2-14 所示。

图 4-2-14　手动换向阀

手动换向阀是利用手扳动杠杆来改变阀芯和阀体的相对位置实现换向的。扳动手柄，即可改变阀芯与阀体的相对位置，从而使油路接通或断开，如图 4-2-15（a）所示。

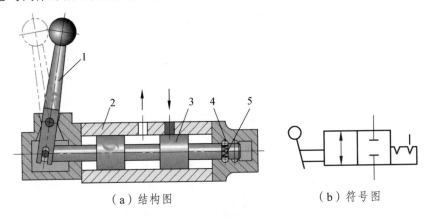

（a）结构图　　　　　　　　　　（b）符号图

图 4-2-15　二位二通手动换向阀

（2）机动换向阀。

在常态位置，阀芯 2 被弹簧 1 顶向上端，油口 P 和 A 相通。当挡块 4 压下滚轮 5 时，推杆 3 使阀芯移到下端，油口 P 和 B 连通，如图 4-2-16（a）。

（3）电磁换向阀。

利用电磁铁吸力推动阀芯来改变工作位置的换向阀称为电磁换向阀，简称电磁阀，如图 4-2-17（a）所示，符号图如图 4-2-17（c）所示。

如图 4-2-17（b）所示：

① 当两端电磁铁均不通电，阀在常态位置时，油口 P、T、A、B 互不相通。

② 当右端的电磁铁通电，换向阀右位工作。压力油从 P 口进入，从 B 口流出，回路中的回油从 A 口流入，从 T 口流回油箱。

③当左端电磁铁吸合时，衔铁通过推杆将阀芯推向右端，换向阀在左位工作。压力油从 P 口流入，从 A 口流出；回油从 B 口流入，从 T 口流回油箱。

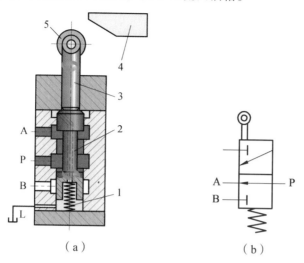

（a）　　　　　　　　　　　　（b）

图 4-2-16　二位三通机动换向阀

（a）实物图

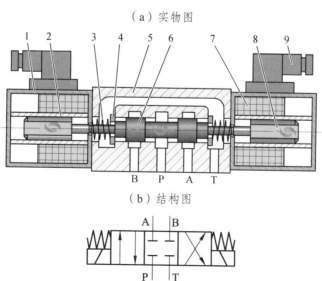

（b）结构图

（c）图形符号

4-2-17　三位四通电磁换向阀

（4）液控换向阀。

液控换向阀是利用控制油路的压力油直接推动阀芯来改变阀芯位置的换向阀，如图4-2-18（a）所示，符号图如图4-2-18（c）所示。

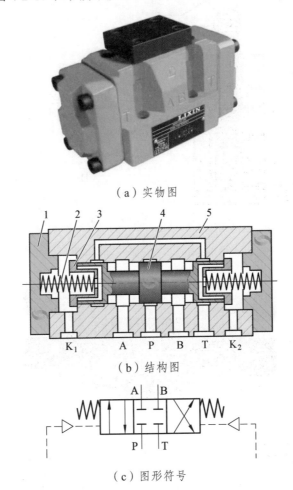

（a）实物图

（b）结构图

（c）图形符号

4-2-18　三位四通液控换向阀

如图4-2-18（b）所示：

① 当油口 $K_1$ 和 $K_2$ 都无压力油通入时，阀芯在常态位（即中位），油口 P、T、A、B 互不相通，换向阀处于锁闭状态。

② 当压力油从 $K_2$ 进入阀体右腔时，阀体左腔接通 $K_1$ 回油，压力油推动阀芯向左移动，换向阀右位工作。P 和 B 接通，A 和 T 接通。

③ 当压力油从 $K_1$ 进入阀体左腔时，阀体右腔接通 $K_2$ 回油，换向阀处于左位工作，P 和 A 接通，B 和 T 接通。

5）电液换向阀

电液换向阀是电磁换向阀和液控换向阀的组合。电磁换向阀是先导阀，控制液控换向阀换向；液控换向阀是主阀，控制液压传动系统执行元件的动作，如图4-2-19（a）所示；符号图如图4-2-19（c）所示。

（a）实物图

（b）结构图

（c）图形符号

4-2-19　三位四通电液换向阀

如图 4-2-19（b）所示：

①电磁阀阀芯处于中位时，液控换向阀的阀芯在弹簧力的作用下也处于中位，主阀上 A、B、P、T 油口均被封堵。

②当左端电磁铁通电时，电磁铁阀芯右移，控制油液经电磁阀、左端单向阀流入主阀左端油腔，推动主阀芯右移；此时主阀芯右端油腔的回油经右端的节流口、电磁阀流回油箱，使 P、A 相通，B、T 相通。

③当右端的电磁铁通电时，主阀芯左移，使 P、B 相通，A、T 相通。

5. 三位换向阀的中位机能

换向阀的中位机能是指换向阀里的滑阀处在中间位置或原始位置时阀中各油口的连通形

式，体现了换向阀的控制机能。采用不同形式的滑阀会直接影响执行元件的工作状况。因此，在进行工程机械液压系统设计时，必须根据该机械的工作特点选取合适的中位机能的换向阀。中位机能有 O 型、H 型、X 型、M 型、Y 型、P 型、J 型、C 型、K 型等多种形式。

表 4-2-1 中列出了几种常用中位机能三位换向阀的图形符号及性能特点。

表 4-2-1　几种常用中位机能三位换向阀的图形符号及性能特点

| 滑阀机能 | 图形符号 | 中位油状况、特点 |
| --- | --- | --- |
| O 型 | | P、A、B、T 4 口全封闭，液压泵不卸荷，液压缸闭锁。工作机构回油腔中充满油液，可以缓冲，从停止至启动比较平稳，制动时液压冲击较大。可用于多个换向阀的并联工作 |
| H 型 | | 4 口全串通，活塞处于浮动状态，在外力作用下可移动（如手摇机构），泵卸荷。从停止到启动有冲击。不能保证单杆双作用油缸的活塞停止 |
| Y 型 | | P 口封闭，A、B、T 3 口相通，活塞浮动在外力作用下可移动，泵不卸荷。从停止至启动有冲击。制动性能在 O 与 H 型之间 |
| K 型 | | P、A、T 相通，B 口封闭，活塞处于闭锁状态，泵卸荷。两个方向换向时性能不同 |
| M 型 | | P、T 相通，A 与 B 均封闭，活塞闭锁不动，泵卸荷。不可用手摇装置，停止至启动较平衡，制动时液压冲击较大，可多个并联工作 |
| X 型 | | 4 个油口因节流口而处于半开启状态，泵基本上卸荷，但仍保持一定压力。避免换向冲击，换向性能介于 O 型与 H 型之间 |
| P 型 | | P、A、B 相通，T 封闭；泵与缸两腔相通。可组成差动回路。从停止至启动比较平稳 |
| J 型 | | P 与 A 封闭，B 与 T 相通，活塞停止，但在外力作用下可向一边移动，泵不卸荷 |
| C 型 | | P 与 A 相通，B 与 T 皆封闭，活塞处于停止位置，油泵不卸荷。从停止至启动比较平稳，制动时有较大冲击 |
| N 型 | | P 和 B 皆封闭，A 与 T 相通，与 J 型机能相似，只是 A 与 B 互换了，功能也类似 |
| U 型 | | P 和 T 都封闭，A 与 B 相通，活塞浮动，在外力作用下可移动，泵不卸荷。从停止至启动、制动比较平衡 |
| OP 型 | | 中位时为 O 型机能，右位时为 Y 型机能 |

三位换向阀中位机能不同，中位时对系统的控制性能也不相同。在分析和选择时，通常要考虑执行元件的换向精度和平稳要求；是否需要保压或卸荷；是否需要"浮动"或可在任意位置停止等。

（1）换向精度及换向平稳性中位时通液压缸两腔的 A、B 油口均堵塞（如 O 型、M 型），换向位置精度高，但换向不平稳，有冲击。中位时 A、B、O 油口连通（如 H 型、Y 型），换向平稳，无冲击，但换向时前冲量大，换向位置精度不高。

（2）系统的保压与卸荷中位时 P 油口堵塞（如 O 型、Y 型），系统保压，液压泵能向多缸系统的其他执行元件供油。中位时 P、T 油口连通时（如 H 型、M 型），系统卸荷，可减少能量消耗，但不能与其他缸并联使用。

（3）"浮动"或在任意位置锁住中位时 A、B 油口连通（如 H 型、Y 型），则卧式液压缸呈"浮动"状态，这时可利用其他机构（如齿轮-齿条机构）移动工作台，调整位置。若中位时 A、B 油口有一油口堵塞（如 O 型、M 型），液压缸可在任意位置停止并被锁住，而不能"浮动"。

### 6. 换向阀的应用

换向阀广泛应用于不同领域的液压系统中，如机械加工、汽车工业、冶金行业、航天航空、工程机械、船舶、采矿、石油等。具体地，它们被用于控制单缸或多缸的正反作用、双向液压马达的正反转以及调整和控制压力、流量等。

1）工程机械领域

液压换向阀在工程机械行业中的应用非常广泛，可以控制多种液压系统的流向。例如，装载机、推土机、挖掘机等工程机械中的液压系统，都需要通过液压换向阀来保证精准控制系统流向，实现各项功能。

2）冶金设备领域

在冶金设备制造领域，液压换向阀可以用于控制多种铸造设备的流向。例如，在炼钢设备和液压铸造机中，液压换向阀可以实现不同液压系统之间的联通和分离。

3）航空航天领域

在航空航天工业领域，液压换向阀也被广泛应用。例如，在飞机的升降系统、方向舵和尾翼系统中，都需要使用液压换向阀来实现流向的控制。

### 7. 液压换向阀的优势

1）精度可靠

液压换向阀的精度高，控制效果稳定可靠，有利于提升设备的使用效率和生产效益。

2）节能环保

相对于机械控制阀来说，液压换向阀的能源消耗相对更小，可以实现节能环保的效果。

3）维护简单

液压换向阀的构造相对简单，易于维护和检修，大大减少设备停机维护的成本和时间成本。

综上所述，液压换向阀在不同的领域中有着广泛的应用价值。通过对液压换向阀的工作原理和应用场景等方面进行深入分析，可以更好地对其进行优化和改进，提高系统控制质量和效率。

# 练习题

## 一、判断题

1. 电液换向阀是电磁换向阀和液控换向阀的组合。 （ ）

2. M 型中位机能的换向阀可实现中位卸荷。 （ ）

3. 液控单向阀既可以对反向液流起截止作用且密封性好，又可以在一定条件下允许正、反向液流自由通过。 （ ）

4. 相对于机械控制阀来说，液压换向阀的能源消耗相对更大，可以实现节能环保的效果。 （ ）

5.  图示表示两位三通换向阀。 （ ）

## 二、选择题

1. 常用的电磁换向阀用于控制油液的（ ）。【单选题】
  A. 流量 B. 压力 C. 方向

2. 三位四通电液换向阀的液动滑阀为弹簧对中型，其先导电磁换向阀中位必须是（ ）机能，而液动滑阀为液压对中型，其先导电磁换向阀中位必须是（ ）机能。 【单选题】
  A. H 型 B. M 型 C. Y 型 D. P 型

3. 换向阀中，阀芯相对阀体的运动有三个工作位置，换向阀上有四个油路口和四条通路，则该换向阀称为（ ）换向阀。【单选题】
  A. 三位四通 B. 四位三通 C. 二位二通 D. 三位二通

4. 液压换向阀的优势有（ ）。【多选题】
  A. 精度可靠 B. 节能环保 C. 维护简单

5. 若单向阀作为背压阀使用，则要求（ ）。【多选题】
  A. 正向开启压力小 B. 反向泄漏小 C. 通流时压力损失小

## 三、简答题

1. 何谓换向阀的"位"和"通"？并举例说明。

2. 换向阀有哪些应用？

# 任务三　液压压力控制元件

在液压系统中，控制液体压力的阀（溢流阀、减压阀等）和控制执行元件或电气元件等在某一特定压力下产生动作的阀（顺序阀、压力继电器等），统称为压力控制阀。这类阀的共同特点是，利用作用于阀芯上的液体压力和弹簧力相平衡的原理来工作。

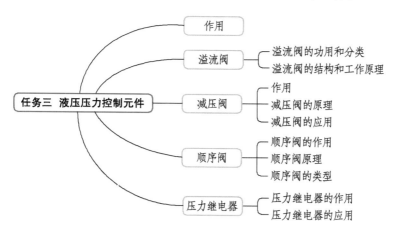

【学习目标】

知识目标：

（1）说出常见液压压力控制元件的作用、类型和要求。

（2）说出常见液压压力控制元件的工作原理。

能力目标：

（1）具备常见液压压力控制元件图形符号的识读能力。

（2）能正确拆卸、装配及安装连接液压控制阀。

素质目标：

（1）在学习过程中，通过团队协作探究液压压力控制元件特点，使学生具备分析问题和解决问题的能力。

（2）随着技术的发展，保持对新的液压压力控制元件和技术的学习兴趣，使学生具备不断更新知识的能力。

【任务描述】

压力控制回路是用压力阀来控制和调节液压系统主油路或某一支路的压力，以满足执行元件速度换接回路所需的力或力矩的要求。利用压力控制回路可实现对系统进行调压（稳压）、减压、增压、卸荷、保压等各种控制。压力控制回路广泛应用于液压传动系统中，例如数控车床液压卡盘，卡盘要夹紧不同的工件，因此夹紧力必须是可控制的。本项目要求以小组形式，在规定时间内，按照给定的回路图纸以及相关标准，搭建并调试完成回路。

 **【获取信息】**

在液压系统中，控制工作液体压力的阀称为压力控制阀，简称压力阀。它利用作用于阀芯上的液体压力和弹簧力相平衡的原理进行工作。按其功能和用途不同分为溢流阀、减压阀、顺序阀和压力继电器等。

## 一、溢流阀

### 1. 溢流阀的功用

液压溢流阀是一种压力控制阀，用于控制液压系统中的压力。它通常安装在液压泵的出口处，用于保护液压系统不受过高压力的损害。

当液压系统中的压力超过设定值时，液压溢流阀会打开，让多余的液压油流回油箱，从而降低系统压力。这种保护作用可以防止液压系统中的元件受到过度的压力，从而延长其使用寿命。

此外，液压溢流阀还可以用于调节液压系统的压力，以满足不同的需求。通过调整液压溢流阀的设定值，可以控制系统的压力，从而实现不同的功能。

总结来说，溢流阀有三个作用：一是起溢流调压及稳压作用；二是起限压保护作用；三是作为背压阀使用。

### 2. 溢流阀的分类

常用的溢流阀有直动式和先导式两种。

### 3. 结构和工作原理

（1）直动式溢流阀，如图 4-3-1 所示。

直动式溢流阀是依靠系统中的压力油直接作用在阀芯上与弹簧力相平衡，以控制阀芯的启闭动作的溢流阀。图 4-3-1（a）所示为一低压直动式溢流阀，进油口 P 的压力油经阀芯上的阻尼孔 a 通入阀芯底部。

溢流阀的工作原理

当进油压力较小时，阀芯在弹簧的作用下处于下端位置，将进油口 P 和与油箱连通的出油口 T 隔开，即不溢流。当进油压力升高，阀芯所受的油压推力超过弹簧的压紧力 $F_s$ 时，阀芯抬起，将油口 P 和 T 连通，使多余的油液排回油箱，即溢流。阻尼孔 a 的作用是减小油压的脉动，提高阀工作的平稳性。弹簧的压紧力可通过调整螺母调整。

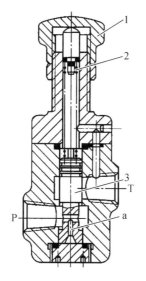

（a）低压直动式溢流阀　　　　　　（b）图形符号

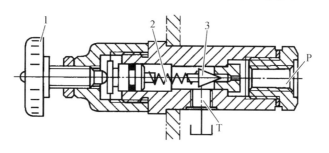

（c）锥阀芯直动式溢流阀

图 4-3-1　直动式溢流阀

想一想：溢流阀保持的输入压力是变化的吗？

_____

_____

当通过溢流阀的流量变化时，阀口的开度也随之改变，但在弹簧压紧力 $F_s$ 调好以后，作用于阀芯上的液压力 $P=F_s/A$（$A$ 为阀芯的有效工作面积）。因而，当不考虑阀芯自重、摩擦力和液动力的影响时，可以认为溢流阀进口处的压力 $P$ 基本保持为定值。故调整弹簧的压紧力 $F_s$，也就调整了溢流阀的工作压力 $P$。

当用直动式溢流阀控制较高压力或较大流量时，需用刚度较大的硬弹簧，结构尺寸也较大，调节困难，油的压力和流量的波动也较大。因此，直动式溢流阀一般只用于低压小流量系统，或作为先导阀使用。图 4-3-1（c）所示的锥阀芯直动式溢流阀即常作为先导式溢流阀的先导阀用，而中、高压系统常采用先导式溢流阀。

（2）先导式溢流阀，如图 4-3-2 所示。

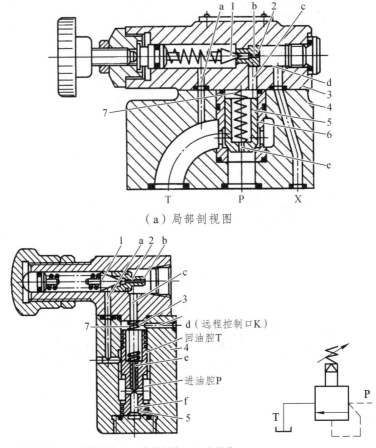

（a）局部剖视图

1—先导阀芯；2—先导阀座；3—先导阀体；4—主阀体；
5—主阀芯；6—主阀套；7—主阀弹簧

（b）剖视图和图形符号

图 4-3-2　先导式溢流阀结构

先导式溢流阀由先导阀和主阀两部分组成。图 4-3-2（a）、（b）所示分别为高压、中压先导式溢流阀的结构简图。其先导阀是一个小规格锥阀芯直动式溢流阀，其主芯上开有阻尼小孔 e，主阀体上还加工了孔道 a、b、c、d。

油液从进油口 P 进入，经阻尼孔 e 及孔道 c 到达先导阀的进油腔（在一般情况下，外控口 K 是堵塞的）。当进油口压力低于先导阀弹簧调定压力时，先导阀关闭，阀内无油液流动，主阀芯上、下腔油压相等，因而主阀芯被主阀弹簧抵在主阀下端，主阀关闭，阀不溢流。当进油口 P 的压力升高时，先导阀进油腔油压也升高，直至达到先导阀弹簧的调定压力时，先导阀被打开，主阀芯上腔油液经先导阀口及阀体上的孔道 a，由回油口 T 流回油箱，主阀芯下腔油液则经阻尼小孔 e 流动。由于小孔阻尼大，使主阀芯两端产生压力差，主阀芯便在此压力差的作用下克服弹簧力上抬，主阀进、回油口连通，达到溢流和稳压的目的。调节先导阀的手轮，便可调整溢流阀的工作压力。更换先导阀的弹簧（刚度不同的弹簧），便可得到不同的调压范围。

这种结构的阀，其主阀芯是利用压差作用开启的，主阀芯弹簧刚度小，因而即使油液压力较高，流量较大，其结构尺寸仍较紧凑、小巧，且压力和流量的波动也比直动式小。但其灵敏度不如直动式溢流阀。德国力士乐公司 DB 型先导溢流阀和美国丹尼逊公司的先导溢流阀均属于此类溢流阀。前者的特点是在先导阀和主阀上腔处增加了两个阻尼孔，从而提高了阀的稳定性；后者的特点是先导锥阀芯前增加了导向柱塞、导向套和消振垫，使先导锥阀芯开启和关闭时既不歪斜，又不偏摆振动，明显提高了阀工作的平稳性。

### 4. 溢流阀的应用

#### 1）溢流稳压

在系统正常工作的情况下，溢流阀阀口是常开的，进入液压缸的流量由节流阀调节，系统压力由溢流阀调节并保持恒定，如图 4-3-3 所示。

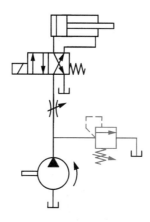

图 4-3-3　溢流稳压示意图

#### 2）过载保护

溢流阀在系统正常工作情况下是常闭的。液压缸需要的流量由变量泵调节，系统的工作压力取决于负载的大小。当系统压力超过溢流阀的调定压力时，溢流阀阀口打开，保证系统的安全，如图 4-3-4 所示。

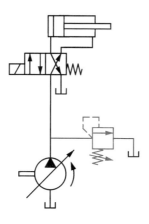

图 4-3-4　过载保护

3）作为背压阀使用

开启溢流阀需要一定的压力，这样就使液压缸右侧的油腔中的油液也具有一定的压力。当负载压力为零或较小时，能保证液压缸活塞两侧都有一定的压力，从而保证了系统的稳定性，如图 4-3-5 所示。

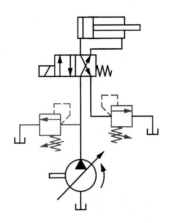

图 4-3-5　作为背压阀使用的情况

4）远程调压或卸荷

利用先导式溢流阀的远程控制口，可实现液压系统的远程调压或卸荷，如图 4-3-6 所示。

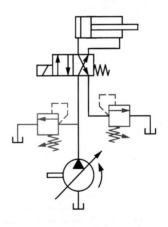

图 4-3-6　远程调压或卸荷

## 二、减压阀

### 1. 减压阀的作用

减压阀是一种常见的压力控制阀。它在液压系统中的作用主要是降低液压系统中的压力。它可以将较高的输入压力减小到所需的输出压力，并保持输出压力稳定。

具体来说，减压阀有以下几个作用：

（1）压力调节：通过调节减压阀的调压螺钉或其他调节装置，可以改变输出压力的大小，以适应不同的工作需求。

（2）稳压作用：无论输入压力如何变化，减压阀都能够保持输出压力的相对稳定，从而确保液压系统的正常工作。

（3）保护系统元件：将过高的压力降低到安全范围内，可以保护液压系统中的其他元件，如油缸、马达、控制阀等，免受过高压力的损坏。

（4）节能：降低系统压力可以减少能量损耗，提高系统的效率。

**2. 减压阀的分类**

减压阀也分为直动式和先导式两种。直动式减压阀很少单独使用，先导式减压阀则应用较多。

**3. 减压阀的工作原理**

因直动式减压阀很少单独使用，本书以先导式减压阀为例讲解，如图 4-3-7 所示。

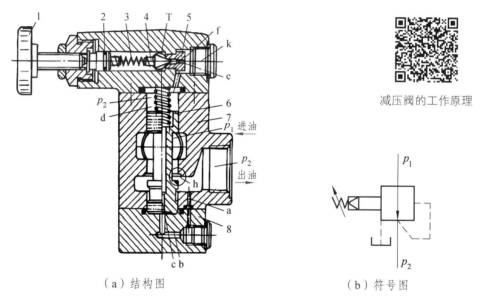

减压阀的工作原理

（a）结构图　　　　（b）符号图

1—调压手轮；2—密封圈；3—弹簧；4—先导阀芯；5—阀座；6—主阀芯；7—主阀体；8—阀盖。

图 4-3-7　先导式减压阀

如图 4-3-7（a）所示为先导式减压阀，由先导阀与主阀组成。油压为 $p_1$ 的压力油，由主阀的进油口流入，经减压阀口 h 后由出油口流出，其压力为 $p_2$。出口油液经主阀体 7 和阀盖 8 上的孔道 a、b 及主阀芯 6 上的阻尼孔 c 流入主阀芯上腔 d 及先导阀右腔 e。当出口压力 $p_2$ 低于先导阀弹簧的调定压力时，先导阀呈关闭状态，主阀芯上、下腔油压相等，先导阀在主阀弹簧力作用下处于最下端位置（图示位置）。这时减压阀口 h 开度最大，不起减压作用，其进、出口油压基本相等。当 $p_2$ 达到先导阀弹簧调定压力时，先导阀开启，主阀芯上腔油液经先导阀流回油箱，下腔油液经阻尼孔向上流动，使阀芯两端产生压力差。主阀芯在此压力差的作用下向上抬起，关小减压阀口 h，阀口压降 $\Delta p$ 增加。由于出口压力为调定压力 $p_2$，因而其进口压力 $p_1$ 值会升高，即 $p_1 = p_2 + \Delta p$（或 $p_2 = p_1 - \Delta p$），阀起到了减压作用。这时若由于负载增大或进口压力向上波动而使 $p_2$ 增大，在 $p_2$ 大于弹簧调定值的瞬时，主阀芯立即上移，使开口

h 迅速减小，Δp 进一步增大，出口压力 $p_2$ 便自动下降，仍恢复为原来的调定值。由此可见，减压阀能利用出油口压力的反馈作用，自动控制阀口开度，保证出口压力基本上为弹簧调定压力[图 4-3-7（b）所示为减压阀的图形符号]，因此，它也被称为定值减压阀。

减压阀的阀口为常开型，其泄油口必须由单独设置的油管通往油箱，且泄油管不能插入油箱液面以下，以免造成背压，使泄油不畅，影响阀的正常工作。

当阀的外控口 K 接一远程调压阀，且远程调压阀的调定压力低于减压阀的调定压力时，可以实现二级减压。

> **想一想：**减压阀保持的输出压力是变化的吗？
> _____
> _____

### 4. 减压阀的应用

减压阀在各种液压系统中的应用非常广泛，例如：

（1）机床液压系统：在机床的液压系统中，减压阀可以用于控制进给轴的运动速度。通过调节减压阀，可实现进给轴的慢速进给、快速进给等功能，满足不同加工工艺的要求。

（2）工程机械：像挖掘机、装载机等工程机械的液压系统中，减压阀常被用于控制工作装置的动作速度。例如，控制起重臂的升降速度、铲斗的翻转速度等。

（3）注塑机：在注塑机的液压系统里，减压阀能够控制注塑过程中的压力和流量，确保注塑成型的质量。

（4）汽车制动系统：减压阀可以在汽车制动系统的液压控制中，调节制动油压，实现制动效果的优化。

（5）压力机系统：在压力机的液压系统里，减压阀可用于控制压力机的压力，以适应不同工件的加工需求。

## 三、顺序阀

顺序阀是利用油路中压力的变化控制阀口启闭，以实现执行元件顺序动作的液压元件。其结构与溢流阀类同，也分为直动式和先导式两种，一般先导式用于压力较高的场合，直动式应用较多。

如图 4-3-8（a）所示为直动式顺序阀的结构，由螺堵 1、下阀盖 2、控制活塞 3、阀体 4、阀芯 5、弹簧 6 等零件组成。当其进油口的油压低于弹簧 6 的调定压力时，控制活塞 3 下端油液向上的推力小，阀芯 5 处于最下端位置，阀口关闭，油液不能通过顺序阀流出。当进油口油压达到弹簧调定压力时，阀芯 5 抬起，阀口开启，压力油即可从顺序阀的出口流出，使阀后的油路工作。这种顺序阀利用其进油口压力控制阀的启闭，称为普通顺序阀（也称为内控式顺序阀），其图形符号如图 4-3-8（b）所示。由于阀出油口接压力油路，因此其上端弹簧处的泄油口必须另接一油管通油箱。这种连接方式称为外泄。

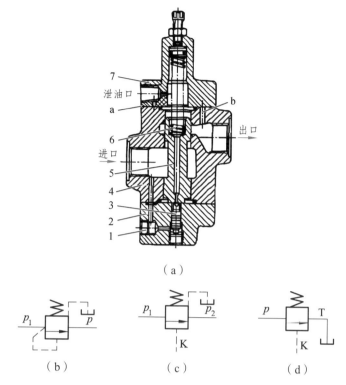

1—螺堵；2—下阀盖；3—控制活塞；4—阀体；5—阀芯；6—弹簧；7—上阀盖。

图 4-3-8　直动式顺序阀

　　若将下阀盖 2 相对于阀体转过 90°或 180°，将螺堵 1 拆下，在该处接控制油管并通入控制油，则阀的启闭便可由外供控制油控制。这时即成为液控顺序阀，其图形符号如图 4-3-8（c）所示。若再将上阀盖 7 转过 180°，使泄油口处的小孔 a 与阀体上的小孔 b 连通，将泄油口用螺栓封住，并使顺序阀的出油口与油箱连通，则顺序阀就成为卸荷阀。其泄漏油可由阀的出油口流回油箱，这种连接方式称为内泄。卸荷阀的图形符号如图 4-3-8（d）所示。

　　顺序阀常与单向阀组合成单向顺序阀、液控单向阀等使用。直动式顺序阀设置控制活塞的目的是缩小阀芯受油压作用的面积，以便采用较软的弹簧来提高阀的压力-流量特性。直动式顺序阀的最高工作压力一般在 8 MPa 以下。先导式顺序阀主阀弹簧的刚度可以很小，故可省去阀芯下面的控制柱塞，不仅启闭特性好，工作压力也可大大提高。

## 四、压力继电器

　　压力继电器是使油液压力达到预定值时发出电信号的液电信号转换元件。当其进油口压力达到弹簧的调定值时，能自动接通或断开电路，使电磁铁、继电器、电动机等电气元件通电运转或停止工作，以实现对液压系统工作程序的控制、安全保护或动作的联动等。

　　如图 4-3-9 所示为膜片式压力继电器，当控制油口 K 的压力达到弹簧 7 的调定值时，膜片 1 在液压力的作用下产生中凸变形，使柱塞 2 向上移动，柱塞上的圆锥面使钢球 5 和 6 做径向运动，钢球 6 推动杠杆 10 绕销轴 9 逆时针方向偏转，致使其端部压下微动开关 11，发出电信号，接通或断开某一电路。当进口压力因漏油或其他原因下降到一定值时，弹簧 7 使柱塞 2 下移，钢球 5 和 6 又回落入柱塞的锥面槽内，微动开关 11 复位，切断电信号，并将杠杆 10 推回，断开或接通电路。

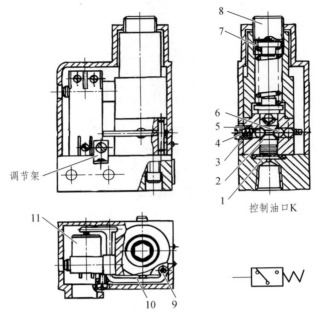

1—膜片；2—柱塞；3、7—弹簧；4—调节螺钉；5、6—钢球；8—调压螺钉；9—销轴；10—杠杆；11—微动开关。

图 4-3-9　膜片式压力继电器

　　压力继电器发出电信号的最低压力和最高压力之间的范围称为调压范围。拧动调压螺钉 8 即可调整其工作压力。压力继电器发出电信号时的压力称为开启压力，切断电信号时的压力称为闭合压力。由于开启时摩擦力的方向与油压的方向相反，闭合时则相同，故开启压力大于闭合压力。两者之差称为压力继电器通断返回区间，它应有足够大的数值。否则，系统压力脉动时，压力继电器发出的电信号会时断时续。返回区间可通过调节螺钉 4 调节弹簧 3 对钢球 6 的压力来调整。中压系统中使用的压力继电器的返回区间一般为 0.35～0.8 MPa。

　　膜片式压力继电器膜片位移小、反应快、重复精度高。其缺点是易受压力波动的影响，不宜用于高压系统，常用于中、低压液压系统中。高压系统中常使用单触点柱塞式压力继电器。比如在注塑机中，压力继电器可以控制注塑过程中的压力，当达到设定压力时，压力继电器会发出信号，使注塑机停止注塑或进行下一步操作；在压力机中，压力继电器可以检测压力是否超过设定值，从而保护压机和模具不受损坏。

# 练习题

## 一、判断题

1. 当液控顺序阀的出油口与油箱连接时，称为卸荷阀。　　　　　　　　　　　　（　　）

2. 顺序阀可用作溢流阀。　　　　　　　　　　　　　　　　　　　　　　　　（　　）

3. 先导式溢流阀主阀弹簧刚度比先导阀弹簧刚度小。　　　　　　　　　　　　（　　）

4. 当溢流阀的远控口通油箱时，液压系统卸荷。 （　　　）

5. 液控顺序阀阀芯的启闭不是利用进油口压力来控制的。 （　　　）

## 二、选择题

1. 有两个调整压力分别为 5 MPa 和 10 MPa 的溢流阀并联在液压泵的出口，泵的出口压力为（　　　）。【单选题】

　　A. 5 MPa　　　　　　B. 10 Mpa　　　　　　C. 15 MPa　　　　　　D. 20 MPa

2. 在回油路节流调速回路中当 F 增大时，进油腔压力 P1 是（　　　）。【单选题】

　　A. 增大　　　　　　B. 减小　　　　　　C. 不变

3. 减压阀控制的是（　　　）处的压力。【单选题】

　　A. 进油口　　　　　　B. 出油口　　　　　　C. A 和 B 都不是

4. 在液压系统中，（　　　）可作背压阀。【单选题】

　　A. 溢流阀　　　　　　B. 减压阀　　　　　　C. 液控顺序阀

5. 减压阀在液压系统中的作用是（　　　）。【多选题】

　　A. 稳定压力　　　　　　B. 保护元件　　　　　　C. 节能

## 三、简答题

1. 简述溢流阀在液压传动系统中的主要应用。

2. 比较溢流阀、减压阀、顺序阀的异同。

# 任务四　液压流量控制元件

流量控制阀简称流量阀，流量控制阀在液压传动系统中的作用是控制液体的流量，从而调节执行元件的运动速度。流量阀是通过改变节流口的通流截面积来调节液体通过阀口的流量，从而控制执行元件运动速度的控制阀。

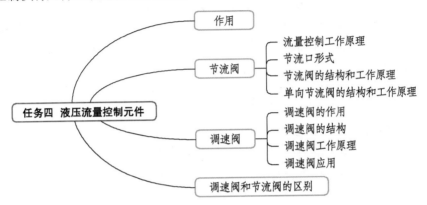

【学习目标】

### 知识目标：

（1）说出节流阀、调速阀的结构和性能特点。

（2）说出节流阀、调速阀的工作原理。

### 能力目标：

（1）具备节流阀、调速阀图形符号识读的能力。

（2）能够识别、安装及使用节流阀、调速阀等液压流量控制元件。

### 素质目标：

（1）在学习过程中，通过团队协作探究液压流量控制元件特点，使学生具备分析问题和解决问题的能力。

（2）能够利用各种媒体平台查找问题、自主分析问题、独立思考，并按照世界技能大赛标准要求，通过团队合作完成项目。

【任务描述】

某机械厂的平面磨床，因磨削不同的工件时需要不同的进给速度，要求工作台的往复速度可以改变。我们知道利用速度控制回路调节工作台的往复速度控制回路主要由流量控制阀

（如节流阀、调速阀等）和（或）变量泵和变量马达等组成。其主要作用是调节或变换执行元件的运动速度。请您思考怎样以小组形式，在规定的时间内，按照相关标准，完成任务？

想一想：常用的速度控制回路有哪些？

_____

_____

 【获取信息】

液压系统中，控制工作液体流量的阀称为流量控制阀，简称流量阀。常用的流量控制阀有节流阀、调速阀等，流量控制阀通过改变节流口的开口大小调节通过阀口的流量，从而调节或变换执行元件的运动速度。

## 一、节流阀

### 1. 节流阀的结构及工作原理

节流阀的工作原理

如图 4-4-1 所示为普通节流阀。它的节油口为轴向三角槽式，压力油从进油口 P1 流入，经阀芯左端的轴向三角槽后由出油口 P2 流出。阀芯 1 在弹簧力的作用下始终紧贴在推杆 2 的端部。旋转手轮 3 可使推杆沿轴向移动，改变节流口的通流截面积，从而调节通过阀的流量。节流阀输出流量的平稳性与节流口的结构形式有关。节流口除轴向三角槽式之外，还有偏心式、针阀式、周向缝隙式、轴向缝隙式等。节流阀的流量特性可用小孔流量通用公式 $q=kA_t\Delta P$ 来描述，其特性曲线如图 4-4-2 所示。由于液压缸的载荷发生变化，节流前后的压差 $\Delta p$ 为变值，因而在阀开口面积 $A_t$ 一定时，通过阀口的流量 $q$ 是变化的，执行元件的运动速度也就不平稳。节流阀流量 $q$ 随其压差而变化的关系如图 4-4-2 中曲线 1 所示。

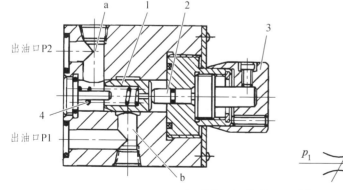

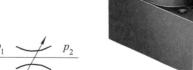

1—阀芯；2—推杆；3—手轮；4—弹簧。

图 4-4-1　普通节流阀

## 2. 节流阀特性曲线

节流阀特性曲线如图 4-4-2 中曲线 1 所示。

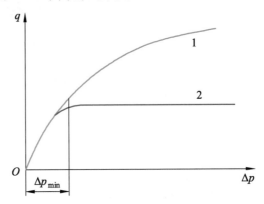

图 4-4-2　节流阀特性曲线

节流阀结构简单、制造容易、体积小、使用方便、造价低，但负载和温度的变化对流量稳定性的影响较大，因此只适用于负载和温度变化不大或速度稳定性要求不高的液压系统。

节流阀能正常工作（不断流，且流量变化率不大于 10%）的最小流量限制值，称为节流阀的最小稳定流量。轴向三角槽式节流口的最小稳定流量为 30～50 mL/min，薄刃孔可为 15 mL/min。它影响液压缸或液压马达的最低速度值，设计和使用液压系统时应予以考虑。

## 3. 常用节流口形式（图 4-4-3）

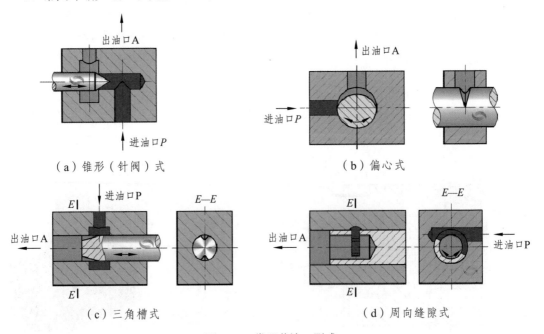

（a）锥形（针阀）式　　　　　（b）偏心式

（c）三角槽式　　　　　（d）周向缝隙式

图 4-4-3　常用节流口形式

## 4. 单向节流阀的结构及工作原理

由单向阀和节流阀并联而成，用于一个方向需要控制流量而另一个方向（反向）需要油流畅通的回路中，以实现执行元件正向可调速，而反向能快速退回。

图 4-4-4 所示为滑阀压差式单向节流阀。当油液从 P1 流向 P2 时，节流阀起节流阀作用，反向时起单向阀作用。阀芯 4 下端和上端分别受进、出油腔压力油的作用，在进、出油腔压差和复位弹簧6的作用下，阀芯紧压在调节螺钉2上，以保持原来调节好的节流口开度。

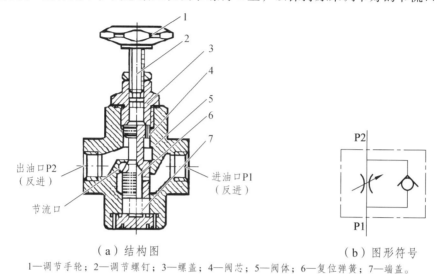

（a）结构图　　　　　　　　　　（b）图形符号

1—调节手轮；2—调节螺钉；3—螺盖；4—阀芯；5—阀体；6—复位弹簧；7—端盖。

图 4-4-4　滑阀压差式单向节流阀

图 4-4-5 所示为可以直接安装在管路上的单向节流阀。节流口为轴向三角槽式结构，旋转调节套 3，可以改变节流口通流面积的大小，实现流量调节。正向流动时（B→A）起节流阀作用；反向流动时（A→B）起单向阀作用，由于有部分油液可在环形缝隙中流动，可以清除节流口上的沉积物。阀芯左端有刻度槽，调节套上有刻度圈，以标志调节流量的大小。该阀流量调节须在无压力下进行。

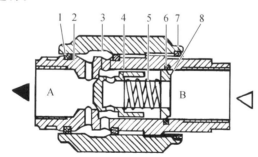

1—密封圈；2—阀体；3—调节套；4—单向阀；5—弹簧；6、7—卡环；8—弹簧座。

图 4-4-5　可以直接安装在管路上的单向节流阀

## 二、调速阀

### 1. 调速阀的作用

调速阀是由定差减压阀与节流阀串联而成的组合阀。节流阀用来调节流量，定差减压阀则自动补偿负载变化的影响，使节流阀前后的压差为定值，消除了负载变化对流量的影响。

### 2. 结构和工作原理

如图 4-4-6（a）、（b）、（c）所示为调速阀的工作原理、简化符号和图形符号,图中减压阀芯 1 与节流阀 2 串联。若减压阀进口压力为 $p_1$,出口压力为 $p_2$,节流阀出口压力为 $p_3$,则减压阀 a 腔、b 腔油压为 $p_2$,c 腔油压为 $p_3$。若减压 a、b、c 腔有效工作面分别为 $A_1$、$A_2$、$A$,则 $A=A_1+A_2$。节流阀出口的压力 $p_3$ 由液压缸的负载决定。

调速阀的工作原理

当减压阀阀芯在其弹簧力 $F_s$、油液压力 $p_2$ 和 $p_3$ 的作用下处于某一平衡位置时,有

$$p_2A_1+p_2A_2=p_3A+F_s$$

即          $$p_2 - p_3 = F_s/A$$

由于弹簧刚度较低,且工作过程中减压阀阀芯位移很小,可以认为 $F_s$、基本不变,故节流阀两端的压差 $\Delta p=p_2-p_3$ 也基本保持不变。因此,当节流阀通流面积 $A_t$ 不变时,通过它的流量 $q(q=kA_t\Delta p)$ 为定值。也就是说,无论负载如何变化,只要节流阀通流面积不变,液压缸的速度也会保持恒定值。例如,当负载增加,使 $p_3$ 增大的瞬间,减压阀右腔推力增大,其阀芯左移,阀口开大,阀口液阻减小,使 $p_2$ 也增大, $p_2$ 与 $p_3$ 的差值 $\Delta p=F_s/A$ 却不变。当负载减小, $p_3$ 减小时,减压阀芯右移, $p_2$ 也减小,其差值也不变。因此,调速阀适用于负载变化较大,速度平稳性要求较高的液压系统,如各类组合机床、车床、铣床等设备的液压系统常用调速阀调速。

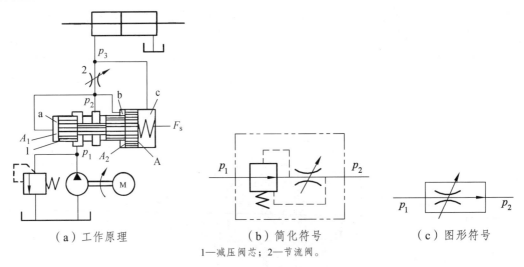

（a）工作原理                （b）简化符号                （c）图形符号

1—减压阀芯；2—节流阀。

图 4-4-6　调速阀的工作原理

当调速阀的出口堵住时,其节流阀两端压力相等,减压阀芯在弹簧力的作用下移至最左端,阀开口最大。因此,当将调速阀出口迅速打开时,因减压阀口来不及关小,不起减压作用,会使瞬时流量增加,使液压缸产生前冲现象。为此,有的调速阀在减压阀体上装有能调节减压阀芯行程的限位器,以限制和减小这种启动时的冲击。

### 3. 节流阀和调速阀的特性曲线

调速阀的流量特性如图 4-4-7 中的曲线 2 所示。由图 4-4-7 可见，当其前后压差大于最小值 $\Delta P_{min}$ 时，其流量稳定不变（特性曲线为一水平直线）。当其压差小于 $P_{min}$ 时，由于减压阀未起作用，故其特性曲线与节流阀特性曲线重合。所以在设计液压系统时，分配给调速阀的压差应略大于 $\Delta P_{min}$。调速阀的最小压差约为 1 MPa（中低压阀为 0.5 MPa）。

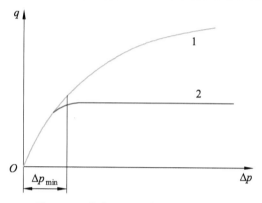

图 4-4-7　节流阀和调速阀的特性曲线

对速度稳定性要求高的液压系统，需要用温度补偿调速阀。这种阀中使用热膨胀系数大的聚氯乙烯推杆，当温度升高时，其受热伸长使阀口关小，以补偿因油变稀、流量变大造成的流量增加，维持流量基本不变。

## 三、调速阀和节流阀的区别

调速阀和节流阀都是液压系统中的控制阀，用于调节流量，但它们在工作原理和性能上有一些区别：

### 1. 工作原理

节流阀通过改变阀口的开度来调节流量，流量与开度成正比。而调速阀是由节流阀和压力补偿装置组成，通过压力补偿装置保持节流阀前后的压差恒定，从而实现流量的稳定调节。

### 2. 流量稳定性

调速阀可以在负载变化时自动调节流量，保持流量稳定。节流阀的流量则会受到负载变化的影响，流量不太稳定。

### 3. 负载适应性

调速阀对负载变化的适应性较好，能够在不同负载下保持流量恒定。节流阀在重载或负载变化较大的情况下，可能会出现流量不稳定或流量不足的情况。

### 4. 功率损耗

由于调速阀能够保持流量稳定，因此在一定程度上可以减少功率损耗。节流阀则可能因为流量不稳定而导致功率损耗增加。

### 5. 成本

一般来说，调速阀的成本相对较高，而节流阀的成本较低。

在实际应用中，选择调速阀还是节流阀需要根据具体的系统要求和工况来决定。如果对流量稳定性和精度要求较高，适合选择调速阀；如果成本和简单性是主要考虑因素，节流阀可能更合适。同时，还需要考虑系统的工作压力、流量范围、负载特性等因素来进行综合评估。

# 练习题

## 判断题

1. 当液体通过的横截面积一定时，液体的流动速度越高，需要的流量越小。　　　（　　）

2. 在节流调速回路中，大量油液由溢流阀溢流回油箱，是能量损失大、温升高、效率低的主要原因。　　　　　　　　　　　　　　　　　　　　　　　　　　　　　　　（　　）

3. 节流阀和调速阀都是用来调节流量及稳定流量的流量控制阀。　　　　　　（　　）

4. 采用调速阀的定量泵节流调速回路，无论负载如何变化始终能保证执行元件运动速度稳定。　　　　　　　　　　　　　　　　　　　　　　　　　　　　　　　　　（　　）

5. 通过节流阀的流量与节流阀的通流截面积成正比，与阀两端的压力差大小无关。（　　）

## 二、选择题【单选题】

1. 在液压系统中，可用于液压执行元件速度控制的阀是（　　　　）。
 A. 顺序阀　　　　　　　　　　　　B. 节流阀
 C. 溢流阀　　　　　　　　　　　　D. 换向阀

2. 调速阀是（　　　　），单向阀是（　　　　），减压阀是（　　　　）。
 A. 方向控制阀
 B. 压力控制阀
 C. 流量控制阀

3. 流量控制阀是通过改变阀口（　　　　）来调节阀的流量的。
 A. 形状　　　　　　　　　　　　　B. 压力
 C. 通流面积　　　　　　　　　　　D. 压力差

4. 节流阀是控制油液的（　　　　）。
 A. 流量
 B. 方向
 C. 方向

5. 当控制阀的开口一定，阀的进、出口压力相等时，通过节流阀的流量为（　　　　）；通过调速阀的流量为（　　　　）。
 A. 0　　　　　　　　　　　　　　B. 某调定值
 C. 某变值　　　　　　　　　　　　D. 无法判断

## 三、简答题

1. 请简要说明调速阀的作用和工作原理。
2. 请分析调速阀和节流阀的区别。

# 项目五　液压辅助元件与液压基本回路

　　液压辅助元件是指那些虽然不直接参与能量转换、方向、压力、流量等控制的元件或装置，但它们可以保护系统、提高系统性能、有效降低系统能量消耗和故障率，是液压系统中必不可少的部分。液压系统的辅助元件虽不是核心组成部分，但是在液压系统的正常运行和维护中扮演着重要的角色。维护使用这些辅助元件时，需要充分考虑液压辅助元件的选择和使用，以确保液压系统的正常运行和安全稳定。

　　通过学习液压辅助元件并结合液压基本回路，可以更深入了解液压系统的工作原理、控制方法和运行机制，掌握液压辅助元件的作用、种类、结构特点、功用和应用场景等知识，有助于设计、分析和维护液压系统，提高液压系统的性能和可靠性。

　　本项目的学习主要包括两个学习任务：液压辅助元件、液压基本回路。

## 任务一　液压辅助元件

　　液压辅助元件是指在液压系统中，除了液压动力、执行和控制元件外，那些虽然不直接参与能量转换、方向、压力、流量等控制的元件或装置，液压辅助元件和液压动力、执行、控制元件共同构成液压系统。

　　常见的液压辅助元件包括滤油器、蓄能器、油箱和其他辅助装置。滤油器主要用于清除油液中的各种杂质，如网式过滤器、线隙式过滤器等；蓄能器主要用来贮存和释放液体压力能，如管式连接气囊式蓄能器、法兰联接活塞式蓄能器等；油箱主要用途是贮存和分离油中的杂质，常见有开式油箱和压力式油箱。

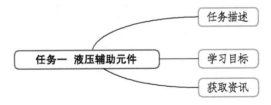

### 【学习目标】

知识目标：

（1）认识常见液压辅助元件，并能找到其所在位置。

116

（2）说出常见液压辅助元件的作用、分类和结构特点。

## 能力目标：

（1）具备常见液压辅助元件图形符号的识读能力。
（2）具备分析不同类型、作用的液压辅助元件，在系统中起到具体作用和特点的能力。

## 素质目标：

（1）在学习过程中，通过团队协作探究液压辅助元件特点，使学生具备分析问题和解决问题的能力。
（2）随着技术的进步，保持对新型液压辅助元件的学习热情，使学生具备不断更新知识的能力。

 【任务描述】

某学校智能制造学院机电一体化专业学生，本学期学习液压与气动传动这门课程，本节课老师以山东省某次技能大赛应用设备——CAT 微型挖掘机液压辅助系统为例，请同学们找出其中的液压辅助元件，说一说都有哪些？并说出它们的作用、类型和工作要求等。

 【获取信息】

挖掘机液压系统中常见的液压辅助元件有：滤油器、蓄能器、油箱、压力表、压力表开关、油管和管接头等。这些元件在挖掘机（图 5-1-1）的液压系统中发挥着一定的作用，它们的性能和可靠性直接影响着挖掘机的工作效率和稳定性。

图 5-1-1 挖掘机液压系统元件

## 1. 液压辅助元件认知

液压辅助元件，是指在液压系统中起到辅助作用的元件，在液压系统中不直接参与能量转换、方向、压力、流量等控制的元件或装置，但液压辅助元件能够改善液压系统性能和工作条件，提高系统可靠性和工作效率，同时也能够降低系统故障率和维护成本，是液压系统的重要组成部分。

液压系统中常见的液压辅助元件有：滤油器、蓄能器、油箱、压力表、压力表开关和油管和管接头等，它们的作用、位置和使用要求各不相同、相互协同，共同维持液压系统的平稳运行。

## 2. 滤油器

### 1）滤油器作用和符号

滤油器的作用是清除油液中的各种杂质，以免杂质划伤或磨损甚至卡死相对运动的零件；或者堵塞零件上的小孔及缝隙，影响系统的正常工作、降低液压元件的寿命，甚至造成液压系统的故障。

符号如图 5-1-2 所示。

图 5-1-2　滤油器符号

### 2）滤油器的类型与结构

不同的液压系统对油液的过滤精度要求不同，过滤器的过滤精度是指过滤器对各种不同尺寸粒子的滤除能力，常用绝对过滤精度和过滤比两个指标来衡量过滤精度。目前，国际标准化组织已将过滤比作为评定过滤器过滤精度的性能指标。但我国目前仍按绝对过滤精度将过滤器分为粗、普通、精、特精 4 种。目前较为常见的滤油器类型有：网式滤油器、线隙式滤油器、纸芯式滤油器、烧结式滤油器、磁性滤油器。

（1）网式滤油器。

网式滤油器的结构如图 5-1-3 所示包括网式过滤、纸芯式滤油器和网式金属过滤芯式滤油器。网式过滤纸芯式滤油器由筒形骨架上包一层或两层铜丝滤网组成。其特点是结构简单，通油能力大，清洗方便，但过滤精度较低。常用于泵的吸油管路对油液粗过滤。

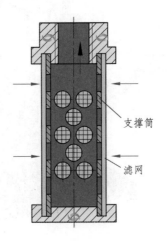

支撑筒

滤网

图 5-1-3　网式滤油器结构

（2）线隙式滤油器。

线隙式滤油器的结构如图 5-1-4 所示。它的滤芯由铜线或铝线绕在支撑筒上而形成（骨架上有许多纵向槽和径向孔），是依靠金属线间 0.02～0.1 mm 的缝隙过滤。其特点是结构简单，通油能力大，过滤精度比网式滤油器高，但不易清洗，滤芯强度较低。

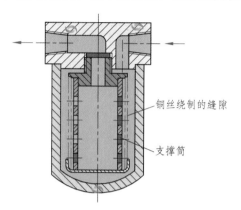

铜丝绕制的缝隙

支撑筒

图 5-1-4　线隙式滤油器的结构

（3）纸芯式滤油器。

纸芯式滤油器的结构如图 5-1-5 所示。纸芯式滤油器的滤芯由微孔滤纸纸芯组成，滤纸制成折叠式，以增大过滤面积。滤纸由带孔眼的铁皮支架支撑，以增大滤芯强度。其特点是过滤精度高，压力损失小，质量轻，成本低，但不能清洗，需定期更换滤芯。纸芯式滤油器一般用于精过滤。

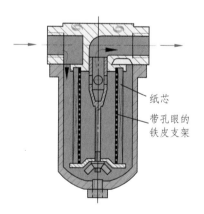

纸芯

带孔眼的
铁皮支架

图 5-1-5　纸芯式滤油器的结构

（4）烧结式滤油器。

烧结式滤油器的结构如图 5-1-6 所示。烧结式滤油器的滤芯 3 通常由青铜等颗粒状金属烧结而成，它装在壳体 2 中，并由上盖 1 固定。油液从 A 孔进入，经滤芯 3 过滤从油口 B 流出。烧结式滤油器利用颗粒间的微孔进行过滤，过滤精度高，抗腐蚀性能好，能在较高油温下工作。缺点是易堵塞，难清洗，烧结的颗粒易脱落。

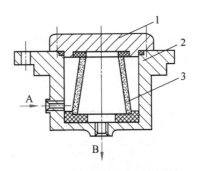

图 5-1-6　烧结式滤油器的结构

（5）磁性滤油器。

磁性滤油器结构如图 5-1-7 所示，它可以与其他滤材组成组合滤芯，能吸住油液中的铁屑、铁粉和带磁性的磨料，被广泛应用于食品工业、医药、化妆品、精细化工等行业。具有体积小、重量轻、安装操作方便等优点。

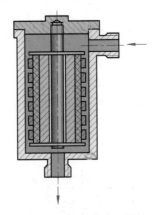

图 5-1-7　磁性滤油器结构

3）滤油器的选用要求

（1）过滤器的过滤精度应满足系统对油液的要求。

（2）过滤器在较长的时间内能保持标称的通流能力。

（3）滤芯应有足够的强度，不会因油液的压力作用而损坏。

（4）滤芯抗腐蚀性能好，在规定的温度下能持久工作。

（5）滤芯的清洗、更换要方便。

3. 蓄能器

1）蓄能器的功用与符号

在液压系统中，蓄能器用来储存和释放液体的压力能。它的基本作用是：当系统压力高于蓄能器内液体的压力时，系统中的液体充进蓄能器中，直至蓄能器内、外压力保持相等；反之，当蓄能器内液体的压力高于系统压力时，蓄能器中的液体将流到系统中去，直至蓄能器内、外压力平衡。一般蓄能器符号如图 5-1-8 所示。

图 5-1-8　一般蓄能器符号

2）蓄能器的种类与结构特点

目前，常用的蓄能器是利用气体膨胀和压缩进行工作的充气式蓄能器，有气囊式和活塞式两种。

（1）气囊式蓄能器的结构与特点。

图 5-1-9 所示为气囊式蓄能器的实物与结构，这种是在高压容器内装入一个耐油橡胶制成的气囊，气囊 2 内充入一定压力的惰性气体，气囊外储油，由气囊 2 和充气阀 3 一起压制而成。壳体 1 下端有提升阀 4，它能使油液通过阀口进入蓄能器而又能防止当油液全部排出时气囊膨胀出容器之外。此蓄能器的气液完全隔开，皮囊受压缩储存压力能，其惯性小、动作灵敏，维护容易，适用于储能和吸收压力冲击，工作压力可达 32 MPa，其缺点是容量小、气囊和壳体的制造比较困难。

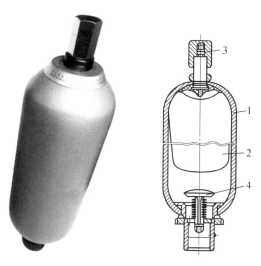

1—壳体；2—气囊；3—充气阀；4—提升阀。

图 5-1-9　气囊式蓄能器的结构

（2）活塞式蓄能器的结构与特点。

图 5-1-10 所示为活塞式蓄能器的结构。这种蓄能器由活塞将油液和气体分开，气体从阀门 3 充入，油液经油孔 a 和系统相通。其优点是气体不易混入油液中，所以油不易氧化、系统工作较平稳、结构简单、工作可靠、安装容易、维护方便、寿命长；缺点是由于活塞惯性大、有摩擦阻力，反应不够灵敏。这种蓄能器主要用于储能，不适于吸收压力脉动和压力冲击。

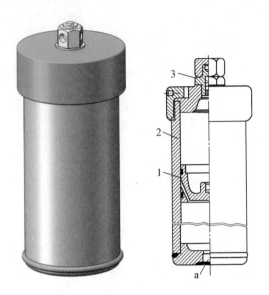

1—活塞；2—缸体；3—阀门；a—油孔。

图 5-1-10  活塞式蓄能器的结构

蓄能器的功用主要体现在以下三个方面：短期大量供油、维持系统压力、缓和冲击、吸收脉冲压力。

4. 油箱

1）油箱的功用和图形符号

油箱的主要用途是贮油、散热、分离油中的空气和沉淀油中的杂质。其图形符号如图 5-1-11 所示。

图 5-1-11  油箱的图形符号

2）油箱的结构与分类

在液压系统中，油箱有总体式和分离式两种。总体式油箱是利用机器设备机身内腔作为油箱（如压铸机、注塑机等），其结构紧凑，回收漏油比较方便，但维修不便，散热条件不好。分离式油箱设置了一个单独油箱，与主机分开，减少了油箱发热及液压源振动对工作精度的影响，因此得到了普遍的应用。

分离式油箱的结构简图如图 5-1-12 所示。图中，1 为吸油管，4 为回油管，中间有两个隔板 7 和 9，下隔板 7 阻挡沉淀物进入吸油管，上隔板 9 阻挡泡沫进入吸油管，脏物可从放油阀 8 放出；空气过滤器 3 设在回油管一侧的上部，兼有加油和通气的作用；6 是油位指示器。当油箱需要彻底清洗时，可将上盖 5 卸开。

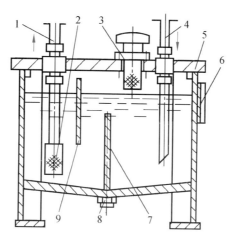

1—吸油管；2—过滤器；3—空气过滤器；4—回油管；5—上盖；6—油位指示器；7、9—隔板；8—放油阀。

图 5-1-12　分离式油箱的结构简图

> 注：油箱的有效容积（油面高度为油箱高度 80%时的容积），一般按液压泵的额定流量估算，在低压系统中取液压泵每分钟排油量的 2～4 倍，中压系统为 5～7 倍，高压系统为 6～12 倍。油箱正常工作温度应在 15～65 ℃，在环境温度变化较大的场合要安装冷却器或加热器。

### 5. 其他辅助元件

#### 1）压力表及压力表开关

压力表开关通常由压力表、微动开关、电线和接线端子等组成。其中，压力表（图 5-1-3）是检测液压系统压力变化的核心部件；微动开关通过设置一个触点来控制压力表开关的工作状态；电线和接线端子则用于连接电源和控制电路。

压力表能监测液压系统中的压力变化，并将这些变化转化为电信号进行输出，以便实时监测和控制。同时，压力表开关还可以用于保护液压系统的安全，避免压力过高或过低而导致的液压系统故障和事故。

图 5-1-13　压力表实物图

2）油管及管接头

（1）油管和管接头统称为管件，液压系统对管件的要求如下：

①要有足够的强度。一般限制所承受的最大静压和动态冲击压力。

②液流大压力损失要小。一般通过限制流量或流速予以保证。

③密封性要好。绝对不允许有外泄漏存在。

④与工作介质之间有良好的相容性，耐油、抗腐蚀性好。

（2）油管。

液压系统中常用的油管有钢管、纯铜管、橡胶软管、尼龙管、塑料管等多种类型，如图5-1-14所示。考虑配管和工艺的方便，在高压系统中常用无缝钢管，而在中、低压系统中一般用纯铜管。橡胶软管的主要优点是可用于两个相对运动件之间的连接，尼龙管和塑料管价格便宜，但承压能力差，可用于回油路及泄油路等处。

图 5-1-14　油管的各种类型

（3）管接头

管接头是油管与油管、油管与液压元件之间的连接件。

管接头的种类很多，常用的几种类型如图5-1-15所示。

扩口式管接头如图5-1-15（a）所示，适用于中、低压的铜管和薄壁钢管的连接。

焊接式管接头如图5-1-15（b）所示，适用于中、低压系统的管壁较厚的钢管的连接。

卡套式管接头如图5-1-15（c）所示，优点是拆装方便，在高压系统中已被广泛使用，缺点是对油管的尺寸精度要求较高。

扣压式管接头如图5-1-15（d）所示，用来连接高压软管。

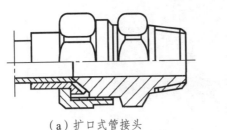

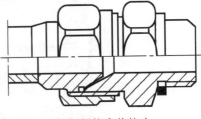

（a）扩口式管接头　　　　　　　　　　（b）焊接式管接头

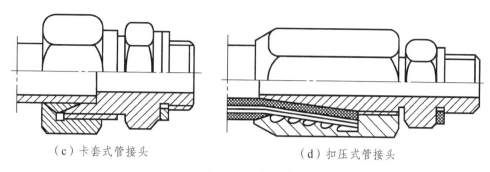

（c）卡套式管接头　　　　　　　　　　（d）扣压式管接头

图 5-1-15　管接头

# 练习题

## 一、判断题

1. 液压辅助元件是液压系统中必不可少的部分。（　　）

2. 液压系统的辅助元件是液压系统的核心组成部分。（　　）

3. 网式滤油器，结构简单，通油能力大，清洗方便，但过滤精度较低。（　　）

4. 不同的液压系统对油液的过滤精度要求不同，我国目前仍按绝对过滤精度将过滤器分为粗、普通、精、特精 4 种。（　　）

5. 在液压系统中，蓄能器用来储存和释放液体的压力能。（　　）

## 二、选择题

1. 液压系统由_____、_____、_____、_____ 共同构成液压系统。【多选题】（　　）

　　A. 液压辅助元件　　　　　　　　B. 液压动力元件

　　C. 液压执行元件　　　　　　　　D. 液压控制元件

2. 下列属于液压辅助元件的有：_____、_____、油箱、压力表、压力表开关和油管和管接头等。（　　）【多选题】

　　A. 滤油器　　　　B. 液压油泵　　　　C. 蓄能器　　　　D. 换向阀

3. 滤油器的符号是（　　）。【单选题】

　　A.　　　　　　　B.　　　　　　　C.

## 三、简答题

简述滤油器的选用要求。

# 任务二　液压基本回路

　　液压基本回路是由一些液压元件组成的,用来完成特定功能的控制油路。液压基本回路是液压系统的核心,无论多么复杂的液压系统都是由一些液压基本回路构成的,因此,掌握液压基本回路的功能是非常必要的。液压基本回路是构成液压传动系统的基本单元。

　　液压基本回路通常分为方向控制回路、压力控制回路和速度控制回路三大类。方向控制回路的作用是,利用换向阀控制执行元件的启动、停止、换向及锁紧等。压力控制回路的作用是,通过压力控制阀来完成系统的压力控制,实现调压、增压、减压、卸荷和顺序动作等,以满足执行元件在力或转矩及各种动作变化时对系统压力的要求。速度控制回路的作用是,控制液压系统中执行元件的运动速度或速度切换。

## 战略装备——8万吨模锻液压机

　　研制 C919 大飞机锻件 助力国人梦想大飞机首飞,中国第二重型机械集团德阳万航模锻有限责任公司(以下简称万航公司)是中国第二重型机械集团有限公司与中国航空工业集团共同持股,中国二重控股的子公司。公司拥有世界上最大锻造能力的 8 万吨模锻压力机（图 5-2-1）以及 2 万吨多向模锻压机,4500 吨、1600 吨快锻机等大型锻造设备。在 C919 大飞机锻件研制方面,万航公司攻克了一系列 C919 大飞机锻件国产化关键核心技术研发,实现了 C919 大飞机主起落架关键锻件全部国产化,并且成功完成 CR929 宽体客机起落架主起外筒锻件的试制,有力地保障了承载国人梦想大飞机的首飞,大幅提高了大飞机材料国产化水平,在国内率先走出了大型客机锻件自主创新的国产化道路,为解决我国大型航空模锻件"有无"问题做出了重大贡献。

图 5-2-1　8 万吨模锻液压机

> **想一想：**8万吨模锻液压机力锻金刚，万钧之力来源于哪里?
> _____
> _____

## 【学习目标】

### 知识目标：

（1）能理解各类液压基本回路的作用。

（2）能说出各类液压基本回路的特点，并对其进行分类。

### 能力目标：

（1）具备常见液压基本回路的识读能力。

（2）具备分析不同液压基本回路原理的能力，并能口述其原理。

### 素质目标：

（1）在学习过程中，通过团队协作探究各类液压基本回路，使学生具备分析问题和解决问题的能力。

（2）引导学生树立创新意识，弘扬工匠精神。

## 【任务描述】

某学校智能制造学院机电一体化专业学生，本学期学习液压与气动传动这门课程，本节课老师，以山东省某次技能大赛应用设备——CAT 微型挖掘机液压系统为例，请同学们根据预习内容，说一说 CAT 微型挖掘机液压系统中，都会有哪些液压基本回路?

## 【获取信息】

挖掘机液压系统中常见的液压基本回路有：压力控制回路、方向控制回路、流量控制回路、平衡回路等。这些液压基本回路共同组成 CAT 微型挖掘机液压系统，在系统中的位置和作用各不相同，相互协作，共同控制各机件，以完成各种动作任务。挖掘机液压系统局部液压回路图如图 5-2-2 所示。

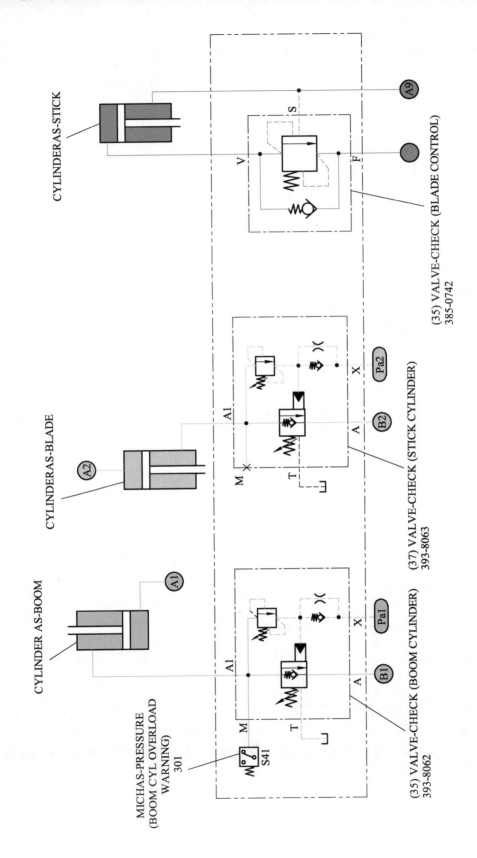

图 5-2-2 挖掘机液压系统局部液压回路图

1. 液压基本回路的作用

液压基本回路的类型有四种：分别是压力控制回路、方向控制回路、流量控制回路、平衡回路。

液压系统中回路的作用既有控制和调节参数的功能，同时还具有保护和安全、自动化控制以及维护保养等多种作用。在实际应用中，需要根据需求选择适合的回路类型和元件，以实现高效、稳定和安全的系统运行。

2. 液压基本回路的功能与类型

（1）压力控制回路的功能：借助压力控制阀来完成系统的压力控制，实现稳压、增压、减压、多级调压等控制，以此满足执行元件在力或转矩及各种动作变化时对系统压力的要求。

（2）方向控制回路的功能：控制执行元件的启动、停止、改变方向。

（3）速度控制回路的功能：控制液压系统中执行元件的运动速度。

（4）平衡回路的功能（属于保压回路的一种）：防止垂直或倾斜放置的液压缸和与之相连的工作部件因自重而自行下落。

3. 压力控制回路

1）压力控制回路的组成与原理

（1）压力控制回路一般由液压泵、溢流阀和油管等液压元件组成。

（2）压力控制回路是利用压力控制阀作为回路的主要控制元件，控制整个液压系统或局部系统压力的回路，以满足执行元件输出所需要的力或力矩的要求。在各类机械设备的液压系统中，保证输出足够的力或力矩是设计压力控制回路最基本的条件。压力控制回路的基本类型包括调压回路、减压回路、保压回路、增压回路、平衡回路和卸荷回路等。

2）压力控制回路的应用

（1）单级调压回路。

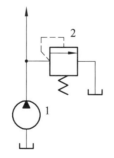

图 5-2-3　单级调压回路

如图 5-2-3 所示，通过液压泵 1 和溢流阀 2 的并联连接，即可组成单级调压回路。通过调节溢流阀的压力，可以改变泵的输出压力。当溢流阀的调定压力确定后，液压泵就在溢流阀的调定压力下工作，从而实现了对液压系统的调压和稳压控制。如果将液压泵 1 改换为变量泵，这时溢流阀将作为安全阀来使用，液压泵的工作压力低于溢流阀的调定压力，这时溢流阀不工作。当系统出现故障，液压泵的工作压力上升时，一旦压力达到溢流阀的调定压力，溢流阀将开启，并将液压泵的工作压力限制在溢流阀的调定压力下，使液压系统不致因压力过载而受到破坏，从而保护了液压系统。

（2）单级减压回路。

图 5-2-4 所示为最常见的单级减压回路，通过定值减压阀与主油路相连使支路获得一个稳定的低压，回路中单向阀的作用是当主系统的压力低于减压阀的调定值时，防止油液倒流，进行短时保压。

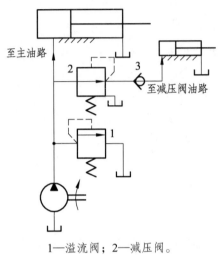

1—溢流阀；2—减压阀。

图 5-2-4　单级减压回路

**想一想**：液压系统中可不可以设置多级调压？

_____

_____

（3）保压回路。

常用的最简单的保压回路是采用密封性较好的液控单向阀的保压回路。

图 5-2-5 所示为利用液控单向阀的保压回路，当换向阀 3 右位接入回路时，压力油经换向阀 3、液控单向阀 4 进入液压缸 6 的上腔。当压力达到保压要求的调定值时，电接触式压力表 5 发出电信号，使换向阀 3 切换至中位，这时液压泵卸荷。液压缸上腔由液控单向阀 4 进行保压。当液压缸上腔的压力下降到预定值时，电接触式压力表 5 又发出电信号并使换向阀 3 右位接入回路，液压泵又向液压缸上腔供油，使其压力回升，实现补油保压。当换向阀 3 左位接入回路时，液控单向阀 4 打开，活塞向上快速退回。这种保压回路保压时间长，压力稳定性较高，适用于保压性能要求较高的液压系统。

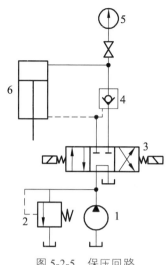

图 5-2-5　保压回路

4. 方向控制回路

1）方向控制回路的组成与原理

（1）方向控制回路一般由液压泵、换向阀、行程阀和液压缸等液压元件组成。

（2）方向控制回路通过控制进入液压执行元件工作介质的通、断或变向来实现液压传动系统执行元件的启动、停止或改变运动方向的回路称为方向控制回路。常用的方向控制回路有换向回路、浮动回路和锁紧回路。

2）方向控制回路的应用

（1）换向阀锁紧回路。

如图 5-2-6 所示，采用换向阀的锁紧回路。它利用 O 型或 M 型换向阀的中位机能可以封闭液压缸的两腔，使活塞在其行程的任意位置上锁紧。当换向阀处于中位时，活塞左右两腔压力相等，活塞静止锁紧；当换向阀处于左位时，液压油从左上右下，液压缸左侧腔室压力高于右侧，活塞从左向右移动；当换向阀处于右位时，液压缸右侧腔室压力高于左侧，活塞从右向左移动。由于滑阀式换向阀的泄漏，这种回路的锁紧时间不会太长。

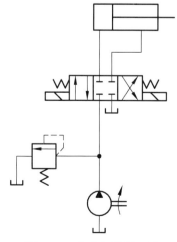

图 5-2-6　换向阀锁紧回路

（2）连续往返换向回路。

如图 5-2-7 所示，为连续往返换向回路，整个回路由手动换向阀 3（启动用）、液控换向阀 4、单向调速阀 5 和 6、行程阀 7 和 8 等组成。当操动手动换向阀 3 接通油路后，行程阀 7 接通，控制油推动液控换向阀 4 左移，液压缸 9 左腔进油，推动活塞向右移动；当活塞杆上的撞块碰到右边的行程阀 8 时，液控换向阀 4 的控制油路接通回油油路，液控换向阀在弹簧作用下右移复位，液压缸 9 右腔进油，推动活塞向左移动，实现液压缸 9 自动换向；当活塞杆上的撞块再碰到左边的行程阀时，液控换向阀 4 又自动换向，达到液压缸连续自动换向的目的。

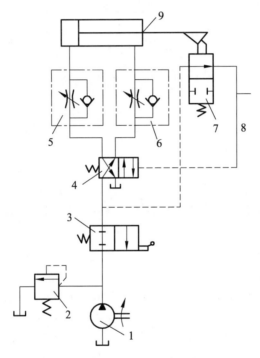

1—液压泵；2—溢流阀；3—手动换向阀；4—液控换向阀；5、6—单向调速阀；7、8—行程阀；9—液压缸。

图 5-2-7　连续往返换向回路

## 5. 速度控制回路

### 1）速度控制回路的组成与原理

（1）速度控制回路主要由液压泵、节流阀、调速阀、溢流节流阀和分流集流阀等液压元件组成。

（2）速度控制回路的工作原理是用定量液压泵供油，通过改变回路中流量控制元件通流截面积的大小来控制流入液压执行元件或从液压执行元件流出的流量，以调节其运动速度。根据流量控制元件在液压回路中的安装位置不同，分为进油节流调速回路、回油节流调速回路和旁路节流调速回路三种。

2）速度控制回路的应用

（1）进油节流调速回路，如图 5-2-8 所示。

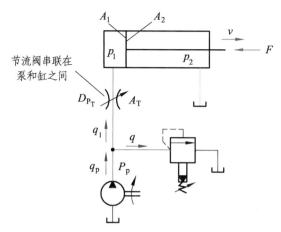

图 5-2-8　进油节流调速回路

　　进油节流调速回路节流阀，串联安装在定量液压泵出口和液压缸入口之间，所以称为进油节流调速回路。定量液压泵输出的油液一部分经过节流阀流入液压缸的无杆腔，推动活塞运动，另一部分通过与定量液压泵并联的溢流阀流回液压油箱，由于溢流阀有溢流，定量液压泵出口压力 P 就是溢流阀的调整压力并基本保持恒定，调节节流阀的开口面积，即可改变通过节流阀的流量，从而调节了液压缸活塞的运动速度。

　　（2）回油节流调速回路，如图 5-2-9 所示。

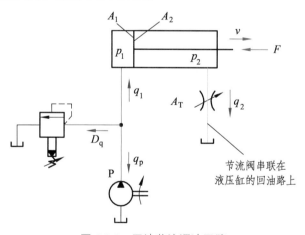

图 5-2-9　回油节流调速回路

　　回油节流调速回路节流阀，串联安装在液压缸出口和液压油箱之间，所以称为回油节流调速回路。定量液压泵输出的油液，一部分通过与定量液压泵并联的溢流阀流回液压油箱，另一部分用来推动活塞运动，由于溢流阀有溢流，定量液压泵出口压力 $q_p$ 就是溢流阀的调整压力并基本保持恒定，调节节流阀的开口面积，即可改变通过节流阀的流量，通过调节液压缸有杆腔液压油回流到液压油箱的速度，从而调节了液压缸活塞的运动速度。

**想一想：** 在挖掘机上有哪些液压调速回路？

（3）旁路节流调速回路，如图 5-2-10 所示。

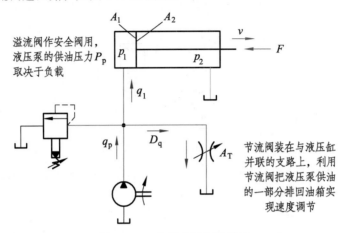

图 5-2-10　旁路节流调速回路

　　旁路节流调速回路由定量液压泵、液压缸、节流阀和溢流阀组成，节流阀安装在与液压缸并联的旁油路上。定量液压泵输出的压力油一部分进入液压缸，另一部分通过节流阀流回液压油箱。通过调节节流阀的开口面积，来控制定量液压泵流回液压油箱的流量，从而也就控制了进入液压缸的流量，实现液压缸活塞运动速度的调节。由于溢流已由节流阀承担，故溢流阀作安全阀用，回路正常工作时溢流阀关闭，过载时溢流阀打开，溢流阀调定压力为最大工作压力的 1.1～1.2 倍。液压泵的工作压力随外负载变化。

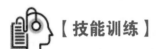 **【技能训练】**

## 控制回路的安装与调试

### 一、工作情景描述

　　液压基本回路是由一些液压元件组成的，用来完成特定功能的控制油路，是构成液压传动系统的基本单元。本次技能训练旨在通过拆装与调试控制回路来验证控制回路的工作原理。

### 二、学习目标

（1）观察及了解各控制回路的组成和作用，并找到控制回路的对应位置；
（2）进一步认识控制回路的组成和工作原理；

（3）掌握控制回路的安装与调试的基本方法和注意事项。

## 三、实验设备及工具

液压综合教学操作台、内六角扳手、固定扳手、棉纱、铜棒、螺丝刀、卡簧钳、煤油等。

## 四、工作流程

### 学习活动一　明确接受工作任务

表 5-2-1　任务联系单

| 安装任务 | 控制回路的基本结构认知 |
| --- | --- |
| 组名 | |
| 建议用时 | 90 分钟 |
| 所用部件 | 液压综合教学操作台 |
| 考核要求 | 主要对控制回路的结构认知及工作原理分析，明确拆装注意事项并规范操作 |
| 技术要求 | 根据要求，完成对控制回路的正确安装及调试。要求：<br>（1）正确地选择和使用工具，利用规定的力矩完成拆卸。<br>（2）拆装时按照正确的操作流程完成拆卸，并认真清洗元件，安装后要认真调试工作性能 |

### （一）认识方向控制回路工作原理

引导问题 1　方向控制回路的工作原理是什么？

_____

_____

引导问题 2　方向控制回路一般由哪些部分组成？

_____

_____

引导问题 3　常见方向控制回路有哪些？

_____

_____

### （二）知识链接

1. 方向控制回路的组成与原理

（1）方向控制回路一般由液压泵、换向阀、行程阀和液压缸等液压元件组成。

（2）方向控制回路通过控制进入液压执行元件工作介质的通、断或变向来实现液压传动系统执行元件的启动、停止或改变运动方向的回路称为方向控制回路。常用的方向控制回路有换向回路、浮动回路和锁紧回路。

## 学习活动二　制定工作实施方案

### （一）人员分工

1. 小组负责人： _____

2. 小组成员及分工（表 5-2-2）

表 5-2-2　小组成员及分工

| 姓名 | 分工 |
|------|------|
|  |  |
|  |  |
|  |  |
|  |  |
|  |  |
|  |  |
|  |  |

### （二）工具材料清单（表 5-2-3）

表 5-2-3　工具材料清单

| 序号 | 工具或材料名称 | 数量 | 备注 |
|------|--------------|------|------|
| 1 | 液压综合教学操作台 | 4 |  |
| 2 | 内六角扳手 | 4 |  |
| 4 | 固定扳手 | 4 |  |
| 5 | 螺丝刀 | 4 |  |
| 6 | 卡簧钳 | 4 |  |
| 7 | 铜棒 | 4 |  |
| 8 | 磁力棒 | 4 |  |
| 9 | 液压表 | 4 |  |
| 10 | 棉纱 | 若干 |  |
| 11 | 煤油 | 若干 |  |

## （三）工作内容安排（表 5-2-4）

表 5-2-4　工作内容安排

| 序号 | 工作内容 | 完成时间 | 备注 |
|---|---|---|---|
|  |  |  |  |
|  |  |  |  |
|  |  |  |  |
|  |  |  |  |
|  |  |  |  |
|  |  |  |  |
|  |  |  |  |
|  |  |  |  |
|  |  |  |  |
|  |  |  |  |

**头脑风暴**：制定方案时要确保全员参与，那么又该如何充分发挥组内成员的优势？

_____

_____

## 学习活动三　现场实施工作任务

### （一）控制回路的安装调试注意事项

#### 1. 液压元件的安装注意事项

液压系统中液压元件多种多样，各自的安装要求都不尽相同。通常元件包装内都带有安装说明书，具体的安装应严格按照说明书的指导来做。对于一些通用的安装注意事项现总结如下：

（1）元件在安装前先查看各通路内是否有包装残留异物，取出异物后，用清洁的特定油液（一般为煤油）进行全方位清洗，并根据系统与元件参数进行耐压和密封性能测试，检验合格后方可安装；

（2）在元件进行安装时，要根据元件铭牌上的结构简图判断好进出口方向，以免将元件装反，对于一些备用孔，要注意不用时用螺塞堵住，同时要防止外部空气进入系统，这就要求在元件与系统连接的部位做好密封工作；

（3）一般情况下，方向控制阀要求水平安装；

（4）板式元件和插装元件安装时，需要事先检查进出、油口的密封圈是否出现缺失或脱落，并检查是否符合规格要求。安装前密封圈应突出安装表面，保证安装后有一定的压缩量，以防泄漏。固定螺钉要均匀拧紧，最后使元件的安装平面与元件底板平面全部接触。

### 2. 液压泵的安装注意事项

振动和异响是液压泵常见故障，其主要原因就是液压泵在安装时出现问题。长时间出现此类问题，必须及时排除以免影响液压泵的使用寿命。

因此在液压泵在安装时要注意：

（1）首先是液压泵的输入轴与原动机（电动机或柴油机）输出轴之间应采用弹性联接，一般采用弹性联轴器联接，同轴度误差小于 0.1 mm；

（2）液压泵安装基座宜采用铸铁材料，以减少振动和异响；

（3）液压泵进出油口的连接方向应与液压泵铭牌上的标识相一致，其判断时应首先注意液压泵的旋转方向；

（4）当液压泵安装在油箱盖上端时，液压泵轴心至油箱液面的垂直距离应低于 0.5 m，以免吸力不足，如果液压泵吸油管外露，可在油管上安置截止阀以便检修；

（5）液压泵进出油口应紧固连接，以免吸气端密封不严引起空气进入系统，出油端泄漏造成系统油液外泄；

（6）在有些液压泵（如齿轮泵和叶片泵）吸油管处可安装过滤器，但是有些液压泵（如柱塞泵）吸油管处不安装过滤器，要根据液压泵安装说明书加以区分。

### 3. 液压管路的安装注意事项

液压管路在安装时主要需要注意接头处的密封、管件的强度和管口的清洁：

（1）油管的选用必须符合设计规格要求，油管壁必须有足够的强度，内壁光滑洁净，无沙眼、锈蚀、氧化等缺陷。

（2）油管安装时，安装位置必须严格按照设计图纸执行。

（3）当需要对油管进行截取时，切割截面应与管头轴线垂直，并注意倒角和排除端口处的废料。

（4）当油管需要弯曲时，允许圆度为直径的 10%，弯曲部分的内外侧不允许有锯齿形、凹凸不平、损坏、压坏等缺陷。弯管半径 $R$ 一般应大于一倍管子外径 $D$，推荐管子弯曲半径见表 5-2-5。

表 5-2-5　（单位：mm）

| 管子 外径 D | 10 | 14 | 18 | 22 | 28 | 34 | 42 | 50 | 63 |
|---|---|---|---|---|---|---|---|---|---|
| 弯曲 半径 R | 50 | 70 | 75 | 80 | 90 | 100 | 130 | 150 | 190 |

（5）管路的安装应便于换接，靠近设备或安装基面，管路应该平行或垂直布置，同时要注意整齐、美观。管路要减少交叉，管间间隔距离一般大于 10 mm 以减少摩擦，保护外管，并且在满足设计要求的基础上尽量减小油管长度。

（6）在系统最高位置的管路处设有放气阀门，当系统启动时便于放掉系统中混入的空气。

（7）为防止油箱内油液出现气泡，回油管应没入油箱液面。溢流阀的出油口应远离液压泵的吸油管口，以防系统油液温度过高。

（8）在管路间进行连接时，要注意接头的密圭寸，一般用密圭寸胶布；吸油管的接口处涂以密封胶，提高吸油管密封性以免系统混入空气。

（9）管路应进行两次安装，首次试装后拆下的管道用温度 40～60 ℃的 10%～20%的稀硫酸或稀盐酸溶液清洗 30～40 min，取出后用 10%（质量分数）的苏打水中和，溶液温度为 30～40 ℃，然后再用温水清洗、干燥、涂油以备正式使用。正式安装时管路接头处和管内不得有杂物等堵塞。

（10）用法兰盘连接的油管，油管与法兰盘连接的一端应保持平直，严忌在油管弯曲位置连接法兰盘，保证法兰盘面与油管的轴线垂直。

（11）油液胶管应远离热源，可在必要的位置安装隔热板。

### 4. 液压缸的安装注意事项

（1）液压缸的安装基座必须要有足够的刚度，以免液压缸受力时连接位置出现松动，缸体变形，损坏活塞杆。

（2）大直径，大行程液压缸，在安装时，必须安装活塞杆的导向支撑环和缸筒本身的中间支座，以防止活塞杆和缸筒的挠曲。

（3）液压缸的两端不能都紧固不动。这是因为随着液压缸工作，系统内压力和温度都会影响并导致缸体变形，假如此时液压缸两端紧固不动，将会造成液压缸缸体弯曲变形，影响正常工作甚至出现危险。

（4）对于耳环式液压缸，其靠耳环作为支撑，活塞杆既可以在垂直于耳环的平面内摆动又可以做直线运动，所以活塞杆顶端连接转轴孔的轴线方向，必须与耳轴孔的方向一致。

（5）液压缸拆装时，一是严禁敲打缸筒和活塞杆表面；若缸筒外表面和活塞杆表面有损伤，不允许用砂纸打磨，要用细油石精心研磨。二是不得损伤活塞杆顶端的螺纹、缸口螺纹和活塞杆表面，更应注意，不能硬性地将活塞从缸筒中打出。

## （二）控制回路的调试

### 1. 空载调试（不加负载启动系统）

（1）在空载的条件下观察系统整体管路和元件是否出现泄漏，各控制元件和执行元件是否完好并能按要求执行；同时需要观察以下几个方面：

① 管路及元件连接的正确性与可靠性。例如液压泵的进、出油口及旋转方向是否与泵上标注的符合；各种阀的进、出油口及回油口的位置是否正确。

② 各元件的防护装置的完备。

③ 吸油管与油箱液面高度是否符合要求，所用液压油型号是否满足系统要求。

④ 系统中各液压部件、油管及管接头的位置是否便于安装、调节、检查和维修；压力计等仪表是否安装在便于观察的地方。

### 2. 调试步骤

（1）将溢流阀的调压弹簧松开，向液压泵灌油，这样既容易吸出油，又防止损坏液压泵。然后启动电动机使泵运转（在短时间内先开、停泵几次，无问题时，再使泵连续运转），观察溢流阀的出油口有无油排出，如不排油，则应对泵进行检查，如有油且液压泵运转正常即可往下进行调试。

（2）调整系统压力，调节溢流阀，使系统压力稳步上升，观察压力 是否能够满足设定值，液压泵是否振动或者有异响；若上述步骤一切正常，则可进行各类换向阀的动作观察系统动作执行是否符合要求。

### 3. 负载调试

负载调试是指使液压系统按设计要求在预定的负载下工作。通过负载调试检查系统能否实现预定的工作要求，如工作部件的力、力矩或运动特性等；检查噪声和振动是否在允许范围内；检查工作部件运动换向和速度换接时的平稳性，不应有爬行、跳动和冲击现象。

### （三）方向控制回路的调试步骤

操作所用设备为液压综合教学操作台。

调试步骤如下：

### 1. 二位二通电磁阀差动连接快慢速变换回路的操作步骤

其液压原理如图 5-2-11 所示，其工作过程见表 5-2-6。

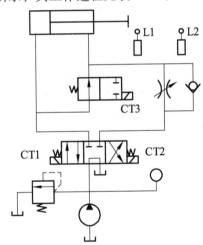

图 5-2-11　二位二通电磁阀差动连接快慢速变换回路

表 5-2-6　电磁铁动作表

| 序号 | 动作 | 发讯元件 | 电磁铁 | | | 工作元件 |
| --- | --- | --- | --- | --- | --- | --- |
| | | | CT1 | CT2 | CT3 | |
| 1 | 快进 | 启动按钮 | + | − | − | 差动 |
| 2 | 慢进 | L1 | + | − | − | 节流 |
| 3 | 快退 | L2 | − | + | + | 非差动 |
| 4 | 停止 | 停止按钮 | − | − | − | 卸荷 |

### 2. 二位三通电磁阀控制差动连接快慢速变换回路的操作步骤

其液压原理如图 5-2-12 所示，差动连接实现快进，节流阀 5 实现回油节流调速。其工作过程见表 5-2-7。

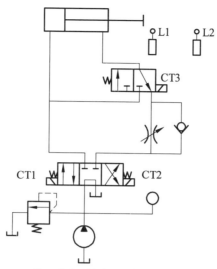

图 5-2-12　二位三通电磁阀控制差动连接快慢速变换回路

表 5-2-7　电磁铁动作表

| 序号 | 动作 | 发讯元件 | 电磁铁 | |
| --- | --- | --- | --- | --- |
| | | | CT1 | CT2 |
| 1 | 快进 | 启动按钮 | + | － |
| 2 | 慢进 | L2 | － | － |
| 3 | 再前进 | L1 | + | － |
| 4 | 停止 | 停止按钮 | － | |

## 3. 二位四通换向回路的操作步骤

方向控制回路的作用是利用各种方向阀来控制流体的通断和变向，以使执行元件启动、停止和换向。一般方向控制回路只需在动力元件与执行元件之间采用普通换向阀即可。

二位四通换向回路为一般方向控制回路。二位四通换向阀芯动作，改变进、回油方向，从而改变油缸的运动方向。

其液压原理如图 5-2-13 所示，其工作过程见表 5-2-8。

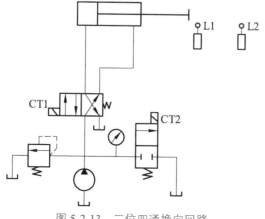

图 5-2-13　二位四通换向回路

表 5-2-8　电磁铁动作表

| 序号 | 动作 | 发讯元件 | 电磁铁 | |
| --- | --- | --- | --- | --- |
| | | | CT1 | CT2 |
| 1 | 前进 | 启动按钮 | + | − |
| 2 | 后退 | L2 | + | − |
| 3 | 再前进 | L1 | + | − |
| 4 | 停止 | 停止按钮 | − | + |

4. 三位四通换向阀控制回路的操作步骤

其液压原理如图 5-2-14 所示，电磁阀 2 为 M 型中位机能三位四通换向阀，用于控制油缸换向，中位用于泵卸荷。

其工作过程见表 5-2-9。

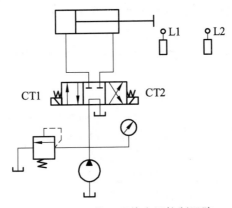

图 5-2-14　三位四通换向阀控制回路

表 5-2-9　电磁铁动作表

| 序号 | 动作 | 发讯元件 | 电磁铁 | |
| --- | --- | --- | --- | --- |
| | | | CT1 | CT2 |
| 1 | 前进 | 启动按钮 | + | − |
| 2 | 后退 | L2 | − | + |
| 3 | 再前进 | L1 | + | − |
| 4 | 停止 | 停止按钮 | − | − |

5. 方向控制阀控制锁紧回路的操作步骤

锁紧回路又称位置保持回路，其功用是使执行元件在不工作时切断其进、出油路通道，停止在预定位置上不会因外力而移动。

其液压原理如图 5-2-15 所示，其工作过程见表 5-2-10。

停止时，油泵卸荷，油缸活塞向右的运动被三位四通电磁换向阀锁紧，值得注意的是由于电磁阀存在内泄漏的问题，故锁紧精度不高。

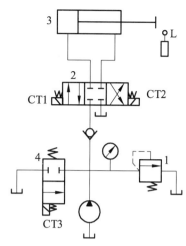

图 5-2-15　方向控制阀控制锁紧回路

表 5-2-10　电磁铁动作表

| 序号 | 动作 | 发讯元件 | 电磁铁 | | |
| --- | --- | --- | --- | --- | --- |
| | | | CT1 | CT2 | CT3 |
| 1 | 前进 | 按钮 | + | - | - |
| 2 | 后退 | L | - | + | - |
| 3 | 停止 | 按钮 | - | - | + |

6. 单向阀锁紧回路的操作步骤

其液压原理如图 5-2-16 所示，其工作过程见表 5-2-11。

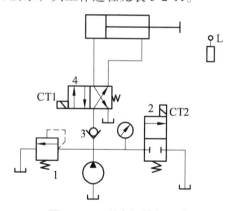

图 5-2-16　单向阀锁紧回路

表 5-2-11　电磁铁动作表

| 序号 | 动作 | 发讯元件 | 电磁铁 | |
| --- | --- | --- | --- | --- |
| | | | CT1 | CT2 |
| 1 | 前进 | 按钮 | + | - |
| 2 | 后退 | L | - | - |
| 3 | 停止 | 按钮 | - | + |

## 学习活动四　学习评价与总结

表 5-2-12　学习情况评价表

| 姓名 | | 班级 | | 专业 | |
|---|---|---|---|---|---|
| 学习内容 | | | 指导教师 | | |
| 评价类别 | 评价标准 | 评价内容 | | 配分 | 评价 |
| 过程评价 | 培训过程 | 能认真听讲，做好笔记 | | 5 | |
| | 培训考核 | 参加考核，取得合格成绩 | | 10 | |
| | 制度遵守 | 无迟到早退现象，有1次扣1分 | | 5 | |
| | | 能坚守本职岗位，无流岗、串岗，遵守厂纪厂规，每违规1次扣1分 | | 5 | |
| | 工作质量 | 完成产品质量较高，工作中无明显失误 | | 20 | |
| | 文明安全 | 严格遵守安全操作规程，无事故发生 | | 10 | |
| | 技能水平 | 是否具备基本的技能操作能力 | | 10 | |
| | 创新意识 | 对于工作岗位有创新建议提出 | | 5 | |
| | 主动程度 | 工作能积极主动 | | 10 | |
| | 团队协作 | 能和同事团结协作，不计个人得失，服从安排 | | 10 | |
| | 学习能力 | 能主动请教学习 | | 10 | |
| 过程评价（折算成总成绩35%） | | | | 100 | |
| 结果评价（折算成总成绩25%） | | 实习报告考核（折算成总成绩10%） | | 100 | |
| 总计 | | | | 100 | |
| 指导教师签名 | | | | | |

# 练习题

## 一、判断题

1. 液压基本回路是液压系统的核心，无论多么复杂的液压系统，都是由一些液压基本回路构成的。　　　　　　　　　　　　　　　　　　　　　　　　　　　　　（　　）

2. 方向控制回路一般由液压泵、换向阀、行程阀和液压缸等液压元件组成。　（　　）

3. 速度控制回路主要由液压泵、节流阀、调速阀、溢流节流阀和分流集流阀等液压元件组成。　　　　　　　　　　　　　　　　　　　　　　　　　　　　　　　（　　）

4. 回油节流调速回路节流阀，串联安装在定量液压泵出口和液压缸入口之间，所以称为进油节流调速回路。　　　　　　　　　　　　　　　　　　　　　　（　　）

## 二、选择题

1. 压力控制回路的基本类型包括调压回路、_____、_____、_____、平衡回路和卸荷回路等。（　　　）【多选题】

　　A. 减压回路　　　　　　B. 保压回路　　　　　　C. 增压回路　　　　　　D. 分压回路

2. 以下不是纸芯式滤油器优点的是（　　　）。【单选题】

　　A. 压力损失小　　　　　B. 能随时清洗　　　　　C. 成本低　　　　　　　D. 质量轻

## 三、简答题

简述单级减压回路原理（图 5-2-17）。

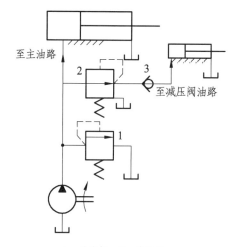

1—溢流阀；2—减压阀。

图 5-2-17　减压回路原理

# 项目六　典型液压系统及典型故障排除

通常，机械设备中的液压传动部分被称为液压传动系统。本项目介绍的所谓典型液压传动系统，是在现有的液压设备中，选出的几个有代表性的液压传动系统。在前述液压传动知识和基本原理的基础上，在明确某机械设备工作要求的前提下，分析几种典型液压系统的工作原理由此归纳总结整个系统的特点，本项目我们将选取两台典型机床液压系统和重型起重机的液压系统，进行系统学习。

## 任务一　典型机床液压系统

### 【学习目标】

知识目标：

（1）认识常见典型液压系统原理图，并能口述其工作原理。

（2）能说出常见典型液压系统作用，并对其回路进行分析。

能力目标：

（1）具备常见典型液压系统的识读的能力，并具备分析各种液压回路的能力。

（2）在理解典型机床液压系统原理的基础上，具备进行故障检测方法的能力。

素质目标：

（1）在学习过程中，通过团队协作探究典型液压系统特点，将相关液压知识进行融合，使学生具备分析问题和解决问题的能力。

（2）随着技术的进步，保持对新型典型液压系统学习热情，使学生具备不断学习的动力。

【任务描述】

某学校智能制造学院机电一体化专业学生，本学期学习液压与气动传动这门课程，本节课老师以山东省某次技能大赛应用设备——T4543 型组合机床动力滑台液压系统为例，请同学们根据之前所学知识，对 T4543 型组合机床动力滑台液压系统原理图进行分析，说一说都有什么特点？并说出它们都能实现哪些功能。

【获取信息】

YT4543 型动力滑台的液压系统原理图如图 6-1-1 所示。它能实现的工作循环为：快进→第一次工作进给→第二次工作进给→停留→快退→原位停止。系统中各电磁铁及行程阀动作如图 6-1-2 所示。

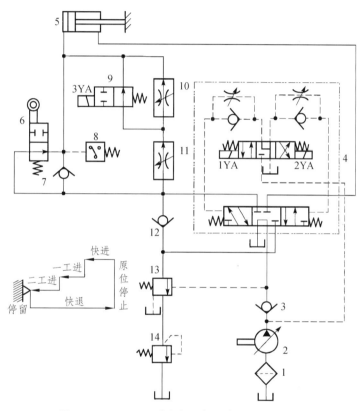

图 6-1-1 YT4543 型动力滑台的液压系统原理图

表 6-1-2

| 液压缸工作循环 | 信号来源 | 电磁铁 | | | 行程阀 11 |
| --- | --- | --- | --- | --- | --- |
| | | 1YA | 2YA | 3YA | |
| 快进 | 启动按钮 | + | - | - | - |
| 一工进 | 挡块压下行程阀 8 | + | - | - | + |
| 二工进 | 挡块压下行程开关 | + | - | + | + |
| 停留 | 止挡铁、压力继电器 | + | - | + | + |
| 快退 | 时间继电器 | - | + | - | ± |
| 原位停止 | 挡块压下终点开关 | - | - | - | - |

### 1. YT4543 型组合机床动力滑台液压传动系统

1）YT4543 型组合机床动力滑台液压传动系统的组成

组合机床是由通用部件和部分专用部件组成的高效、专用、自动化程度较高的机床。它能完成钻、扩、铰、镗、铣、攻丝等工序和工作台转位、定位、夹紧、输送等辅助动作，

组合机床动力滑台液压系统

可用来组成自动线。这里只介绍组合机床动力滑台液压系统。动力滑台上常安装着各种旋转着的刀具，其液压系统的功能是使这些刀具作轴向进给运动，并完成一定的动作循环。

2）YT4543 型组合机床动力滑台液压传动系统的工作原理

图 6-1-3 和表 6-1-1 分别表示 YT4543 型组合机床动力滑台液压系统原理图和动作循环表。这个系统用限压式变量叶片泵供油，用电液换向阀换向，用行程阀实现快进和工进速度的切换，用电磁阀实现两种工进速度的切换，用调速阀使进给速度稳定。在机械和电气的配合下，能够实现"快进→一工进→二工进→死挡铁停留→快退→原位停止"的半自动循环。其工作情况如下所述。

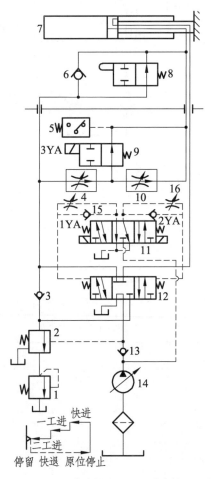

1—背压阀；2—顺序阀；3、6、13、15—单向阀；4、16—节流阀；5—压力继电器；7—液压缸；
8—行程阀；9—电磁阀；4、10—调速阀；11—先导阀；12—换向阀；14—液压泵

图 6-1-3　YT4543 型动力滑台液压系统图

表 6-1-1　YT4543 型动力滑台液压系统的动作循环表

| 元件<br>动作 | 1YA | 2 YA | 3 YA | 压力继电器 | 行程阀 |
|---|---|---|---|---|---|
| 快进（差动） | + | − | − | − | 导通 |
| 一工进 | + | − | − | − | 切断 |
| 二工进 | + | − | + | − | 切断 |
| 死挡铁停留 | + | − | + | + | 切断 |
| 快退 | − | + | ± | − | 切断→导通 |
| 原位停止 | − | − | − | − | 导通 |

（1）快进。

按下启动按钮，电磁铁 1YA 通电吸合，控制油路由液压泵 14 经电磁先导阀 11 左位、单向阀 15，进入换向阀 12 的左端油腔，换向阀 12 左位接系统，换向阀 12 的右端油腔回油经节流器 16 和阀 11 的左位回油箱，液动阀处于左位。主油路：液压泵 14→单向阀 13→换向阀 12 左位→行程阀 8（常态位）→液压缸左腔（无杆腔）。回油路：液压缸右腔→换向阀 12 左位→单向阀 3→行程阀 8→液压缸左腔。由于动力滑台空载，系统压力低，液控顺序阀关闭，液压缸成差动连接，且变量液压泵 14 有最大的输出流量，滑台向左快进（活塞杆固定，滑台随缸体向左运动）。

（2）一工进。

快进到一定位置，滑台上的行程挡块压下行程阀 8，使原来通过行程阀 8 进入液压缸无杆腔的油路切断。此时电磁阀 9 的电磁铁 3YA 处于断电状态，调速阀 4 接入系统进油路，系统压力升高。压力的升高，一方面使液控顺序阀 2 打开，另一方面使限压式变量泵的流量减小，直到与经过调速阀 4 后的流量相同为止。这时进入液压缸无杆腔的流量由调速阀 4 的开口大小决定。液压缸有杆腔的油液则通过换向阀 12 后经液控顺序阀 2 和背压阀 1 回油箱（两侧的压力差使单向阀 3 关闭）。液压缸以第一种工进速度向左运动。

（3）二工进。

当滑台以一工进速度行进到一定位置时，挡块压下行程开关，使电磁铁 3YA 通电，经电磁阀 9 的通路被切断。此时油液需经调速阀 4 与 10 才能进入液压缸无杆腔。由于调速阀 10 的开口比调速阀 4 小，滑台的速度减小，速度大小由调速阀 10 的开口决定。

（4）死挡铁停留。

当滑台以二工进速度行进到碰上死挡铁后，滑台停止运动。液压缸无杆腔压力升高，压力继电器 5 发出信号给时间继电器（图中未表示），使滑台在死挡铁上停留一定时间后再开始下一动作。滑台在死挡铁上停留，主要是为了满足加工端面或台肩孔的需要，使其轴向尺寸精度和表面粗糙度达到一定要求。当滑台在死挡铁上停留时，泵的供油压力升高，流量减少，直到限压式变量泵流量减小到仅能满足补偿泵和系统的泄漏量为止，系统这时处于需要保压的流量卸荷状态。

（5）快退。

当滑台在死挡铁上停留一定时间（由时间继电器调整）后，时间继电器发出使滑台快退的信号。此时电磁铁 1YA 断电，2YA 通电，先导阀 11 和换向阀 12 处于右位。进油路：液压泵 14→单面阀 13→换向阀 12 右位→液压缸右腔；回油路：液压缸左腔→单向阀 6→换向阀 12 右位→油箱。由于此时为空载，系统压力很低，液压泵 14 输出的流量最大，滑台向右快退。

（6）原位停止。

当滑台快退到原位时，挡块压下原位行程开关，使电磁铁 1YA、2YA 和 3YA 都断电，先导阀 11 和换向阀 12 处于中位，滑台停止运动，液压泵 14 通过换向阀 12 的中位卸荷（这时系统处于压力卸荷状态）。

3）YT4543 型组合机床动力滑台液压传动系统的回路分析

YT4543 型组合机床动力滑台液压系统包括以下一些基本回路：由限压式变量叶片泵和进油路调速阀组成的容积节流调速回路，差动连接快速运动回路，电液换向阀的换向回路，由行程阀、电磁阀和液控顺序阀等联合控制的速度切换回路以及中位为 M 型机能的电液换向阀的卸荷回路等。液压系统的性能就由这些基本回路所决定。该系统有以下几个特点：

（1）采用了由限压式变量叶片泵和进油路调速阀组成的容积节流调速回路。它既能满足系统调速范围大，低速稳定性好的要求，又提高了系统的效率。进给时，在回油路上增加了一个背压阀，这样一方面可改善速度稳定性，另一方面可使滑台能承受一定的与运动方向一致的切削力（负值负载）。

（2）采用限压式变量泵和差动连接两项措施实现快进，既能得到较高的快进速度，又不致使系统效率过低。动力滑台快进和快退均为最大工作进给速度的两倍，泵的流量自动变化，系统无溢流损失，效率高。

（3）采用行程阀和液控顺序阀使快进转换为工进时，动作平稳可靠，转换的位置精度比较高。至于两个工进之间的换接则由于两者速度都较低，采用电磁阀完全能保证换接精度。

> **头脑风暴**：YT4543 型动力滑台液压系统是由哪些基本液压回路组成的？
>
> _____
>
> _____

2. MJ-50 数控车床液压系统的分析

1）MJ-50 数控车床液压系统的组成

MJ-50 数控车床液压系统原理图如图 6-1-4 所示。机床的液压系统采用单向变量液压泵，系统压力调整至 4 MPa，由压力表 14 显示。在阅读和分析液压系统图时，可参阅表 6-1-2 的电磁铁动作顺序。

2）MJ-50 数控车床液压系统的工作原理

（1）卡盘的夹紧与松开。

主轴卡盘的夹紧与松开，由二位四通电磁阀 1 控制。卡盘的高压夹紧与低压夹紧的转换，由二位四通电磁阀 2 控制。

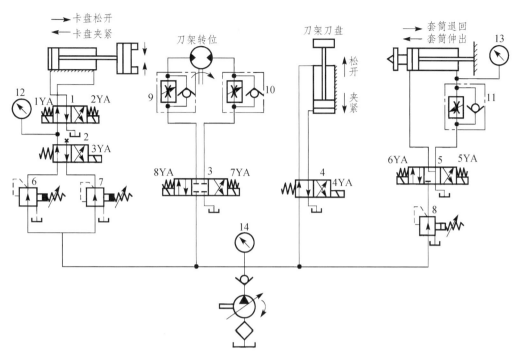

图 6-1-4　MJ-50 数控车床液压系统原理图

表 6-1-2　电磁铁动作顺序

| 动作 | 电磁铁 | | 1YA | 2YA | 3YA | 4YA | 5YA | 6YA | 7YA | 8YA |
|---|---|---|---|---|---|---|---|---|---|---|---|
| 卡盘正卡 | 高压 | 夹紧 | + | − | − | | | | | |
| | | 松开 | − | + | − | | | | | |
| | 低压 | 夹紧 | + | − | + | | | | | |
| | | 松开 | − | + | + | | | | | |
| 卡盘反卡 | 高压 | 夹紧 | − | + | − | | | | | |
| | | 松开 | + | − | − | | | | | |
| | 低压 | 夹紧 | − | + | + | | | | | |
| | | 松开 | + | − | + | | | | | |
| 回转刀架 | 刀架正转 | | | | | | | | − | + |
| | 刀架反转 | | | | | | | | + | − |
| | 刀盘松开 | | | | | + | | | | |
| | 刀盘夹紧 | | | | | − | | | | |
| 尾座 | 套筒伸出 | | | | | | − | + | | |
| | 套筒退回 | | | | | | + | − | | |

当卡盘处于正卡（也称外卡）且在高压夹紧状态下，夹紧力的大小由减压阀 6 来调整，由压力表 12 显示卡盘压力。当 3YA 断电、1YA 通电时，系统压力油经阀 6→阀 2（左位）→阀 1（左位）—液压缸右腔，液压缸左腔的油液经阀 1（左位）直接回油箱，活塞杆左移，卡盘夹紧。反之，当 2YA 通电时，系统压力油经阀 6→阀 2（左位）→阀 1（右位）→液压缸左腔，液压缸右腔的油液经阀 1（右位）直接回油箱，活塞杆右移，卡盘松开。

当卡盘处于正卡且在低压夹紧状态下，夹紧力的大小由减压阀 7 来调整。当 1YA 和 3YA 通电时，系统压力油经阀 7→阀 2（右位）→阀 1（左位）卜液压缸右腔，卡盘夹紧。反之，当 2YA 和 3YA 通电时，系统压力油经阀 7→阀 2（右位）→阀 1（右位）→液压缸左腔，卡盘松开。

（2）回转刀架动作。

回转刀架换刀时，首先是刀盘松开，之后刀盘就达到指定的刀位，最后刀盘复位夹紧。

刀盘的夹紧与松开，由一个二位四通电磁阀 4 控制。刀盘的旋转有正转和反转两个方向，它由一个三位四通电磁阀 3 控制，其旋转速度分别由单向调速阀 9 和 10 控制。

当 4YA 通电时，阀 4 右位工作，刀盘松开；当 8YA 通电时，系统压力油经阀 3（左位）→调速阀 9—液压马达，刀架正转；当 7YA 通电时，系统压力油经阀 3（左位）→调速阀 9→液压马达，刀架反转；当 4YA 断电时，阀 4 左位工作，刀盘夹紧。

（3）尾座套筒的伸缩动作。

尾座套筒的伸缩与退回由一个三位四通电磁阀 5 控制。

当 6YA 通电时，系统压力油经减压阀 8→电磁阀 5（左位）到液压缸左腔；液压缸右腔油液经单向调速阀 11→阀 5（左位）回油箱，套筒伸出。套筒伸出工作时的预紧力大小通过减压阀 8 来调整，并由压力表 13 显示，伸出速度由调速阀 11 控制。反之，当 5YA 通电时，系统压力油经减压阀 8→电磁阀 5（右位）→阀 11→液压缸右腔，套筒退回。这时液左缸的油液经电磁阀 5（右位）直接回油箱。

3）MJ-50 数控车床液压系统回路特点分析

（1）MJ-50 数控车床液压系统具有以下一些特点：

① 采用单向变量液压泵向系统供油，能量损失小。

② 用换向阀控制卡盘，实现高压和低压夹紧的转换，并且分别调节高压夹紧或低压夹紧压力的大小。这样可根据工作情况调节夹紧力，操作方便简单。

③ 用液压马达实现刀架的转位，可实现无级调速，并能控制刀架正、反转。

④ 用换向阀控制尾座套筒液压缸的换向，以实现套筒的伸出或缩回，并能调节尾座套筒伸出工作时的预紧力大小，以适应不同的需要。

⑤ 压力表 12，13，14 可分别显示系统相应的压力，以便于故障诊断和调试。

## 3. 典型液压系统故障诊断方法

众所周知，液压系统主要由 5 个大部分组成：动力元件、执行元件、辅助元件、控制元件和工作介质。每一个部分都是缺一不可，每一个元件中又由其他小部件组合造成了液压系统故障诊断的复杂性，各个部件又是相辅相成，缺一不可。

本文主要采用逻辑分析法对液压系统进行分析，有条不紊地找出液压系统中的病因，并采取相应的解决方案。并以换向阀和调速阀为实例进行了分析，在很多液压系统故障中，往往是很多阀出现问题，从而导致液压系统崩溃和喷油现象。通过本文的分析方法可以快速诊断出液压故障的原因，并且为以后的维护奠定基础。

1）直观检查法

直观检查法是液压系统故障诊断的一种最为简易、最为方便的方法。通常是用眼看、手摸、耳听、嗅闻等手段对零部件的外表进行检查，判断一些较为简单的故障，如破裂、漏油、松脱、变形等。直观检查法可在设备工作或不工作状态下进行。

（1）眼观。

视觉检查首先应在设备不工作状态下进行。用眼观察有无破裂、漏油、松脱、变形、动作缓慢或不均、爬行等现象。必要时可辅以其他手段和方法。例如：当有油液渗漏又不严重却难以准确确定位置时，不要盲目拆卸或更换，可用洁净的擦布把渗漏部位擦干，然后，仔细观察渗漏点。必要时，还可以在该部位喷洒白色粉末，以便更准确地找到渗漏点，有超声波泄漏检测仪的可用仪器检测漏点。当停机状态下不易观察到故障时，可以开机检查，进行故障复现，但开机检查要注意做好安全防护措施，防止由于故障复现引起的故障加重。

（2）手摸。

手摸可以用来感觉漏油部位的涌油情况，特别是用于一些眼睛不能直接观察到的地方更加合适。手摸还可以判断油管油路的通断，由于液压系统油压较高且具有一定的脉动性，当油管内（特别是胶管）有压力油通过时，用手握住，会有振动或类似摸脉搏的感觉，而无油液流过或压力较低时则没有这种现象。据此，可以初步判断油压的高低及油路的通断。另外，手摸这一方法还可用于判断带有机械传动部件的液压元件润滑情况是否良好，当润滑不良时，通常会出现元件壳体过热现象，用手感觉一下壳体温度的变化，便可初步判断内部元件的润滑情况（有热像仪的单位，可借助热像仪检测）。特别是对于机械操作手来说，经常做这项工作的话，会从温度的变化中找出一些有益的规律来。

（3）耳听。

耳听主要用于根据机械零部件损坏造成的异常响声判断故障点以及可能出现的故障形式、损坏程度，通常可以借助专用的专业听诊器来操作。液压故障不像机械故障那样响声明显，但有些故障还是可以通过耳听来判断的，如液压泵吸空、溢流阀开启、元件发卡等故障，都会发出不同的响声，如冲击声或水锤声等。当遇到金属元件破裂时，还可敲击可疑部位，倾听是否有嘶哑的破裂声。

（4）嗅闻。

嗅闻可以根据有些部件由于过热、摩擦润滑不良、气蚀等原因而发出的异味来判断故障点。比如有"焦化"油味，可能是液压泵或液压马达由于吸入空气而产生气蚀，气蚀后产生高温把周围的油液烤焦而出现的。此外，还要注意有无橡胶味及其他不正常的气味。

直观检查法虽然简单，却是较为可行的一种方法，特别是在施工工作现场，缺乏完备的仪器、工具的情况下更为有效。只要逐步积累经验，运用起来就会更加自如。因此，在简易条件下，更应多用这种方法。

2）操作调整检查法

操作调整检查法主要是在无负荷动作和有负荷动作两种条件下进行故障复现操作，而且最好由本机操作手实施，以便与平时的工作状况相比较，更快、更准地找出故障。检查时，首先应在无负荷条件下将与液压系统有关的各操作杆均操作一遍，将不正常的动作找出来，然后再实施有负荷动作检查。比如一台液压传动的履带推土机，空载行驶时一切正常，但一推土就跑偏，这样的故障不通过负荷动作就检查不出来。因此，在检查故障时，无负荷操作和有负荷操作都要进行，以便准确地查找故障，正确地分析故障原因。要注意进行故障复现操作与正常操作还是有区别的。正常工作时，要求动作轻柔、准确，一般不要过载工作。而在检查故障时，有时则要故意过载操作，使溢流阀开启或故障复现，从这些特殊状态中检查故障。

操作法检查故障时，有时要结合调整法进行。所谓调整，是指调整液压系统与故障可能相关的压力、流量、元件行程等可调部位，观察故障现象是否有变化、变化大还是小、变好还是变坏。如推土机跑偏问题，因其行驶动力源为一变量泵，调整液压泵排量并操作试验，看是否能纠正跑偏问题，如能解决，则是由于使用日久，出现偏差造成的，调整即可。否则，检查相应的泵、阀、马达等。

使用调整法时要注意变量的调整数量和幅度，一是每次调整的变量应仅有一个，以免其他变量的干扰使故障判断复杂化，如果调整后故障无变化，应复位，然后再进行另一个变量的调整；二是整个调整幅度要控制在一定的范围内，防止过大、过小而造成新的故障；三是调整后的操作要谨慎小心，在没有确定调整是否得当前，不要长时间使用同一动作。

3）对比替换检查法

这是一种在缺乏测试仪器时检查液压系统故障的一种有效方法，有时应结合替换法进行。一种情况是用两台型号、性能参数相同的机械进行对比试验，从中查找故障。试验过程中可对机械的可疑元件用新件或完好机械的元件进行代换，再开机试验，如性能变好，则故障即知；否则，可继续用同样的方法或其他方法检查其余部件。另一种情况是目前许多大中型机械的液压系统采用了双泵或多泵双回路系统，对这样的系统，采用对比替换法更为方便，而且，现在许多系统的连接采用了高压软管，为替换法的实施提供了更为方便的条件。遇到可疑元件，要更换另一回路的完好元件时，不需拆卸元件，只要更换相应的软管接头即可。

比如在检查一台双回路系统挖掘机时，有一回路工作无力而怀疑液压泵工作不良，拆下来用手试验进油口吸力，与另一回路的液压泵相比感觉差距较大认为可能是磨损严重造成的，由于一时无法修理，换新泵试验，但故障依旧，结果是既浪费，又无功。因为用人工去转动泵轴的速度是远达不到实际要求的，从而用进油口吸力大小判断泵的好坏也就根据不足。当时如果交换两回路的液压泵软管接头，一次就可排除其存在故障的可能性。

由于结构配置、元件储备、拆卸不便等原因，从操作上来说，用对比替换法检查故障是比较复杂的。但对于如平衡阀、溢流阀、单向阀之类体积小、易拆装的元件，采用此法是较方便的。

具体实施替换法的过程中，一定要注意连接正确，不要损坏周围的其他元件，这样才能有助于正确判断故障，而又能避免出现人为故障。在没有摘除具体故障所在的部位时，应避免盲目拆卸液压元件总成，否则会造成其性能降低，甚至出现新的故障。所以，在检查过程中，要充分用好对比替换法。

4）仪表测量检查法

仪表测量检查法是检测液压系统故障最为准确的方法，主要是通过对系统各部分液压油的压力、流量、油温的测量来判断故障点。其中压力测量应用较为普遍，而流量大小可通过执行元件动作的快慢做出粗略的判断（但元件内泄漏只能通过流量测量来判断）。液压系统压力测量一般是在整个液压系统中选择几个关键点来进行的，如在泵的出口、执行元件的入口、多回路系统中每个回路的入口、故障可疑元件的出入口等部位。将所测数据与液压系统原理图上标注的相应点的数据对照，可以判定所测点前后油路上的故障情况。在测量检查过程中，要灵活地运用液压传动的两个工作特性：力（或力矩）是靠液体压力来传递的；负载运动速度仅与流量有关而与压力无关，且两者之间具有独立刚性。

仪器测量法虽然可以测知相关点的准确数据，但也存在一个操作繁琐的问题。主要是液压系统所设的测压接头很少，要测某个点的压力或流量，一般都要制作相应的测压接头；另外，液压系统原理图上给出的数据也较少。所以，要想顺利地利用测量法进行故障检查，必须做好以下几方面工作：

一是对所测系统各关键点的压力值要有明确的了解，一般在液压系统图上会给出几个关键点的数据，对于没有标出的点，在测量前也要通过计算或分析得出其大概的数值；

二是要准备几个不同量程的压力表，以提高测量的准确性，量程过大测量精度不够，量程过小则会损坏压力表；

三是平时多准备几种常用的测压接头，主要考虑与系统中元件、油管接口连接的需要；

四是要注意有些执行元件回油压力的检查，由于回油压力油路堵塞等原因造成回油压力升高，以致执行元件入口与出口的压差减小而使元件工作无力的现象时有发生。

5）逻辑分析法

随着液压技术的不断发展，液压系统越来越复杂，越来越精密。在这种情况下，不加分析地在机械上乱拆乱卸，不但解决不了问题，反而会使故障更加复杂化。因此，当遇到一时难以找到原因的故障时，一定不要盲目拆修，应根据前面几种方法的初步检查结果，结合机械的液压系统图进行逻辑分析。进行逻辑分析时可通过构建故障树的方法分析其故障原因。因为液压系统是以液压油为媒介（工作介质）联系而成的一个有机整体，不是相互独立的元件，相互之间的动作是有联系、有其内在规律的，所以，逻辑分析法会随着液压技术的发展而得到更为广泛的应用。逻辑分析法有时还要结合具体部件的结构原理图进行。

例如：在修理一台混凝土拌和机液压系统时采用双泵双回路的行走系统有一侧履带无动作，在排除了管路堵塞、漏气等表面故障的可能性以后，采用对比替换检查法对两回路的泵、阀、马达均进行了交换，但不能解决问题，无意间打开液压油箱的固定上盖板后，发现两回路的液压泵进油口不在同一水平面上，机器发动后由于液压系统吸收了油箱内的部分液压油，使故障侧回路进油口露出油面，造成吸空而无动作，最后加满油故障排除。

对较为简单的液压系统，可以根据故障现象，按照动力元件、控制元件、执行元件的顺序在液压系统原理图上正向推理分析故障原因（结合用前面几种方法检查的结果进行）。

例如：在诊断某一挖掘机动臂工作无力故障时，从原理上分析，工作无力是由于油压下降或流量减小造成的；从液压系统图上看，造成压力下降或流量减小的可能因素有：油箱缺油、油箱吸油过滤器堵塞、油箱通气孔不畅通、液压泵内漏严重、操纵阀的主安全阀压力调节过低、操纵阀内漏严重、动臂液压缸过载阀调定压力过低、动臂液压缸内漏严重、回油路不畅。

考虑到这些因素后，再根据已有的检查结果，即可排除某些因素，将故障范围缩小，根据缩小后的范围再上机检查，然后对检查结果进行分析。

对于较为复杂的液压系统，通常可按控制油路和工作油路两大部分分别进行分析。每一部分的分析方法同上。特别是对于先导操纵式液压系统，由于控制油路较为复杂，出故障的可能性也较大，更应进行重点检查与分析。随着机电液一体化技术在液压设备上的广泛应用，对于这样的液压系统，在检查分析液压系统部分的故障前，一定要首先排除电控系统的故障，否则，会对液压系统故障的检查造成障碍。

# 练习题

## 一、判断题

1. 组合机床是由通用部件和部分专用部件组成的高效、专用、自动化程度较高的机床。
（　　）

2. 典型液压系统故障诊断时，在简易条件下，更应多用直观检查法。（　　）

3. 典型液压系统故障诊断方法中最常用的方法是仪表测量检查法。（　　）

4. 液压系统故障诊断使用操作调整检查法时，要注意变量的调整数量和幅度，每次调整的变量应仅有一个。（　　）

5. 液压系统故障诊断最为准确的方法是仪表测量检查法，主要是通过对系统各部分液压油的压力、流量、油温的测量来判断故障点。（　　）

## 二、选择题

1. MJ-50 数控车床液压系统，采用（　　　），向液压系统供油，能量损失小。（　　）。【单选题】

    A. 单向定量液压泵　　　　　B. 双向液压泵　　　　　C. 单向变量液压泵

2. 典型液压系统故障诊断方法中最为简易、最为方便的方法是（　　）。【单选题】

    A. 直观检查法　　　　　　　　　B. 操作调整检查法

    C. 对比替换检查法　　　　　　　D. 仪表测量检查法

3. （　　）是一种在缺乏测试仪器时检查液压系统故障的一种有效方法，有时应结合替换法进行。（　　）【单选题】

    A. 直观检查法　　B. 对比替换检查法　　C. 操作调整检查法　　D. 逻辑分析法

4. YT4543 型组合机床动力滑台液压传动系统，能够实现"快进→＿＿＿＿ → 二工进→＿＿＿＿→＿＿＿→＿＿＿＿"的半自动循环。（　　）【多选题】

    A. 一工进　　　　B. 死挡铁停留　　　　C. 快退　　　　　D. 原位停止

5. 液压系统主要由 5 个大部分组成，包括＿＿＿＿、＿＿＿＿、＿＿＿＿、＿＿＿＿和工作介质。（　　）【多选题】

    A. 动力元件　　　B. 执行元件　　　　C. 辅助元件　　　　D. 控制元件

## 三、简答题

1. 典型液压系统故障诊断方法有哪几种？

2. 典型液压系统故障诊断方法中，说一说你最喜欢哪一种？为什么？

# 任务二　重型起重机液压系统

重型起重机的液压系统是其关键组成部分之一，用于实现起重臂的伸缩、回转、变幅等动作，以及货物的升降和吊运操作。液压系统通常由液压泵、控制阀、液压油缸、液压马达、液压油箱、管路和密封件等组成。

通过对这些组件的合理设计和协同工作，重型起重机的液压系统能够高效、稳定地运行，实现重物的吊运和操作。同时，液压系统还具有过载保护、缓冲减振等功能，提高了起重机的安全性和可靠性。

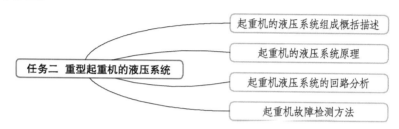

## 【学习目标】

### 知识目标：

（1）说出起重机的液压系统的组成及工作原理。
（2）会依据起重机液压系统的组成进行回路分析。

### 能力目标：

（1）具备利用起重机液压系统回路分析能力。
（2）具备在理解起重机液压系统基础上进行故障检测方法的能力。

### 素质目标：

（1）在学习讨论中，学生结合对于生活的认知正确理解起重机液压系统的基本组成及工作原理，将相关知识进行融合，使学生具备解决问题的能力。
（2）通过对重型起重机液压系统的分析，能对故障现象进行分析，并能够提出解决方案并依据解决方案排除故障的能力，做到知识体系举一反三、精益求精的工匠精神。

## 【任务描述】

重型起重机液压系统是汽车起重机的重要组成部分，其故障在汽车起重机全部故障中占有很大比例。汽车起重机液压系统维护保养的好坏，对预防和消除汽车起重机潜在问题和故障，保持其技术状态良好，提高运用效率及使用安全性，具有重要意义。通过本节课的学习，在理解工作原理的基础上，理解重型起重机液压泵的结构原理、工作特性。结合课本的相关内容，老师提出 2 个问题：汽车起重机的作用和特点是什么？汽车起动机的工作回路分析。

【获取信息】

汽车起重机在国民经济建设中的应用无处不在，而液压系统是汽车起重机的重要组成部分，维护好液压系统是提高汽车起重机使用效率，延长车辆使用寿命，提高经济效益的重要途径。液压系统的故障具有隐蔽性强、偶然性大、易受随机性因素影响等特点，一旦出现，不易排除，所以对液压系统的维护应贯彻预防为主，定期维护的原则。以某型号 80T 汽车起重机为例，该车液压系统承载了转向、升降、伸缩、俯仰等起重作业的主要功能，其系统结构复杂，使得该车液压系统的维护和检修工作量很大。

1. 起重机的液压系统组成概括描述

1）起重机液压系统概述

**头脑风暴：你见过汽车起重机都有哪些?**

汽车起重机（图 6-2-1）是装在普通汽车底盘或特制汽车底盘上的一种起重机，其行驶驾驶室与起重操纵室分开设置。这种起重机的优点是机动性好，转移迅速。缺点是工作时须支腿，不能负荷行驶，也不适合在松软或泥泞的场地上工作。

汽车起重机的底盘性能等同于同样整车总重的载重汽车，符合公路车辆的技术要求，因而可在各类公路上通行无阻。此种起重机一般备有上、下车两个操纵室，作业时必须伸出支腿保持稳定。起重量的范围很大，通常在 8～1 000 t 之间，底盘的车轴数较为多样，可从 2～10 根，是产量最大，使用最广泛的起重机类型。

图 6-2-1 汽车起重机

2）汽车起重机液压系统的主要组成部分

（1）液压泵：将机械能转化为液压能，为系统提供动力。

（2）控制阀：用于控制液压油的流动方向、压力和流量，实现各种动作的切换和调节。

（3）液压油缸：将液压能转化为机械能，通过伸缩实现起重臂和货物的升降运动。

（4）液压马达：将液压能转化为机械能，驱动起重臂的回转和变幅动作。

（5）液压油箱：储存液压油，同时起到散热和沉淀杂质的作用。

（6）管路和密封件：连接各个部件，确保液压油的正常流动，并防止泄漏。

2. 起重机的液压系统原理（图 6-2-2）

头脑风暴：根据基本组成找出系统重各组成部分？

_____

_____

液压传动是利用有压力的油液作为传递动力的工作介质，而且传动中必须经过两次能量转换。由此可见，液压传动是一个不同能量的转换过程。起重机液压传动系统包括支腿收放、转台回转、吊臂伸缩、吊臂变幅和吊重起升五个部分。

3. 起重机液压系统的回路分析

汽车起重机液压系统一般由起升、变幅、伸缩、回转、控制 5 个主回路组成。

1）支腿收放（图 6-2-3）

当三位四通手动换向阀 14 左位工作时，后支腿放下。

进油路：液压泵 4→三位四通手动换向阀 13 中位→三位四通手动换向阀 14 左位→液锁阀 16 和 17→后支腿液压缸 15 和 18 的上腔。

回油路：后支腿液压缸 15 和 18 的下腔→液锁阀 16 和 17→三位四通手动换向阀 14 左位→三位四通手动换向阀 21、23、27、31 中位→油箱。

2）转台回转（图 6-2-4）

进油路：液压泵 4→三位四通手动换向阀 13、14 中位→三位四通手动换向阀 21 左（右）位→回转液压马达 22 左（右）油口。

回油路：回转液压马达 22 右（左）油口→三位四通手动换向阀 21 左（右）位→三位四通手动换向阀 23、27、31 中位→油箱。

3）吊臂伸缩（图 6-2-5）

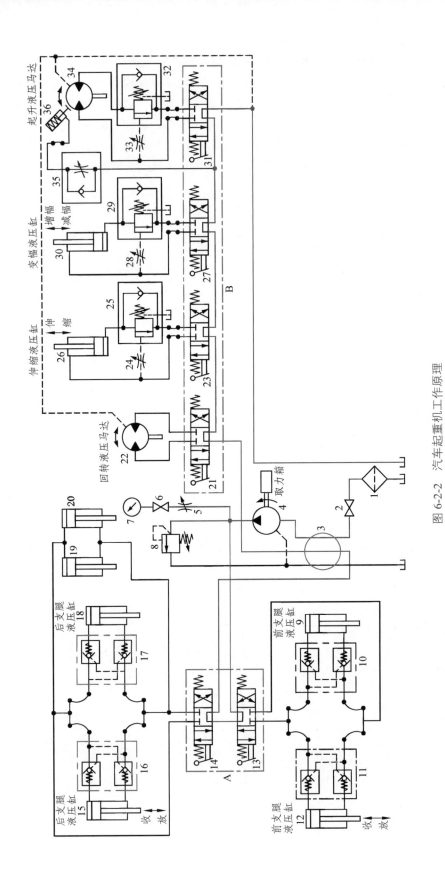

图 6-2-2　汽车起重机工作原理

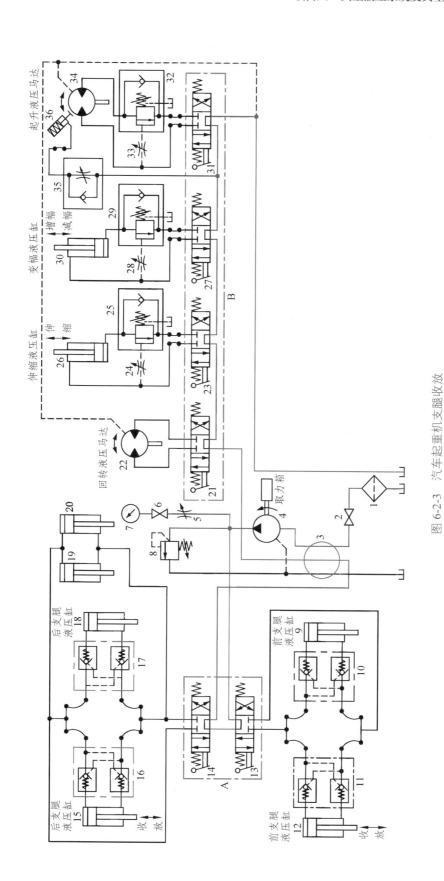

图 6-2-3　汽车起重机支腿收放

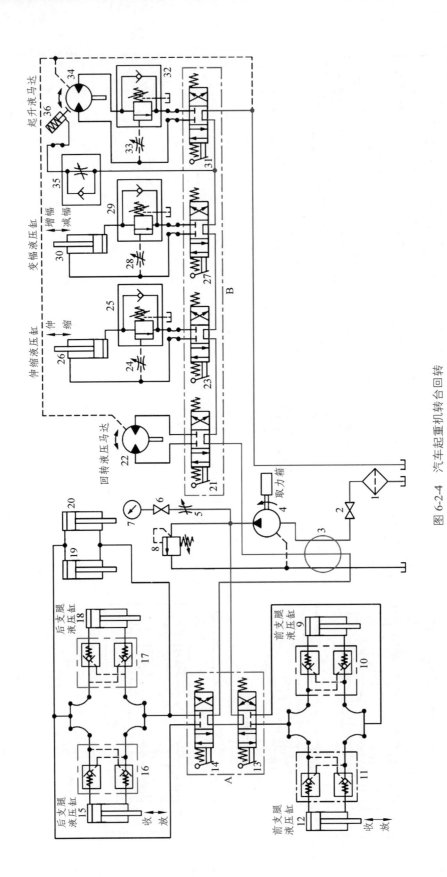

图 6-2-4　汽车起重机转合回转

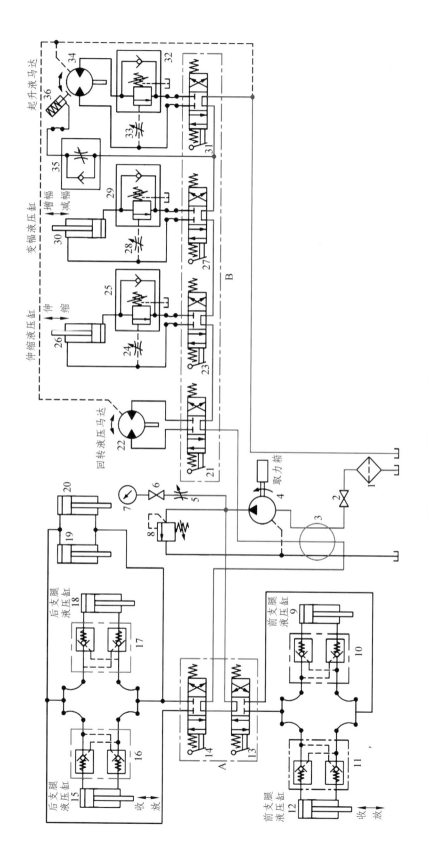

图 6-2-4 汽车起重机吊臂伸缩

进油路：液压泵 4→三位四通手动换向阀 13、14、21 中位→三位四通手动换向阀 23 右位→外控单向顺序阀 25 的单向阀→伸缩液压缸 26 下腔。

回油路：伸缩液压缸 26 上腔→三位四通手动换向阀 23 右位→三位四通手动换向阀 27、31 中位→油箱。

4）吊臂变幅

吊臂增幅进油路：液压泵 4→三位四通手动换向阀 13、14、21、23 中位→三位四通手动换向阀 27 右位→外控单向顺序阀 29 的单向阀→变幅液压缸 30 下腔。

吊臂增幅回油路：变幅液压缸 30 上腔→三位四通手动换向阀 27 右位→三位四通手动换向阀 31 中位→油箱。

5）重物提升和下降

马达正转（逆时针旋转），重物升起。进油路：液压泵 4→三位四通手动换向阀 13、14、21、23、27 中位→三位四通手动换向阀 31 右位→外控单向顺序阀 32 的单向阀→起升液压马达 34 右油口。

回油路：起升液压马达 34 左油口→三位四通手动换向阀 31 右位→油箱。

**头脑风暴：**液压操作过程是否有顺序性？

_____

_____

4. 起重机故障检测方法

液压传动是以液压油为工作介质进行能量转换和动力传递的，它具有传送能量大、布局容易、结构紧凑、换向方便、转动平稳均匀、容易完成复杂动作等优点，因而广泛应用于工程机械领域。但是，液压传动的故障往往不容易从外部表面现象和声响特征中准确

液压油的性质与选用

地判断出故障发生的部位和原因，而准确迅速地查出故障发生的部位和原因并及时排除在工程机械的使用、管理和维修中是十分重要的。

1）液压系统的主要故障

在相对运动的液压元件表面、液压油密封件、管路接头处以及控制元件部分，往往容易出现泄漏、油温过高、出现噪声以及电液结合部分执行动作失灵等现象。具体表现：一是管子、管接头处及密封面处的泄漏，它不仅增加了液压油的耗油量，脏污机器的表面，而且影响执行元件的正常工作。二是执行动作迟缓和无力，表现为推土机铲刀提升缓慢、切土困难，挖掘机挖掘无力、油马达转不起来或转速过低等。三是液压系统产生振动和噪声。四是其他元件出现异常。

2）故障的检查

（1）直接检查法：凭借维修人员的感觉、经验和简单工具，定性分析判断故障产生的原因，并提出解决的办法。

（2）仪器仪表检测法：在直接观察的基础上，根据发生故障的特征和经验，采取各种检

查仪器仪表，对液压系统的流量、压力、油温及液压元件转速直通式检测，对振动噪声和磨损微粒进行量的分析。

（3）元件置换法：以备用元件逐一换下可能发生故障的元件，观察液压系统的故障是否消除，继而找出发生故障的部位和原因，予以排除。在施工现场，体积较大、不易拆装且储备件较少的元件，不宜采用这种方法。但对于如平衡阀、溢流阀及单向阀之类的体积小，易拆装的元件，采用置换法是比较方便的。

（4）定期按时监控和诊断：根据各种机械型号、检查内容和时间的规定，按出厂要求的时间和部位，通过专业检测、监控和诊断来检测元器件技术状况，及时发现可能出现的异常隐患，这是使液压系统的故障消灭在发生之前的一种科学技术手段。当然，执行定期检测法，首先要培养一些专业技术检测人员，使他们既精通工程机械液压元件的构造和原理，又掌握和钻研检测液压传动系统的各种诊断技术，在不断积累靠人的直感判断故障经验的同时，逐步发展不解体诊断技术，来完成技术数据采集，辅以电脑来分析判断故障的原因及排除方法。

# 练习题

## 一、判断题

1. 汽车起重机的优点是机动性好，转移迅速。 （　　）
2. 汽车起重机液压泵是将机械能转化为液压能，为系统提供动力。 （　　）
3. 起重机液压传动系统包括支腿收放、转台回转、吊臂伸缩、吊臂变幅和吊重起升 5 个部分。 （　　）
4. 液压传动是以液压油为工作介质进行能量转换和动力传递的，它具有传送能量大、布局容易、结构紧凑、换向方便、转动平稳均匀、容易完成复杂动作等优点。 （　　）
5. 元件置换法：以备用元件逐一换下可能发生故障的元件，观察液压系统的故障是否消除，继而找出发生故障的部位和原因，予以排除。 （　　）

## 二、选择题

1. 汽车起重机液压系统由以下（　　）主要部分组成。【多选题】
   A. 液压泵　　　　　　B. 控制阀　　　　　　C. 液压油缸　　　　　　D. 液压马达
2. 起重机液压传动系统包括（　　）5 个部分。【多选题】
   A. 支腿收放和转台回转　　　　B. 吊臂伸缩和吊臂变幅　　　　C. 吊重起升
3. 汽车起重机液压系统一般由（　　）5 个主回路组成。【多选题】
   A. 起升和变幅　　　　B. 伸缩和回转　　　　C. 控制
4. 液压系统的主要故障（　　）。【多选题】
   A. 液压元件表面　　　　　　B. 液压油密封件
   C. 管路接头处　　　　　　　D. 控制元件
5. 故障的检查有（　　）。【多选题】
   A. 直接检查法　　　　　　B. 仪器仪表检测法
   C. 元件置换法　　　　　　D. 定期按时监控和诊断

## 三、简答题

1. 简述汽车起重机液压系统基本组成及作用。
2. 试分析起重机液压系统的转台回转回路。

【技能训练】

### 重型起重机典型故障排除

#### 一、工作情景描述

汽车起重机在我国当前的建筑行业中属于重要的一种生产装置，在起重机的施工作业现场不仅需要进行高空操作，具有一定的危险性，而且工作环境较为复杂，不利于对起重机进行养护与检修。这样容易造成在实际使用汽车起重机时出现故障，若不能及时找出故障原因并进行排除，则会引发一些安全事故。为了保证汽车起重机在应用时的安全性，掌握排除故障的方法极为重要。因此，对汽车起重机液压系统故障原因及故障排除法展开分析。

#### 二、学习目标

（1）观察重型起重机的作用，进一步理解重型起重机的结构组成及工作原理；
（2）借助原理掌握对于重型起重机的故障诊断方法；

#### 三、实验设备及工具

组合工具、压力表、万用表等

#### 四、工作流程

### 学习活动一 明确接受工作任务

表 6-2-1 任务联系单

| 安装任务 | 重型起重机典型故障排除 |
|---|---|
| 组名 | |
| 建议用时 | 90 min |
| 所用部件 | 汽车重型起重机 |
| 考核要求 | 主要对重型起重机的结构认知及工作原理分析，明确诊断步骤并规范操作 |
| 技术要求 | 根据要求，完成对重型起重机的诊断与排除。要求：<br>（1）正确的选择和使用工具，按照规范要求完成故障检测。<br>（2）依据诊断结果，对故障进行排除，规范装配 |

### （一）汽车起重机的结构及工作原理

引导问题 1　什么是汽车起重机？

_____

_____

引导问题 2　起重机的基本组成是什么？

_____

_____

引导问题 3　起重机的工作原理是什么？

_____

_____

### （二）知识链接

1. 汽车起重机的概述

汽车起重机是将起重机构部分安装在普通汽车或特制汽车底盘上的一种起重机，其驾驶室与起重操纵室分并设置。汽车起重机在工程实际应用中具有非常突出的优点，如机动性能好、适用性强、能在野外作业、操作简便灵活、转移迅速等，但在起重作业时必须依靠支腿确保稳定性，汽车在行驶过程中不能负荷，在一些松软或泥泞的场地上无法实施作业。

根据汽车起重机的起升重量，可将其分为轻型（15 t 以下）、中型（15～25 t）、重型（25～50 t）、超重型起重机（50 t 以上）。汽车起重机传动装置的动力源有机械传动、电力传动、液压传动三类。汽车起重机吊臂的结构形式有折叠式吊臂、伸缩式吊臂和桁架式吊臂三类。衡量汽车起重机的主要技术性能指标有：最大起重量、整机质量、吊臂全伸长度、吊臂全缩长度、最大起升高度、最小工作半径、起升速度、最大行驶速度等。

2. 起重机的基本组成

汽车起重机液压系统一般由起升、变幅、伸缩、回转、支腿和控制等 6 个主回路组成。

3. 工作原理

基本工作原理：液压传动是利用有压力的油液作为传递动力的工作介质，而且传动中必须经过两次能量转换。由此可见，液压传动是一个不同能量的转换过程。

1）起升回路

起升回路起到使重物升降的作用。

起升回路主要由液压泵、换向阀、平衡阀、液压离合器和液压马达组成。起升回路是起重机液压系统的主要回路，对于大、中型汽车起重机一般都设置主、副卷扬起升系统。它们的工作方式有单独吊重、合流吊重以及单独共同吊重三种方式。其中，在吊运大吨位重物且对速度要求不太高时，采用主卷扬吊的方式；吊运小吨位重物且速度要求不高时，则采用副卷扬吊的方式；吊运大吨位重物并且要求较高速度时，运用主、副卷扬泵合流吊的方式；吊运较长物体时，采取单独共同吊重方式。

2）回转回路

回转回路起到使吊臂回转，实现重物水平移动的作用。

回转回路主要由液压泵、换向阀、平衡阀、液压离合器和液压马达组成，由于回转力比较小，所以其结构没有起升回路复杂。

回转机构使重物水平移动的范围有限，但所需功率小，所以一般汽车起重机都设计成全回转式的，即可在左右方向任意进行回转。

3）变幅回路

绝大部分工程起重机为了满足重物装、卸工作位置的要求，充分利用其起吊能力（幅度减小能提高起重量），需要经常改变幅度。变幅回路则是实现改变幅度的液压工作回路，可以扩大起重机的工作范围，提高起重机的生产率。

变幅回路主要由液压泵、换向阀、平衡阀和变幅液压缸组成。

工程起重机变幅按其工作性质可分为非工作性变幅和工作性变幅两种。非工作性变幅指只是在空载条件下改变幅度。它在空载时改变幅度，以调整取物装置的位置，而在重物装卸移动过程中，幅度不改变。这种变幅次数一般较少，而且采用较低的变幅速度，以减少变幅机构的驱动功率，这种变幅的变幅机构要求简单。工作性变幅能在带载的条件下改变幅度。为了提高起重机的生产率和更好地满足装卸工作的需要，常常要求在吊装重物时改变起重机的幅度，这种类型的变幅次数频繁，一般采用较高的变幅速度以提高生产率。工作性变幅驱动功率较大，而且要求安装限速和防止超载的安全装置。与非工作性变幅相比，这种变幅要求的变幅机构较复杂，自重也较大，但工作机动性却大为改善。汽车起重机由于使用了支腿，除了吊非常轻的重物之外，必须带载变幅。

4）伸缩回路

伸缩回路可以改变吊臂的长度，从而改变起重机吊重的高度。

伸缩回路主要由液压泵、换向阀、液压缸和平衡阀组成，根据伸缩高度和方式不同其液压缸的节数结构也就大不相同。

汽车起重机的伸缩方式主要有同步伸缩和非同步伸缩两种，同步伸缩就是各节液压缸相对于基本臂同时伸出，采用这种伸缩方式不仅可以提高臂的伸出效率，而且可以使臂的结构大大简化，提高起重机的吊重。伸缩回路只能在起重机吊重之前伸出。

5）支腿回路

支腿回路是用来驱动支腿，支撑整台起重机的。

支腿回路主要由液压泵、水平液压缸、垂直液压缸和换向阀组成。

汽车起重机设置支腿可以大大提高起重机的起重能力。为了使起重机在吊重过程中安全可靠，支腿要求坚固可靠，伸缩方便。在行驶时收回，工作时外伸撑地。还可以根据地面情况对各支腿进行单独调节。

## 学习活动二 制定工作实施方案

**头脑风暴：** 液压系统如何给蓄能器供应压力油的？并维持蓄能器压力的？

_____

_____

### （一）人员分工

1. 小组负责人：_____

2. 小组成员及分工（表6-2-2）

表6-2-2 小组成员及分工

| 姓名 | 分工 |
|------|------|
|      |      |
|      |      |
|      |      |
|      |      |
|      |      |
|      |      |
|      |      |

### （二）工具材料清单（表6-2-3）

表6-2-3 工具材料清单

| 序号 | 工具或材料名称 | 数量 | 备注 |
|------|---------------|------|------|
| 1 | 世达组合工具 | 4 | |
| 2 | 压力表 | 4 | |
| 4 | 万用表 | 4 | |
| 5 | 螺丝刀 | 4 | |
| 6 | 卡簧钳 | 4 | |
| 7 | 铜棒 | 4 | |
| 8 | 棉纱 | 若干 | |
| 9 | 煤油 | 若干 | |

### （三）工作内容安排（表 6-2-4）

表 6-2-4　工作内容安排

| 序号 | 工作内容 | 完成时间 | 备注 |
|---|---|---|---|
|  |  |  |  |
|  |  |  |  |
|  |  |  |  |
|  |  |  |  |
|  |  |  |  |
|  |  |  |  |
|  |  |  |  |
|  |  |  |  |
|  |  |  |  |
|  |  |  |  |

## 学习活动三　现场实施工作任务

**头脑风暴：** 任务实施中安全操作都注意哪些问题?

_____

_____

### （一）操作步骤及注意事项

#### 1. 安全检查

在使用液压起重机之前，必须进行全面的安全检查，确保设备处于良好的工作状态。检查事项包括但不限于以下内容：

（1）液压系统的泄漏和压力是否正常；

（2）电气系统的接线是否良好；

（3）各部件的磨损情况和连接是否牢固。

#### 2. 启动和关闭

启动：按下启动按钮或旋转启动开关，确保设备正常启动并处于待机状态。

关闭：将起重机所有开关归零，确保设备完全关闭。

### 3. 操纵方法

上升和下降：通过控制台或操纵杆上的升降按钮/杆控制起重机的液压缸上升和下降。
前进和后退：通过控制台或操纵杆上的前进/后退按钮/杆控制起重机的移动方向。
旋转：通过控制台或操纵杆上的旋转按钮/杆控制起重机的旋转方向。

### 4. 注意事项

严禁超载：在使用液压起重机时，必须确保所举物体的重量不超过起重机的额定载重量，以防设备受损或发生意外事故。
平稳操作：起重机的操作应平缓流畅，避免突然启停和急转弯，以防止物体摇晃或失控。
保持稳定：在起重作业过程中，必须确保起重机的稳定性，可以利用支腿或固定装置来增加设备的稳定性。
定期维护：按照维护手册的规定，定期对液压起重机进行检修和保养，以确保设备的正常运行和延长使用寿命。

## 学习活动四　学习评价与总结

表 6-2-5　学习情况评价表

| 姓名 | | 班级 | | 专业 | |
|---|---|---|---|---|---|
| 学习内容 | | | 指导教师 | | |
| 评价类别 | 评价标准 | 评价内容 | | 配分 | 评价 |
| 过程评价 | 培训过程 | 能认真听讲，做好笔记 | | 5 | |
| | 培训考核 | 参加考核，取得合格成绩 | | 10 | |
| | 制度遵守 | 无迟到早退现象，有 1 次扣 1 分 | | 5 | |
| | | 能坚守本职岗位，无流岗、串岗，遵守厂纪厂规，每违规 1 次扣 1 分 | | 5 | |
| | 工作质量 | 完成产品质量较高，工作中无明显失误 | | 20 | |
| | 文明安全 | 严格遵守安全操作规程，无事故发生 | | 10 | |
| | 技能水平 | 是否具备基本的技能操作能力 | | 10 | |
| | 创新意识 | 对于工作岗位有创新建议提出 | | 5 | |
| | 主动程度 | 工作能积极主动 | | 10 | |
| | 团队协作 | 能和同事团结协作，不计个人得失，服从安排 | | 10 | |
| | 学习能力 | 能主动请教学习 | | 10 | |
| 过程评价（折算成总成绩 35%） | | | | 100 | |
| 结果评价（折算成总成绩 25%） | | 实习报告考核（折算成总成绩 10%） | | 100 | |
| 总计 | | | | 100 | |
| 指导教师签名 | | | | | |

# 项目七　气压传动基础认知

气压传动基础认知主要包括两个学习任务：气压传动认知、气压传动基础知识。

## 任务一　气压传动技术认知

随着机电一体化技术的飞速发展，特别是气动技术、液压技术、传感器技术、PLC技术、网络及通信技术等科学的互相渗透而形成的机电一体化技术被各种领域广泛应用后，气动技术已成为当今工业科技的重要组成部分。本任务主要从气压传动技术的概念、气压传动技术的发展与应用和气压传动技术的特点三方面认知气压传动技术。

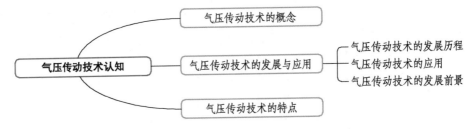

【学习目标】

知识目标：

（1）说出气压传动技术的概念。
（2）说出气压传动技术的特点。

能力目标：

（1）具备总结气动技术发展历程的能力。
（2）具备分析气动系统特点的能力。

素质目标：

（1）在学习过程中，通过团队协作探究气动技术特点，使学生具备分析问题和解决问题的能力；
（2）通过探究气动系统定义和发展等知识，使学生具备严格谨慎、务真求实的学习精神。

## 【任务描述】

某学校智能制造专业学生前面学习过液压传动，本学期开始学习气压传动。课程开始，教师提出 2 个问题：什么是气压传动技术？气压传动技术对环境有污染吗？

若你是本专业的学生，请通过学习气压传动技术的认知，解答教师问题。

## 【获取信息】

气动技术在机械、电子、汽车、橡胶、纺织、轻工、食品、包装、印刷等各个制造行业，尤其在各种自动化生产装备和生产线中得到了非常广泛的应用，如工业机器人车间。目前，气动技术是当今应用最广，发展最快，也最易被接受和最受重视的技术之一。

### 1. 气压传动技术的概念

气压传动技术，是气压传动与控制技术的简称，是由风动技术和液压技术演变发展而来。气压传动技术是以空气压缩机为动力源，以压缩空气为工作介质，进行能量传递或信息传递及控制的技术，也是实现生产过程自动化和机械化的一门技术。气压传动简称为气动，气压传动技术简称为气动技术。

### 2. 气压传动技术的发展与应用

1）气压传动技术的发展历程

气压传动技术是一门正在蓬勃发展着的新技术，它包含气压传动和气动控制两方面的内容。气压传动技术发展较快，气压传动技术的发展经历了几个主要的历史发展阶段：

20 世纪 50 年代初，气压传动技术大多数元件从液压元件改造或演变过来，体积很大。

20 世纪 60 年代，开始构成工业控制系统，应用成体系，不再与风动技术相提并论。

20 世纪 70 年代，由于与电子技术的结合应用，气压传动技术在自动化领域得到广泛推广。

20 世纪 80 年代，则是气压传动技术集成化、微型化的时代。

20 世纪 90 年代末至本世纪初，气压传动技术突破了传统的死区，经历着飞跃性的发展，重复精度达 0.01 mm 的模块化气动机械手，5 mm/s 低速平稳运行及 5 ~ 10 m/s 高速运动的不同气缸相继问世。

21 世纪 10 年代，在与计算机、电气、传感、通信等技术相结合的基础上产生了智能气动这一概念，气动伺服定位技术可使气缸在低速运动 3 mm/s 情况下实现任意点自动定位，智能阀岛技术十分理想地解决了整个自动化生产线的分散与集中控制问题呈现着微型化、集成化、模块化、智能化的发展趋势。

近年来，随着微电子和计算机技术的引入，新材料、新技术、新工艺的开发和应用，气动元器件和气动控制技术迎来了新的发展空间，正向微型化、多功能化、集成化、网络化和智能化的方向发展，如图 7-1-1 所示。

---

**头脑风暴**：气动技术与液压传动区别是什么？

---

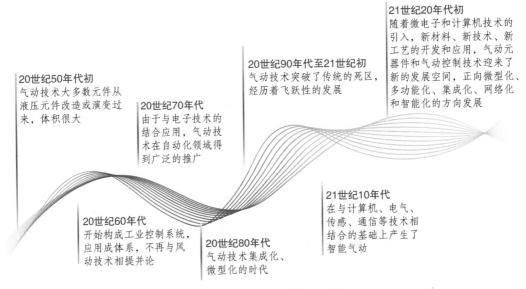

**20世纪50年代初**
气动技术大多数元件从液压元件改造或演变过来，体积很大

**20世纪70年代**
由于与电子技术的结合应用，气动技术在自动化领域得到广泛的推广

**20世纪90年代至21世纪初**
气动技术突破了传统的死区，经历着飞跃性的发展

**21世纪20年代初**
随着微电子和计算机技术的引入，新材料、新技术、新工艺的开发和应用，气动元器件和气动控制技术迎来了新的发展空间，正向微型化、多功能化、集成化、网络化和智能化的方向发展

**20世纪60年代**
开始构成工业控制系统，应用成体系，不再与风动技术相提并论

**20世纪80年代**
气动技术集成化、微型化的时代

**21世纪10年代**
在与计算机、电气、传感、通信等技术相结合的基础上产生了智能气动

图 7-1-1　气压传动技术发展历程

从当前市场上的各类气动产品来看，气动元器件的发展主要体现在向小型化和高性能化发展经过多年来的努力，内资企业产品水平多数达到 20 世纪 90 年代国外企业产品水平，少数主导产品已达到当代国外企业产品水平。气动元件的性能也在飞速地提高，质量、精度、体积、可靠性等方面均在向用户需求的目标靠拢，主要体现了其小型化、低功耗、高速化、高精度、高输出力、高可靠性和高寿命的发展趋势。

　2）气压传动技术的应用

伴随着微电子技术、通信技术和自动化控制技术的迅猛发展，气压传动技术也不断创新，以工程实际应用为目标，得到了前所未有的发展，另一方面，气压传动技术作为廉价的自动化技术，由于其元器件性能的不断提高，生产成本的不断降低，被广泛应用于现代工业生产领域，在现代化的成套设备与自动化生产线上，几乎都配有气动系统。在国内气压传动技术被广泛应用于机械、电子、轻工、纺织、食品、医药、包装、冶金、石化、航空、交通运输等各个产业。气动机械手、组合机床、加工中心、生产自动线、自动检测和实验装置等已大量涌现，它们在提高生产效率、自动化程度、产品质量、工作可靠性和实现特殊工艺等方面显示出极大的优越性。

据统计：在工业发达国家中，全部自动化流程中约有 30%装有气动系统，有 90%的包装机械，70%的铸造、焊接设备，50%的自动操作机，40%的锻压设备和洗衣设备，30%的采煤机械，20%的纺织机械、制鞋业、木材加工、食品机械，43%的工业机器人装有气压系统。日、美、德等国的气动元件销售平均每年增长超过 10% ~ 15%，许多工业发达国家的气动元件产值已接近液压元件的产值，且仍以较大速度发展。

气动机械手是气压传动技术应用的成功典范，它是将气压传动技术和控制技术应用于一体，从而达到实现一定功能的目的，与其他控制方式的机械手相比，具有价格低廉、结构简单、功率体积比高、无污染及抗干扰性强等特点，表 7-1-1 给出了各种控制方式的比较。

表 7-1-1　各种传动方式比较

| 项目 | 气压传动 | 液压传动 | 电机传动 | 机械传动 |
|---|---|---|---|---|
| 系统结构 | 简单 | 复杂 | 复杂 | 较复杂 |
| 安装自由度 | 大 | 大 | 中 | 小 |
| 输出力 | 稍大 | 大 | 小 | 不太大 |
| 定位精度 | 一般 | 一般 | 很高 | 高 |
| 动作精度 | 大 | 稍大 | 大 | 小 |
| 响应精度 | 慢 | 大 | 大 | 中 |
| 清洁度 | 清洁 | 可能污染 | 清洁 | 较清洁 |
| 维护 | 简单 | 比气动复杂 | 需要专门技术 | 简单 |
| 价格 | 一般 | 稍高 | 高 | 一般 |
| 技术要求 | 较低 | 较高 | 最高 | 较低 |
| 控制自由度 | 大 | 大 | 中 | 小 |
| 危险性 | 几乎无问题 | 注意着火 | 一般无问题 | 无特殊问题 |

气动定位系统是气压传动技术的典型应用，已经由传统的两点可靠定位，发展到任意位置定位传统的气动系统只能在两个机械调定位置可靠定位，并且其运动速度只能靠单向节流阀单一调定的状态，经常无法满足许多设备的自动控制要求，因而电—气比例和伺服控制系统，特别是定位系统得到了越来越广泛的应用，因为采用电—气伺服定位系统可非常方便地实现多点无级定位（柔性定位）和无级调速，此外利用伺服定位气缸的运动速度连续可调性以代替传统的节流阀和气缸端部缓冲方式，可以达到最佳的速度和缓冲效果，大幅度降低气缸的动作时间，缩短工序节拍，提高生产率。

随着气动伺服技术的发展，使气缸在行程内任意位置上的定位成为可能，日本 SMC 公司和德国 FESTO 公司等都开发出了可在任意位置定位的气缸，其定位精度可以达到 ± 0.5 mm 以内，气动伺服系统的出现，使气动机械手实现了在任意位置的定位，大大扩展了其在工业自动化领域的应用范围。现代气动机械手已经拓展成系列化、标准化的产品，人们根据应用工况的要求，选择相应功能和参数的模块，像积木一样随意地组合，这是一种先进的设计思想，代表气压传动技术今后的发展方向，也将始终贯穿着气动机械手的发展及实用性。

目前，气压传动技术应用的最典型的代表是工业机器人。它代替人类的手腕、手以及手指能正确并迅速地做抓取或放开等细微的动作。除了工业生产上的应用之外，在游乐场的过山车上的刹车装置，机械制作的动物表演以及人形报时钟的内部，均采用了气压传动技术，实现细小的动作。

我国的气压传动技术起步较晚且应用还很不广泛，有待进一步的大力发展，从1967年上海建立第一家气动元件厂开始，经过50多年的发展，已形成了一个独立的行业。然而无论从产品规模、种类、质量、销售额、应用范围，还是从研究水平，研究人员的数量上来看，我国与国际先进水平相差甚远，而且，气压传动技术的应用远远低于国际先进水平。如在国外工业发达国家，气动行业产值为机械工业产值的1%~2%，而我国目前只有0.1%~0.3%。我国气压传动技术应用水平也远远低于国际先进水平，控制技术仍局限于普通的限位开关控制气动伺服技术，尤其是电一气比例/伺服技术的高精度、高响应用甚少。因此，气压传动技术在工业上推广应用，对加快我国工业自动化发展速度，提高我国工业产品在国际市场的竞争能力，意义巨大。

3）气压传动技术的发展前景

气压传动技术因具有节能、无污染、高效、低成本、安全可靠、结构简单、环保等优点，因此越来越广泛地应用在汽车制造、食品工业、制药工业、电子制造、航空航天和塑料等行业中，随着生产自动化程度的不断提高，气压传动技术应用面迅速扩大，气动产品的品种规格越来越多、性能、质量不断提高，市场销售产值稳步增长。气动产品的发展趋势主要在下述方面。

（1）小型化与集成化。

有限的空间要求气动元件的外形尺寸尽量小，小型化是主要发展趋势。气阀的集成化不仅仅是将几只阀合装，还包含了传感器、可编程序控制器等功能集成化的目的不单是节省空间，还有利于安装、维修和工作的可靠性。

（2）组合化与智能化。

最简单的元件组合是带阀、带开关的气缸。在物料搬运中，已广泛使用了气缸、摆动气缸、气动夹头和真空吸盘的组合体；还有一种移动小件物品的组合体，是将带导向器的两只气缸分别按X轴和Y轴组合而成，并配有电磁阀、程序控制器。其结构紧凑，占用空间小，行程可调。

（3）精密化。

为了使气缸的定位更精确，使用传感器、比例阀等实现反馈控制，定位精度可达0.01 mm；在气缸精密化方面。开发了0.3 mm/s低速气缸和0.01N微小载荷气缸。在气源处理中，过滤精度为0.01 mm。过滤效率为99.9999%的过滤器和灵敏度为0.001MP的减压阀已开发出来。

（4）高速化。

为了提高生产率，自动化的节拍正在加快，高速化是必然趋势，且前气缸活塞的运动速度范围为50~750 mm/s。高速气缸的活塞运动速度可达到5 m/s，最高达10 m/s。

（5）无油、无味和无菌化。

人类对环境的要求越来越高，因此无油润滑的气动元件将普及。有些特殊行业，如食品、饮料、制药、电子等。对空气的要求更为严格，除无油要求外，还要求无味、无菌等。满足这类特殊要求的过滤器将被不断开发。

（6）长寿命、高可靠性和自诊断功能。

为了提高质量，真空压铸、氢氧爆炸去毛刺等新技术正在气动元件制造中逐步推广，国外正在研究使用传感器实现气动元件及系统具有故障预报和自诊断功能。在提高元件可靠性的同时，又要保证元件的使用寿命。

（7）节能与低功耗。

节能是世界发展永久的课题，气动元件的低功耗不仅可以节能，更主要的是能与微电子技术相结合。

（8）机电一体化。

为了精确达到预先设定的控制目标，应采用闭环反馈控制方式。气体电信号之间的转换，成为实现闭环控制的关键，气动比例控制阀可成为这种转换的接口。

（9）新技术、新工艺和新材料。

气压传动技术的发展离不开其他相关技术的发展，在气压传动技术发展中，压铸新技术和去毛刺新工艺已在国内逐步推广应用。新型软磁材料、透析滤膜等正在被应用，超精加工、纳米技术也将被移植。总之，随着相关技术领域的发展，气压传动技术也得到了飞速发展，应用领域也越来越广泛。

### 3. 气压传动技术特点

用气压传动技术来实现生产过程的自动化，是工业自动化的一种主要技术手段，是一种低成本的自动化技术，到目前为止，气压传动技术备受工业界的欢迎，其发展呈现急剧上升的趋势。近年来，气压传动技术与微电子技术相结合，更使气压传动技术呈现出新的生机，获得越来越广泛的应用。

1）气压传动技术优点

气压传动技术是靠气动系统实现的，气压传动技术之所以能得到如此迅速发展和广泛应用，是由于它们有许多突出的优点：

（1）气动系统执行元件的速度、转矩、功率均可作无级调节，且调节简单、方便。

（2）气动系统容易实现自动化的工作循环。气动系统中，气体的压力、流量和方向控制容易与电气控制相配合，可以方便地实现复杂的自动工作过程的控制和远程控制。

（3）气动系统过载时不会发生危险，安全性高。

（4）气动元件可靠性高、寿命长、电气元件可运行百万次，而气动元件可运行 2 000～4 000 万次，且易于实现系列化、标准化和通用化，便于设计、制造。

（5）气压传动工作介质是空气，用之不尽，取之不竭，可节约能源，用后可将其随时排入大气中，不会污染环境。

（6）空气的黏度很小（约为液压油的万分之一），所以流动阻力小，在管道中流动的压力损失较小，因此便于集中供应和远距离输送。

（7）压缩空气没有爆炸和着火的危险，因此不需要昂贵的防爆设施。压缩空气由管道输送容易，而且由于空气黏性小在输送时压力损失小可进行远离输送。

（8）气动系统工作环境适应性好，特别是在易燃、易爆、多尘埃、强磁、辐射、振动等恶劣环境中，比液压、电子、电气传动和控制优越。

（9）相对液压传动而言，气动动作迅速、反应快，一般只需 0.02～0.3 s 就可以达到工作压力和速度，液压油在管路中流动速度一般为 1～5 m/s，而气动的流速往往大于 10 m/s，甚至达到音速，排气时还达到超音速。

（10）气动装置结构简单，成本低，维护方便，过载能自动保护。

2）气压传动技术缺点

气动系统也存在一些缺点，具体如下：

（1）由于空气的可压缩性较大，气动装置的动作稳定性较差，外载变化时，对工作速度的影响较大，由于泄漏及气体的可压缩性，使它们无法保证严格的传动比。

（2）由于工作压力低，气动装置的输出力或力矩受到限制。

（3）气动装置中的信号传动速度比光电控制速度慢，且有较大的延迟和失真，所以不宜用于信号传递速度要求十分高的复杂系统中，而且气动信号的传送距离也受到限制。

（4）噪声较大，尤其是在超音速排气时要加消声器。

（5）由于气动元件对压缩空气要求较高，为保证气动元件正常工作，压缩空气必须经过良好过滤和干燥，不得含有灰尘、水分等杂质。

# 练习题

## 一、判断题

1. 气压传动技术是由风动技术和液压技术演变发展而来的。　　　　　　　（　　）

2. 气压传动技术是能进行能量传递，但不能进行信息传递及控制的技术。　（　　）

3. 20 世纪 80 年代，则是气压传动技术集成化、微型化的时代。　　　　　（　　）

4. 随着微电子和计算机技术的引入，新材料、新技术、新工艺的开发和应用，气动技术正向微型化、多功能化、集成化、网络化和智能化的方向发展。　　　　　　（　　）

5. 气压传动技术是靠液压传动系统实现的。　　　　　　　　　　　　　（　　）

## 二、选择题

1. 下列不是气压传动技术优点的是（　　　　）。【单选题】

    A. 执行元件的速度、转矩、功率均可作无级调节

    B. 过载时不会发生危险，安全性高

    C. 不会污染环境

    D. 输出力或力矩受到限制

2. 气压传动系统动作迅速、反应快，一般只需要（　　　　）。【单选题】

    A. 0.02～0.3 s      B. 1～5 m/s      C. 0.5～0.8 s      D. 0.8～1 s

3. 气动系统工作环境适应性好，特别是在（　　　　）振动等恶劣环境中，比液压、电子、电气传动和控制优越。【多选题】

    A. 易燃      B. 易爆      C. 多尘埃      D. 强磁辐射

4. 气压传动系统以空气压缩机为动力源，以（　　　　）为工作介质。【单选题】

    A. 自然空气      B. 湿润空气      C. 压缩空气      D. 制动液

## 三、简答题

1. 简述气压传动技术的定义。

2. 简述气压传动技术的特点。

# 任务二　气压传动基础知识

随着工业机械化和自动化的发展，气压传动越来越广泛地应用于各个领域里。如今，气压传动元件的发展速度已超过液压元件，气压传动已成为一个独立的专门技术领域。特别是成本低廉、结构简单的气动自动装置已得到了广泛的普及与应用，在工业企业自动化中具有非常重要的地位，气压传动技术已成为当今工业科技的重要组成部分。本任务主要介绍气压传动系统工作介质、气压传动系统组成和工作原理。

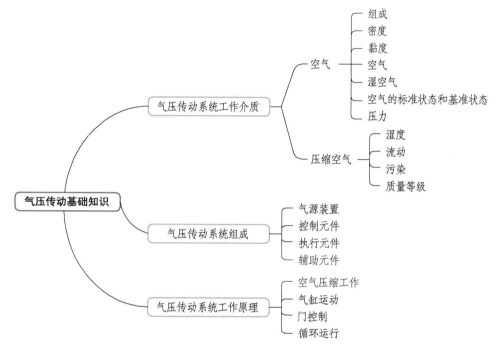

## 【学习目标】

知识目标：

（1）说出气压传动系统组成。

（2）阐述气压传动系统工作原理。

能力目标：

（1）具备判断空气是否为标准空气的能力。

（2）具备选用合适压缩空气的能力。

素质目标：

（1）在学习过程中，通过团队协作探究气压传动系统工作介质，使学生具备分析问题和解决问题的能力；

（2）通过探究气压传动系统组成和工作原理，使学生具备严格谨慎、务真求实的学习精神。

【任务描述】

一辆城市公共汽车开进专修店进行维修，用户反映该车前部和后部车门都不能正常打开和关闭。经维修师傅检查判定，该车车门气压传动系统故障造成车辆车门工作异常，现需要维修车门气压传动系统。但是维修人员对于公交汽车车门启闭系统的气压传动系统不了解，请你制订一个计划，教给维修人员进行气压传动认识。

【获取信息】

由于气压传动系统的动力传递介质是取之不尽的空气，对环境无污染，工程实现容易，所以其在自动化领域中充分显示出强大的生命力和广阔的发展前景。

1. 气压传动系统工作介质

在气压传动系统中，传递动力和信号的工作介质是空气，而且是压缩空气。气压传动系统能否可靠工作，在很大程度上取决于系统中所用的空气，即压缩空气。

1）空气

地球的表面被空气所覆盖，这个空气层称为大气。大气的密度根据地表面的高度不同而不同，空气的重量为压力。我们生活在这个大气层之中，虽然感觉不到这个压力，但在 1 平方米的面积上大约有 101 325 N 的力。大气压力随着高度、季节的变化相应地发生变化。

（1）空气的组成。

自然界的空气是由若干气体混合而成的，其主要成分是氮（$N_2$）和氧（$O_2$），其他气体占的比例极小。此外，空气中常含有一定量的水蒸气，对于含有水蒸气的空气称之为湿空气；不含有水蒸气的空气称之为干空气。标准状态下（即温度为 $T=0℃$、压力为 $p=0.101\ 3\ MPa$、重力加速度 $g=9.806\ 6\ m/s^2$、相对分子质量 $M=28.962$）干空气的组成如表 7-2-1 所示。

表 7-2-1　干空气的组成

| 比值 | 氮（$N_2$） | 氧（$O_2$） | 氩（Ar） | 二氧化碳（$CO_2$） | 其他气体 |
|---|---|---|---|---|---|
| 体积分数/% | 78.03 | 20.93 | 0.932 | 0.03 | 0.078 |
| 质量分数/% | 75.5 | 23.10 | 1.28 | 0.045 | 0.075 |

（2）空气的密度。

空气的密度是表示单位体积 $V$ 内的空气的质量 $m$，用 $p$ 表示，即

$$P = \frac{m}{V}$$

式中　$m$—空气的质量，单位 kg；

　　　　$V$—空气的体积，单位 m³。

（3）空气的黏度。

空气的黏度是空气质点相对运动时产生阻力的性质。空气黏度的变化只受温度变化的影响，且随温度的升高而增大，主要是由于温度升高后，空气内分子运动加剧，使原本间距较大的分子之间碰撞增多的缘故。而压力的变化对黏度的影响很小，且可忽略不计。空气的黏度随温度的变化如表 7-2-2 所示。

表 7-2-2　空气的运动黏度与温度的关系（压力为 0.1 MPa）

| $T/℃$ | 0 | 5 | 10 | 20 | 30 | 40 | 60 | 80 | 100 |
|---|---|---|---|---|---|---|---|---|---|
| $v/(10^{-4}\ m^2 \cdot s^{-1})$ | 0.133 | 0.142 | 0.147 | 0.157 | 0.166 | 0.176 | 0.196 | 0.21 | 0.238 |

（4）湿空气。

空气中的水蒸气在一定条件下会凝结成水滴，水滴不仅会腐蚀元件，而且给系统工作的稳定带来不良影响。因此，不仅各种气动元器件对空气含水量有明确规定，而且还常需要采取一些措施防止水进入系统。混空气中所含水蒸气的程度用湿度和含湿量来表示，而湿度的表达方式有绝对湿度和相对湿度之分。

（5）空气的标准状态和基准状态。

空气按其状态可分为三类：自由空气、标准状态的空气和基准状态的空气。

自由空气是指地球上的空气状态。也就是说它的温度、气压、湿度等随时都在发生变化，所以在气压传动技术中不能使用自由状态的空气。

标准状态的空气和基准状态的空气是指压力、温度、密度和相对湿度为一定值的空气。空气的标准状态和基准状态见表 7-2-3。

表 7-2-3　空气的标准状态和基准状态

| 参数 | 标准状态 | 基准状态 |
|---|---|---|
| 大气压 | $1.013×10^5$ Pa | $1.013×10^5$ Pa |
| 温度 | 20 ℃ | 0 ℃ |
| 相对湿度 | 65% | 0% |
| 密度 | 1.185 kg/m³ | 1.293 kg/m³ |

标准状态的空气是空气压力为 101.3 kPa、温度为 20 ℃、相对湿度为 65%、空气密度为 1.185 kg/m³ 时的空气状态。基准状态的空气是温度为 0 ℃、压力为 101.3 kPa、空气密度 $\rho$=1.293 kg/m³ 的干空气的状态。

按照国际标准 ISO8778：2003，标准状态下的单位后面可标注"（ANR）"。如标准状态下的空气流量是 200 m²/h，则可写成 200 m²/h（ANR）。在气压传动系统中，控制阀、过滤器等元件的流量表示方法都是指在标准状态下的。

（6）空气的压力。

空气压力是空气分子热运动而相互碰撞，在容器内壁的单位面积上产生的力的平均统计值，用 $p$ 表示。压力有两种表示方法：一种是以绝对真空作为基准所表示的压力，称为绝对压力；另一种是以大气压力作为基准所表示的压力，称为相对压力。由于大多数测压仪表所测得的压力都是相对压力，故相对压力也称表压力。当绝对压力小于大气压力时，可用容器内的绝对压力不足一个大气压的数值来表示，称为真空度。

2）压缩空气

把大气压缩后的空气称为压缩空气。例如 0.7 MPa 的压缩空气是通过空气压缩机把大气压缩成大约 1/8 的容积后产生的。

（1）压缩空气的湿度。

大气中的空气总是含有水蒸气，压缩空气中同样含有水蒸气。含有水蒸气的空气称为湿空气。湿空气中水蒸气的含量会随着温度和压力的变化而发生变化。每立方米中水蒸气的实际含量与同温度下每立方米最大可能的水蒸气含量之比称为相对湿度。相对湿度越小，吸收水蒸气的能力越强。

> **想一想**：气动系统中，压缩空气的相对湿度越低越好还是越高越好？
>
> _____
>
> _____

（2）压缩空气的流动。

众所周知，空气具有可压缩性。为了便于研究空气的流动性，在工程上常将气体流动时其密度变化可以忽略不计的流动称为不可压缩流动。气体流动如果只与一个空间坐标有关，则这种流动称为一元流动，也称为一维流动。

（3）压缩空气的污染。

由于压缩空气中的水分、油污、灰尘等杂质不经处理直接进入管路系统时，会对系统造成不利后果，所以气压传动系统中所使用的压缩空气必须经过干燥和净化处理后才能使用。压缩空气中杂质的来源主要有以下几个方面。

① 系统外部通过空气压缩机等设备吸入的杂质。即使在停机时，外界的杂质也会从阀的排气口进入系统内部。

② 系统运行时内部产生的杂质。例如，湿空气被压缩，冷却就会出现冷凝水；压缩机油在高温下会变质。生成油泥；管道内部产生的锈屑；相对运动件磨损而产生的金属粉末和橡胶细末；密封和过滤材料的细末等。

③ 系统安装和维修时产生的杂质。例如，安装、维修时未清除的铁屑、毛刺、纱头、焊接氧化皮、铸砂、密封材料碎片等。

（4）压缩空气的质量等级。

工业中使用的经压缩机生产的压缩空气中存在各种污染物，主要包括颗粒、水、油、气态污染物和活性微生物等，这些污染物在不同的用气场合会产生各种不良影响。为了满足气动元件本身和行业要求，需要选用合适的压缩空气质量等级，这样既能满足气动设备使用需求，还能适当控制成本。

---

**想一想**：汽车车门启闭系统和制动系统使用的压缩空气质量等级相同吗？

_____

_____

### 2. 气压传动系统组成

气压传动装置也称为气压传动系统，因气动是气压传动的简称，所以气压传动装置可以简称为气动装置或气动系统。生活中常见的气压传动装置（系统）有很多，如图 7-2-1 所示为城市公共汽车，其车门的开启与关闭使用了气压传动系统来实现。

图 7-2-1 公共汽车

公交车门启闭系统分为气动系统部分和机械部分，气动系统负责产生和调控气压，机械部分负责打开和关闭车门（即车门的启闭运动）。公交车门启闭系统的气动系统主要由空气压缩机、气缸、活塞、阀门和过滤装置等组成，如图 7-2-2 所示，其中空气压缩机也称为气泵，其为一种气源装置，用于产生压缩空气；气缸和活塞是执行元件，用于将压缩空气的压力转换为机械的往复运动，带动机械手等部件工作；阀门是气动系统的控制元件，通过改变阀门的状态，能控制或调节气体压力；过滤装置是气动系统的一种辅助元件，用于过滤气体，提高气动系统工作的可靠性。

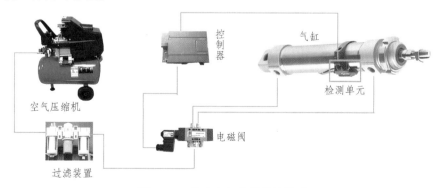

图 7-2-2 公交车门启闭系统组成

从公共汽车车门开闭的控制系统可以看出，气压传动系统主要由气源装置、控制元件、执行元件和辅助元件组成，如图 7-2-3 所示，还包括传输动力或信号的工作介质压缩空气。

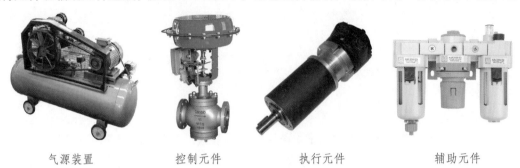

| 气源装置 | 控制元件 | 执行元件 | 辅助元件 |

图 7-2-3　气动系统组成

1）气源装置

气源装置是指将电动机、内燃机等原动机的机械能转化为空气的压力能的装置，其主体部分为空气压缩机，如图 7-2-4 所示，可以通过干燥机、过滤器等辅助装置为气压传动系统提供洁净、稳定、干燥的压缩空气。

图 7-2-4　空气压缩机

2）控制元件

控制元件是指气压系统中将流体的压力、流量和流动方向进行控制和调节的装置，可以控制执行元件的换向、速度等，使执行元件按照所需要求运行。气压系统的控制元件主要有流量控制阀、方向控制阀和压力控制阀等，如图 7-2-5 所示。

| 流量控制阀 | 方向控制阀 | 压力控制阀 |

图 7-2-5　控制元件

3）执行元件

执行元件将压缩空气的压力能转换为机械能的一种转换装置。气动执行元件主要指实现机构直线往复运动的气缸和实现机构回转或摆动的马达，如图 7-2-6 所示。

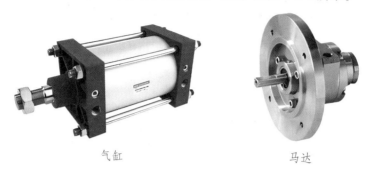

气缸　　　　　　　　　　　马达

图 7-2-6　气缸与马达

4）辅助元件

气压系统的辅助元件指起着连接、储气、过滤、储存压力能、测量气压等辅助作用的元件，它们对保证系统的可靠性、稳定性和持久的工作有着重要作用，如各种管接头、气管、蓄能器、过滤器、消声器等，如图 7-2-7 所示。

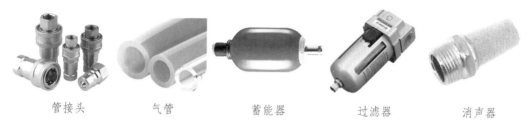

管接头　　　　气管　　　　　蓄能器　　　　过滤器　　　　消声器

图 7-2-7　辅助元件

5）工作介质

气压系统能否正常工作，很大程度上取决于系统中所用的压缩空气，所以，在气压传动系统中，传递动力和信号的工作介质是压缩空气。

3. 气压传动系统工作原理

图 7-2-8 为公共汽车车门启闭系统，其分为气动系统部分和机械部分，这里以公共汽车车门启闭系统的气动系统为例介绍气压传动系统工作原理。

公共汽车车门启闭系统的气动系统就是使用压缩空气，通过换向阀的换向，从而达到气缸的活塞杆伸出或者缩回，实现车门的开或关，其具体工作原理大致分为 4 个过程：

（1）空气压缩机工作。空气压缩机产生压缩空气，并将其送入气缸。

（2）气缸运动。气压推动气缸活塞做直线运动，从而带动门的启闭。

（3）门控制。车门需要工作时，传感器检测门的状态，向控制系统发出信号。控制系统通过控制阀门的开启和关闭来控制气体的流动方向和压力，从而开启或关闭车门。

（4）循环运行。上述过程循环进行，实现车门的开启和关闭。

图 7-2-8　公共汽车车门启闭系统

## 练习题

### 一、判断题

1. 气压传动系统在自动化领域中有广阔的发展前景。　　　　　　　　　　（　　）
2. 气压传动系统的工作介质是自然空气。　　　　　　　　　　　　　　　（　　）
3. 自然界的空气是由若干气体混合而成的，其主要成分是氮（$N_2$）和二氧化碳（$CO_2$）。

　　　　　　　　　　　　　　　　　　　　　　　　　　　　　　　　（　　）

4. 空气的黏度是空气质点相对运动时产生阻力的性质，其不受温度变化影响。　（　　）
5. 气压传动工作介质是空气，用之不尽，取之不竭，可节约能源，用后可将其随时排入大气中，不会污染环境。　　　　　　　　　　　　　　　　　　　　　（　　）

### 二、选择题

1. 自然界的空气是由若干气体混合而成的，其主要成分是（　　　　）。【多选题】
　　A. 氮（$N_2$）　　　　　　B.氧（$O_2$）　　　　　　C. 氩（Ar）　　　　D. 二氧化碳（$CO_2$）
2. 空气按其状态可分为（　　　）三类。【多选题】
　　A. 自由空气　　　　　B. 标准状态的空气　　C. 基准状态的空气　　D. 压缩空气
3. 气动系统对压缩空气的要求是（　　　）。【单选题】
　　A. 自然状态空气　　　B. 湿润的空气　　　　C. 干净的空气　　　　D. 无味的空气
4. 气压传动系统主要由（　　　）组成。【多选题】
　　A. 气源装置　　　　　B. 控制元件　　　　　C. 执行元件　　　　　D. 辅助元件

5.（　　　）是空气质点相对运动时产生阻力的性质。【单选题】

A. 空气的密度

B. 空气的黏度

C. 空气的质量

D. 空气的湿度

## 三、简答题

1. 简述气压传动系统组成及各部分作用。

2. 简述气压传动系统的工作原理。

# 项目八　气压传动系统元件组成及基本原理

气压传动系统元件组成及基本原理主要包括六个学习任务：气压传动系统气源装置、气压传动系统辅助元件、气压传动系统执行元件、气压传动系统控制元件、气压传动系统基本回路、典型气压传动系统及常见故障排除方法。

## 任务一　气压传动系统气源装置

压缩空气是气动系统的工作介质。因而，在气动系统中必须对空气进行压缩、干燥、净化等处理。压缩、处理和储存空气的装置称为气源装置。本任务主要介绍气源装置的作用、类型及工作原理。

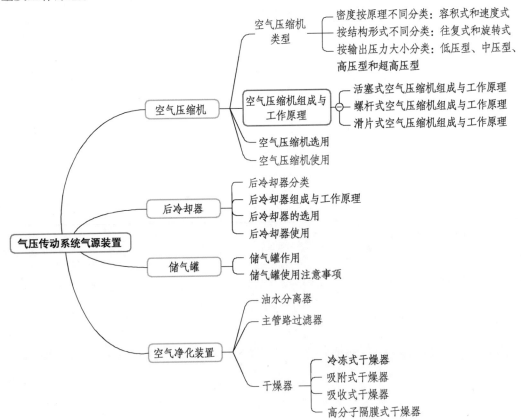

## 【学习目标】

### 知识目标：

（1）说出各类气源装置的作用。

（2）列举各类气源装置的类型。

### 能力目标：

（1）具备总结空气压缩机工作原理的能力。

（2）具备选用空气压缩机和后冷却器的能力。

### 素质目标：

（1）在学习过程中，通过团队协作探究空气压缩机、后冷却器、干燥器等气源装置的原理，使学生具备分析问题和解决问题的能力；

（2）通过探究压缩机、后冷却器等气源装置的选用原则等知识，使学生具备严格谨慎、务真求实的学习精神。

## 【任务描述】

某学校新能源汽车运用与维修专业学生前面学习过气压传动基础知识，了解了气压传动系统主要由气源装置、控制元件、执行元件和辅助元件组成。现开始学习气动系统气源装置，教师提出 2 个问题：气压传动系统为什么要有气源装置？气源装置要具备哪些功能？若你是本专业的学生，请通过学习气压传动系统气源装置的相关内容，解答教师问题。

## 【获取信息】

在气动系统中，气源装置对空气进行压缩、干燥、净化处理，并向各个设备提供洁净、干燥的压缩空气。典型的气源装置主要由空气压缩机、后冷却器、储气罐和净化处理装置组成，如图 8-1-1 所示。

### 1. 空气压缩机

空气压缩机简称空压机，是气压发生装置，是将机械能转换为气体压力能的转换装置。空气压缩机由电动机驱动，它将大气压力状态下的空气压缩成较高的压力，输送给气动系统。所以，空气压缩机是空压站的核心装置，它的作用是将电动机输出的机械能转换成压缩空气的压缩能供给气动系统使用。

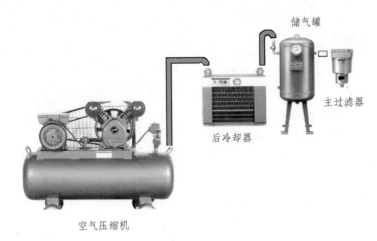

图 8-1-1　气源装置组成

1）空气压缩机类型

空气压缩机的种类很多，可以按其工作原理、结构形式以及输出压力大小等进行分类。

（1）按工作原理的不同分类。

按工作原理的不同，空气压缩机可分为容积式空气压缩机和速度式空气压缩机。

容积式空气压缩机的工作原理是压缩空压机中的气体体积，使单位体积内空气分子的密度增加以提高压缩空气的压力。

速度式空气压缩机是通过提高气体流速，并使其突然受阻而停滞，将其动能转化成压力能来提高气体的压力的，其本质是通过提高气体分子的运动速度以增加气体的动能，并将气体的动能转化为压缩空气的压力。

（2）按结构形式的不同分类。

按结构形式不同，容积式空气压缩机又可分成往复式和旋转式，而往复式又包括滑片式和螺杆式，旋转式又包含活塞式、膜片式等；速度型空压机主要有离心式、轴流式、混流式等几种，如图 8-1-2 所示。

图 8-1-2　空气压缩机的分类

（3）按输出压力大小不同分类。

按输出压力大小不同，空气压缩机可分成低压型（0.2 ~ 10 MPa）、中压型（1.0 ~ 10 MPa）、高压型（10 ~ 100 MPa）、超高压型（ > 100 MPa）。

2）空气压缩机组成与工作原理

常用的空气压缩机有活塞式、螺杆式和滑片式。

（1）活塞式空气压缩机组成与工作原理。

最常用的空压机形式是单级活塞式空气压缩机，其主要由排气阀、气缸、活塞、活塞杆、滑块、连杆、曲柄、吸气阀、阀门弹簧组成，如图 8-1-3 所示。

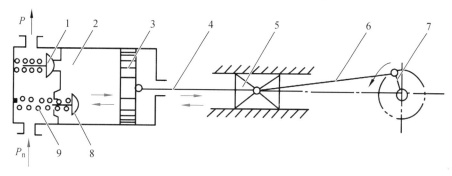

1—排气阀；2—气缸；3—活塞；4—活塞杆；5—滑块；
6—连杆；7—曲柄；8—吸气阀；9—阀门弹簧

图 8-1-3　单级活塞式空气压缩机

在气缸内做往复运动的活塞向右移动时，如图 8-1-4（a）所示，气缸内活塞左腔的压力低于大气压力 $P_a$，吸气阀开启，外界空气吸入缸内，这个过程称为吸气过程。当缸内活塞向左移动时，气缸内气体被压缩，此过程称为压缩过程。当气缸内压力高于输出管道内压力后，排气阀打开，压缩空气送至输气管内，这个过程称为排气过程。活塞的往复运动是由电动机带动的曲柄转动，通过连杆带动滑块在滑道内移动，而活塞杆带动活塞做直线往复运动。整个工作过程将曲柄的旋转运动转换为滑动活塞的往复运动。

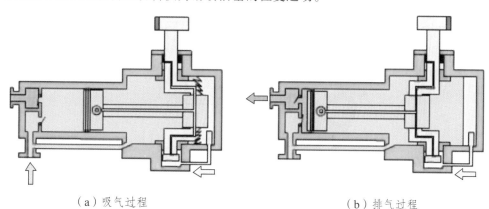

（a）吸气过程　　　　　　　　　　　　　　　（b）排气过程

图 8-1-4　单级活塞式空气压缩机工作原理

单级活塞式空气压缩机常用于需要 0.3 ~ 0.7 MPa 压力范围的气动系统。这种空压机在使用压力高于 0.6 MPa 时，由于在排气过程中有剩余容积存在，在下一次吸气时剩余的压缩空气会膨胀，温度急剧升高，发热量很大，导致空压机工作效率降低。因此，目前常使用两级活式空气压缩机，其最终压力能够达到 1.0 MPa。

活塞式空气压缩机结构简单，使用寿命长，并且容易实现大流量和高压输出。但它振动噪声大，并且排气是断续进行的，输出压缩空气有脉动。

（2）螺杆式空气压缩机组成与工作原理。

螺杆式压缩机又称螺杆压缩机，分为单螺杆式压缩机及双螺杆式压缩机，如图 8-1-5 所示。

单螺杆式压缩机        双螺杆式压缩机

图 8-1-5 螺杆式压缩机类型

螺杆式压缩机气缸内装有一对互相啮合的螺旋形阴阳转子，两转子都有几个凹形齿，两者互相反向旋转，如图 8-1-6 所示。转子之间和机壳与转子之间的间隙仅为 0.05 ~ 0.1 mm，主转子又称阳转子或凸转子，通过电动机驱动，另一转子又称阴转子或凹转子，由主转子通过喷油形成的油膜进行驱动或由主转子端和凹转子端的同步齿轮驱动。所以驱动中没有金属接触，转子的长度和直径决定压缩机排气量和排气压力，转子越长，压力越高；转子直径越大，流量越大。

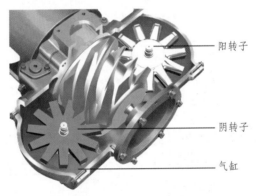

阳转子

阴转子

气缸

图 8-1-6 螺杆式压缩机

螺杆式空气压缩机的工作分为吸气过程、封闭及输送过程、压缩及喷油过程和排气过程四个过程。

a. 吸气过程。

电动机驱动转子，阴、阳转子的齿沟空间在转至进气端壁开口时，其空间大，外界的空气充满其中。当转子的进气侧端面转离机壳的进气口时，在齿沟间的空气被封闭在阴、阳转子与机壳之间，完成吸气过程。

b. 封闭及输送过程。

转子在吸气结束时，其阴、阳转子齿峰将与机壳封闭，此时空气在齿沟内封闭不再外流，即封闭过程。当两转子继续转动，其齿峰与齿沟在吸气端吻合，吻合面逐渐向排气端移动，进行空气输送。

c. 压缩及喷油过程。

在输送过程中，啮合面逐渐向排气端移动，即啮合面与排气口间的齿沟渐渐减小，齿沟内的气体逐渐被压缩，压力升高，此即为压缩过程。在空气压缩的同时，润滑油也因压差的作用而喷入压缩室内与空气混合。

d. 排气过程。

当转子的啮合端面转到与机壳排气口相通时，压缩气体的压力最高。此时，被压缩的气体开始排出，直至齿峰与齿沟的啮合面移至排气端面，此时两个转子啮合面与机壳排气口之间的齿沟空间为零，即完成排气过程。同时，转子啮合面与机壳进气口之间的齿沟长度又达到最长，其吸气过程又在进行，由此开始一个新的压缩循环。

螺杆空压机具有振动小、电动机功率低、噪声小、效率高、排气压力稳定、无易损件等优点。它的缺点是其压缩出来的空气含油，用于压缩空气含油量要求严格的地方需增加除油装置。

（3）滑片式空气压缩机组成与工作原理。

滑片式压缩机以非常低的速度直接进行驱动，转子是唯一连续运行的部件，上面有若干个沿长度方向切割的槽，其中插有可在油膜上滑动的滑片，转子在气缸的定子中旋转。

滑片式空压机如图 8-1-7 所示，其主要由转子、滑片和工作腔等组成。其工作原理为：转子偏心地安装在定子（机体）内，滑片插在转子的放射状槽内，并能在槽内滑动。在转子旋转时，离心力将滑片从槽中甩出，形成一个个单独的密闭空间，即压缩室。由滑片、转子和机体内壁构成的容积空间在转子回转过程中逐渐变小，从进气口吸入的空气就逐渐被压缩排出，因此在回转过程中就不需要活塞式压缩机的吸气阀和排气阀。在转子的每一次回转中，将根据滑片的数目多次进行吸气、压缩和排气，所以输出压缩空气的压力脉动小。

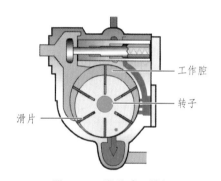

图 8-1-7　滑片式压缩机

一般情况下，滑片式空压机需要采用润滑油对滑片、转子和机体内部进行润滑、冷却等，故输出的压缩空气含有大量的油分。通常在其排气口安装油分离器以便把润滑油从压缩空气中分离出来。

滑片式空气压缩机能够连续输出脉动比较小的压缩空气。其结构简单，制造容易，操作维修方便，运行噪声小，使用十分广泛。

3）空气压缩机选用

在选用空压机时，首先应根据空气压缩机的特性和工艺要求选择空压机的类型，然后再根据气动系统所需要的工作压力和流量参数，确定空压机的输出压力和输出流量，从而确定空压机的型号。

（1）空压机的输出压力 $P_C$。

$$P_C = p + \sum \Delta p$$

式中　$p$——执行元件的最高使用压力（MPa）；

$\sum \Delta p$——气动系统的总压力损失（MPa）。

气动系统的总压力损失除了考虑管路的沿程压力损失和局部压力损失外，还应考虑其他压力损失，如减压阀稳定输出的最小压力降，各种控制元件的压力损失等。

（2）空压机的输出流量 $q_c$。

确定空压机的输出流量必须以整个气动系统最大耗气量为基础，并且考虑到各种损失产生的泄漏量，以及是否连续用气等影响。空压机的输出流量为

$$q_c=K_1K_2K_3Q$$

式中　$K_1$—漏损系数；

　　　$K_2$—备用系数；

　　　$K_3$—利用系数；

　　　$Q$—气动系统的最大耗气量[m³/min（ANR）]。

需要注意的是，气动系统的流量都是指在标准状态下的流量，即在温度为 20 ℃、大气压力为 $1.013 \times 10^3$ Pa、相对湿度为 65%的状态下的流量。

4）空气压缩机使用

空气压缩机在使用中应注意：

（1）空气压缩机的润滑油必须定期更换，否则高温下易氧化变质，进而产生油泥。

（2）空气压缩机的安装位置必须清洁、粉尘少、通风好、湿度低，以保证吸入空气的质量。

（3）空气压缩机在启动前应检查润滑油位以及冷凝水的排放情况等。

---

思考：不同类型的后冷却器能够互换使用吗？

_____

_____

---

2. 后冷却器

空气压缩机输出的压缩空气温度可达 120～180 ℃甚至 180 ℃以上，在此温度下，空气中的水分完全呈气态。后冷却器的作用就是将空气压缩机出口的高温空气冷却至 50 ℃以下，并将大量水蒸气和变质油雾冷凝成液态水滴和油滴，以便对压缩空气实施进一步净化处理。

1）后冷却器分类

后冷却器有风冷和水冷两种。风冷式不需要冷却水设备，不用担心断水或水结冰，占地面积小、重量轻、紧凑、运转成本低、易维修，但只适用于进口空气温度低于 100 ℃，且处理空气量较少的场合。水冷式散热面积是风冷式的 25 倍，热交换均匀，分水效率高，故适用于进口空气温度低于 200 ℃，且处理空气量较大、湿度大、粉尘多的场合。

2）后冷却器组成与工作原理

（1）风冷式后冷却器。

风冷式后冷却器主要由风扇和散热片组成，其依靠风扇产生的冷空气吹向带散热片的热气管道来降低压缩空气温度的，经风冷后的压缩空气的出口温度大约比环境温度高 15℃左右，如图 8-1-8 所示。

散热片

风扇

图 8-1-8　风冷式后冷却器

（2）水冷式后冷却器。

水冷式后冷却器主要由外壳、挡板、钢管、隔板以及进出水和油口等组成，如图 8-1-9 所示。它的工作原理是把冷却水与热空气隔开，强迫冷却水沿热空气的反方向流动，以降低压缩空气的温度。水冷式后冷却器出口空气温度约比环境温度高 10 ℃。后冷却器最底处应设置自动或手动排水器，以排除冷凝水。

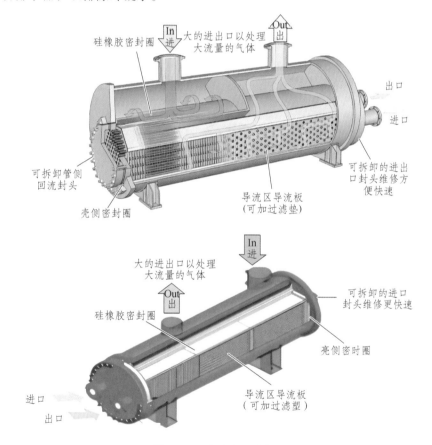

硅橡胶密封圈

In
进　大的进出口以处理
大流量的气体

Out
出

出口

进口

可拆卸管侧
回流封头

壳侧密封圈

导流区导流板
(可加过滤垫)

可拆卸的进出
口封头维修方
便快速

大的进出口以处理
大流量的气体

In
进

Out
出

硅橡胶密封圈

可拆卸的进口
封头维修更快速

亮侧密时圈

进口

出口

导流区导流板
（可加过滤塑）

图 8-1-9　水冷式后冷却器

3）后冷却器的选用

风冷式后冷却器只适用于入口温度低于 100 ℃，且处理空气量较少的场合。水冷式后冷却器适用于入口温度低于 200 ℃，且处理空气量较大，湿度大，灰尘多的场合。

4）后冷却器使用

后冷却器使用需要注意如下几点：

（1）应安装在不潮湿、粉尘少、通风好的室内，以免降低散热片的散热能力。

（2）离墙或其他设备应有 15～20 cm 的距离，便于维修。

（3）配管应水平安装，配管尺寸不得小于标准连接尺寸。

（4）风冷式后冷却器应有防止风扇突然停转的措施。要经常清扫风扇冷却器的散热片。

（5）水冷式后冷却器应设置断水报警装置，以防突然断水。

（6）冷却水量应在额定水量范围内，以免过量水或水量不足而损伤传热管。

（7）不要使用海水、污水做冷却水。

（8）要定期排放冷凝水，特别是冬季要防止水冻结。

（9）要定期检查压缩空气的出口温度，发现冷却性能降低，应及时找出原因并予以排除。

### 3. 储气罐

储气罐用于在压缩空气进入管道系统或气动设备之前存储压缩空气。它可在压缩机与需求变化引起的压力波动之间起到缓冲作用。

气罐一般采用焊接结构，以立式居多，其外形如图 8-1-10 所示。气罐上安装有压力表和安全阀等，最低处设有排水阀。此外，储气罐还应配备一个减压阀，该阀在达到允许的内部压力上限时释放储气罐中的压力。

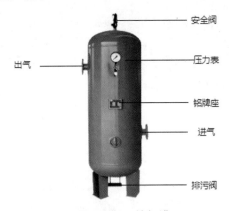

图 8-1-10 储气罐

> **头脑风暴**：储气罐没有释放储气压力的减全阀，会发生什么？
>
> _____
>
> _____

1）储气罐作用

气罐的主要作用为：

（1）储存一定量的压缩空气，保证连续、稳定的压力输出。

（2）消除压力脉动。

（3）当出现突然停机或者停电等意外情况时，维持短时间供气，以便采取紧急措施保证气动设备的安全。

（4）依靠绝热膨胀及自然冷却降温，进一步分离压缩空气中的水分和油污。

2）储气罐使用注意事项

（1）当压缩空气的管网很大时，储气罐容积可以稍微缩小乃至不用，因为管网中较长的管道本身的容积就可储备足够的气量。当多个用气设备的用气峰值不同时，管网本身就相当于一个天然的公用储气罐。

（2）储气罐属于压力容器，一定要选择正规厂家的产品，这样在安全上有保障，否则它就是一个定时炸弹。必须配齐安全配件，如安全阀、压力表，且必须做到定期安检。

（3）储气罐的安装位置要在后部冷却器之后，这样可防止油蒸气和液态水在罐内聚集，尽可能降低安全隐患；罐体一定安装高质量的排污器件，比如自动排污阀、手动排污阀，定时排放与监管。如果碳钢材料或其他易腐材质的储气罐内壁长期处于潮湿环境极易生锈，不仅会影响罐体的使用寿命，腐蚀剥落物会随气流进入下游设备造成诸多不利影响，更重要的是增加储气罐的安全隐患。为了防锈，在医疗、食品、电子等用气场景，我们通常选用不锈钢储气罐。

### 4. 空气净化处理装置

空气净化处理装置用于除去压缩空气的水分、油污和灰尘杂质，一般气动系统的空气净化装置主要有油水分离器、主管路过滤器和干燥器。

1）油水分离器

油水分离器的作用是分离并排出压缩空气中凝聚的油分、水分和灰尘杂质等，使压缩空气得到初步净化。油水分离器安装在后冷却器的出口管道上，如图 8-1-11 所示。其结构形式有环形回转式、撞击回转式、离心旋转式、水浴式和高分子隔膜式等。

2）主管路过滤器

主管路过滤器安装在主管路中，用来除去压缩空气中的油污、水分和杂质等，从而提高干燥器的工作效率，也降低气动元件的故障率，如图 8-1-12 所示。主管道过滤器通过过滤元件分离出来的油污、水分等进入过滤器下部，由手动或者自动排水器排出。

图 8-1-11　油水分离器

图 8-1-12　主管路过滤器

3）干燥器

空气干燥器是吸收和排除压缩空气中水分和部分油分与杂质，使湿空气成为干空气的装置。

压缩空气经过后冷却器、油水分离器、气罐、主管路过滤器等得到初步净化后仍然含有一定量的水蒸气。气压传动系统对压缩空气中的含水量要求非常高，如果过多的水分经压缩空气带到各零部件上，气动系统的使用寿命会明显缩短，所以气动系统需要用干燥器进一步除去压缩空气的水蒸气。

干燥器有冷冻式、吸附式、吸收式和隔膜式三种。

（1）冷冻式干燥器。

冷冻式干燥器是利用冷冻法对空气进行干燥处理。冷冻干燥法是通过将湿空气冷却到其露点温度以下，使空气中的水蒸气凝结成水滴并排除出去，以实现空气干燥。经过干燥处理的空气需再加热至环境温度后才能输送出去供系统使用。

潮湿的热压缩空气，经风冷式后冷却器后，进入热交换器的外筒被预冷，再流入内筒被空气冷却器冷却到压力露点 2 ~ 10 ℃。在此过程中，水蒸气冷凝成水滴，经自动排水器排出。除湿后的冷空气，通过热交换器外筒的内侧，吸收进口侧空气的热量，使空气温度上升。提高输出空气的温度，可避免输出口结霜，并降低了相对湿度。把处于不饱和状态的干燥空气从输出口流出，供气动系统使用。只要输出空气的温度不低于压力露点温度，就不会出现水滴。压缩机将制冷剂压缩以升高压力，经冷凝器冷却，使制冷剂由气态变成液态。液态制冷剂在毛细管中膨胀汽化。汽化后的制冷剂进入热交换器的内筒，对热空气进行冷却，然后再回到压缩机中进行循环压缩。所用制冷剂为氟利昂 R22 容量控制阀是用来调节空气冷却器湿度的，以适应处理空气量的变化或改变压力露点。蒸发温度计显示压缩空气的露点温度，如图 8-1-13 所示。

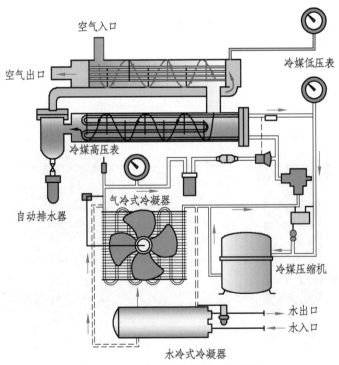

图 8-1-13　冷冻式干燥器工作原理

（2）吸附式干燥器。

吸附干燥法是利用具有吸附性能的吸附剂（如硅胶、活性氧化铝、分子筛等）吸附空气中水分的一种干燥方法。吸附剂吸附了空气中的水分后将达到饱和状态而失效。为了能够连续工作，就必须将吸附剂中的水分排除掉，使吸附剂恢复到干燥状态，这称为吸附剂的再生。目前吸附剂的再生方法有两种，即加热再生和无热再生。

其工作原理为：空压机排出的大量空气由压缩空气入口管流入，通过气阀进入两个塔中的运转塔，其中的湿气会被吸附剂所吸收而干燥。当空气流通到塔顶时，空气中的水分被全部吸收，露点温度可达 40 ℃，从而达到干燥目的。整个循环标准需 10 min，每塔各运行 5 min，一塔在工作的过程中（运转塔），另一塔处于再生状态（非运转塔），再生时间为 4.5 min，续压时间 0.5 min，如图 8-1-14 所示。在再生的过程中，运转塔中一部分干燥的空气经再生风量调节阀进入非运转塔将塔内的水分经消声器带到大气中去，其运转时耗气量为设备处理量的 12%。

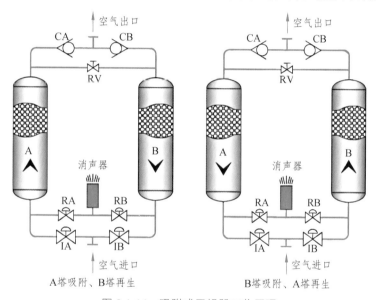

图 8-1-14　吸附式干燥器工作原理

（3）吸收式干燥器。

吸收式干燥法是利用不可再生的化学干燥剂来获得干燥压缩空气的方法。

（4）高分子隔膜式干燥器。

高分子隔膜干燥法是利用特殊的高分子中空隔膜只有水蒸气可以通过，氧气和氮气不能透过的特性来进行空气干燥的。

膜式干燥器由上端盖、壳体以及管芯等组成，芯就是由多束中空渗膜管组成。潮湿的压缩空气通过上端入口进入中空渗膜管，然后流经渗膜管到达底部。因为在渗膜内部和外部水蒸气分压不同，因此水分子就从分压较大的渗膜内部向分压较小的渗膜外部扩散，在底部就获取了较干燥的压缩空气。把这个干燥的压缩空气引出一小部分进行膨胀减压，形成极为干燥的压缩空气，把减压后的极干燥的压缩空气引入到渗膜之外把扩散出来的水分子吹扫掉，如图 8-1-15 所示。这样就加大了中空分子膜内外的水分子分布梯度，加速了水分子的扩散速度，于是在渗膜底部压缩空气的湿度急剧下降，从而达到干燥压缩空气的目的。

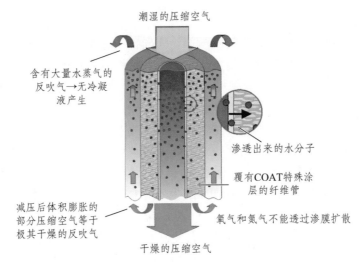

图 8-1-15　高分子隔膜式干燥器工作原理

SMC 高分子式干燥器 IDG 特点：这种干燥器体积小，质量轻，无需排水器，带露点指示器，不用氟利昂，不用电源，除水率高，输出空气的大气压露点可达-60 ℃，无振动，无排热，使用寿命长，安装方便，可与前置过滤器（油雾分离器及微雾分离器）组合使用。

# 练习题

## 一、判断题

1. 气源装置可以对空气进行压缩、干燥、净化处理，并向各个设备提供洁净、干燥的压缩空气。　　　　　　　　　　　　　　　　　　　　　　　　　　　　　　　　（　　）

2. 空气压缩机是气压发生装置，可以将机械能转换为气体压力能的转换装置。　（　　）

3. 后冷却器的作用就是将空气压缩机出口的高温空气冷却至 50 ℃以下。　　（　　）

4. 储气罐储存一定量的自然空气，保证连续、稳定的压力输出。　　　　　　（　　）

5. 空气净化处理装置用于除去压缩空气的水分、油污和灰尘杂质。　　　　　（　　）

6. 风冷式后冷却器热交换均匀，分水效率高，故适用于进口空气温度低于 200 ℃。（　　）

## 二、选择题

1. 典型的气源装置主要由（　　　）组成。【多选题】
   A. 空气压缩机　　　　　　　　　　　　B. 后冷却器
   C. 储气罐　　　　　　　　　　　　　　D. 净化处理装置

2. 按工作原理的不同，空气压缩机可分为（　　　）两类。【多选题】
   A. 容积式空气压缩机　　　　　　　　　B. 速度式空气压缩机
   C. 往复式　　　　　　　　　　　　　　D. 旋转式

3. （　　　）用于在压缩空气进入管道系统或气动设备之前存储压缩空气。【单选题】
   A. 储气罐　　　　　　　　　　　　　　B. 空气过滤器
   C. 空气压缩机　　　　　　　　　　　　D. 后冷却器

4. (　　　) 的作用是分离并排出压缩空气中凝聚的油分、水分和灰尘杂质等，使压缩空气得到初步净化。【单选题】

　　A. 储气罐　　　　　　　　　　　　B. 油水分离器

　　C. 空气压缩机　　　　　　　　　　D. 后冷却器

5. 空气 (　　　) 是吸收和排除压缩空气中水分和部分油分与杂质，使湿空气成为干空气的装置。【单选题】

　　A. 储气罐　　　　　　　　　　　　B. 干燥器

　　C. 空气压缩机　　　　　　　　　　D. 后冷却器

## 三、简答题

1. 简述气压传动系统气源装置的组成及各组成部件的作用。

2. 简述水冷式后冷却器的组成及工作过程。

# 任务二  气压传动系统辅助元件

气压传动系统辅助元件用于确保系统的可靠性、稳定性和安全性，提供适当的过滤、润滑、降噪和监测功能。这些辅助元件在气压传动系统中具有不可替代的地位，对系统的正常运行和性能发挥起到至关重要的作用。本任务主要介绍过滤器、油雾器、消声器、压力表与真空表和管道与管接头的作用、组成及工作过程。

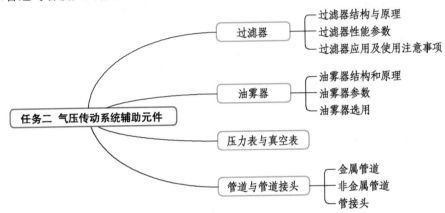

## 【学习目标】

### 知识目标：

（1）列举常用气压传动辅助元件的名称。
（2）说出各类气压辅助元件的作用及工作过程。

### 能力目标：

（1）具备辨别气压传动辅助元件的能力。
（2）具备气压传动系统选用合适气压辅助元件的能力。

### 素质目标：

（1）在学习过程中，通过团队协作探究各类气压辅助元件的作用及组成，使学生具备分析问题和解决问题的能力；
（2）通过探究气压传动辅助元件的工作过程，使学生具备严格谨慎、务真求实的学习精神。

 【任务描述】

某学校新能源汽车运用与维修专业学生前面学习过气压传动基础知识，了解了气压传动系统的气源装置。现开始学习气压传动系统辅助元件，教师提出 2 个问题：气压传动系统辅助元件与液压系统的辅助元件一样吗？各类气压传动系统用到的气压辅助元件相同吗？若你是本专业的学生，请通过学习气压传动基本回路的相关内容，解答教师问题。

 【获取信息】

从空压机输出的压缩空气在进入车床等气压传动系统前已经经过了过滤和除尘处理。但为了确保安全和设备的正常运行，使用前仍需进行进一步的过滤、减压或者雾化处理。这是因为压缩空气中含有大量水分、油分和粉尘等杂质，尽管经过初步处理，但由于压缩空气温度和压力较高，含有较多的高压水蒸气。因此，需要进一步地过滤、除尘等处理才能用于具体的机械设备上，否则可能导致故障，如元件卡住、锈蚀等。在一个气压传动系统中，通常需要使用许多气动辅件，如过滤器、油雾器、消声器、接头等。因此，我们需要熟悉这些气动辅件，并能够正确地选择和使用它们。

1. 过滤器

过滤器即为空气过滤器，其用来过滤压缩空气中的固态杂质、灰尘、水分和油污等。按照排水方式可分为自动排水型和手动排水型两种；按无气压时的排水状态可分为常开型和常闭型。

1）过滤器结构与原理

空气过滤器主要由挡水板、楔形导流板、滤芯和壳体等组成，如图 8-2-1 所示。

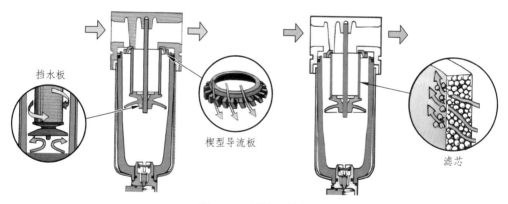

挡水板

楔型导流板

滤芯

图 8-2-1　滤清器结构

过滤器工作时从进口流入的压缩空气，经过导流片的切线方向的缺口强烈旋转，液态油水和固态杂质等受离心力作用，被甩到水杯内壁上，再流到底部。除去液态水和杂质的压缩空气。通过滤芯进一步清除固态颗粒，然后从出口流出。聚集在水杯中的冷凝水排出，过滤就结束，如图 8-2-2 所示。需要注意的是自动排水型在冷凝水上升到一定高度时自动排除；手动排水型则需通过按动手动按钮将水排出。

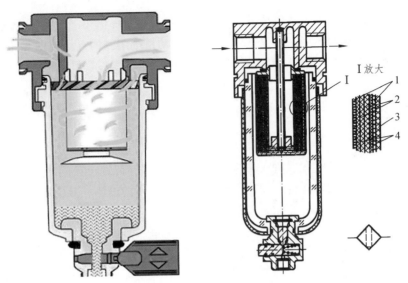

图 8-2-2　空气过滤器原理图

整个工作过程，有如下特点：

① 带斜槽的切口使得压缩空气进入之后发生强烈旋转。

② 空气中的液态水和固体颗粒随着旋转的离心作用分离并沉积下来。

③ 挡水板使得分离出的水和固体颗粒不会黏附在过滤器上。

2）过滤器性能参数

过滤器主要性能参数有：

（1）耐压性能。

过滤器的耐压性能是指对其施加额定压力的 1.5 倍压力，并保压 1 min，可保证其没有损坏，这个参数表示了过滤器短时间内所能承受的最大压力。

（2）过滤精度。

过滤器过滤精度是指通过滤芯的最大颗粒直径。标准的过滤精度为 5 μm，其他过滤精度还有 2 μm、10 μm、20 μm、50 μm 等多种。

（3）流量特性。

过滤器流量特性是指在一定的入口压力下，通过元件的空气流量与元件两端压降之间的关系。在选用时必须注意它的流量特性曲线，并且最好在它的压力损失小于 0.02 MPa 的范围内使用。

过滤器在选用时，除了需要根据过滤器的最大流量和其两端允许的最大压降来选择外，还需要考虑到气动系统对空气质量的要求来选择其过滤精度等。

3）过滤器应用及使用注意事项

（1）过滤器应用。

由于压缩空气进入使用设备前，一般需要对其进行过滤、减压或者雾化处理，所以通常将过滤器、减压阀和油雾器组成气源处理装置，也可以由过滤器和减压阀组成过滤减压阀，如图 8-2-3 所示。

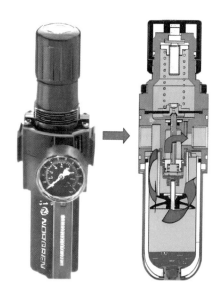

图 8-2-3 过滤减压阀

（2）过滤器使用注意事项。

① 过滤器使用过程中必须进行日常的检查，以免水面升高从而污染过滤器滤芯。

② 过滤器的滤芯使用 2 年或压力下降 0.1 MPa 就应更换滤芯，避免滤芯破损。

③ 从水杯目视滤芯，如果其发黑，说明滤芯过脏，应该更换。

> **想一想**：若没有定期更换过滤器滤芯，对气压传动系统会有什么影响？
> _____
> _____

### 2. 油雾器

油雾器是一种注油装置，它将润滑油进行雾化后注入压缩空气中，然后随压缩空气流入需要润滑的部位，以达到润滑的目的。

### 1）油雾器结构和原理

油雾器主要由舌状活门、油塞、单向阀、截止阀、吸油管和滴油窗等组成，如图 8-2-4 所示。当压缩空气从输入口进入后，舌状活门打开，从输出口输出。压缩空气同时从舌状活门前方小孔经过截止阀进入油杯腔内，使杯内的油面受压。当舌状活门打开时，因流速较高，使得 b 孔处压力下降，与油面压力形成一定的压差，从而将油杯中的油吸出雾化，并送入压缩空气中，使得压缩空气具有一定的润滑能力。通过调节节流阀的开口大小可以调节油雾量的大小。节流阀可以调节流量，使滴油量在 0～120 滴/min 变化。

二次油雾器能使油滴在雾化器内进行两次雾化，使油雾粒度更小、更均匀，输送距离更远。二次雾化粒径可达 5 μm。

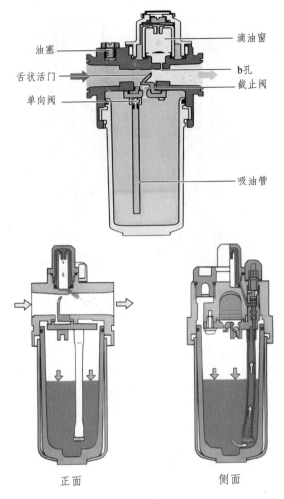

图 8-2-4  油雾器结构原理

2）油雾器参数

在现代气动系统中，由于气阀和气缸大量采用自润滑元件。因此油雾器可以省去不用。油雾器的主要技术参数为：

（1）流量特性。

在进口流量一定的情况下，通过油雾器的流量和两端压降之间的关系曲线就是流量特性曲线。在使用时，两端压差最好控制在 0.02 MPa 以内。

（2）起雾油量。

存油杯中油位处于正常工作油位，油雾器进口压力为规定值，油滴量约为每分钟 5 滴，节流阀处于全开时的最小空气流量。

（3）最低不停气加油压力。

在使用时，如果需要补油，此时输入压力的最低值不得小于 0.1 MPa。

3）油雾器选用

油雾器的选择主要是根据气压传动系统所需额定流量及油雾粒径大小来进行。所需油雾粒径在 50 μm 左右选用一次油雾器。若需油雾粒径很小可选用二次油雾器。油雾器一般应配置在滤气器和减压阀之后，用气设备之前较近处。

想一想：若气压传动系统中二次油雾器损坏，可以用一次油雾器替换吗？

_____

_____

### 3. 消声器

在气动系统中，当气体产生涡流或者压力发生突变时，都会引起气体的振动，从而产生噪声。噪声的大小与排气速度、排气量以及排气流道等有关。

消声器能够将压缩空气排出时所产生的噪声降低到正常范围内，根据其消声原理可以分为吸收型和膨胀干涉型。吸收型消声器应用最广泛。

吸收型消声器在工作时，压缩空气通过多孔的吸声材料，依靠气体流动摩擦生热使气体的压力能部分转化为热能，从而减少排气噪声。吸收型消声器具有较好地吸收中、高频噪声的性能。吸声材料主要为聚氯乙烯纤维、玻璃纤维和烧结铜等。

消声器的直径比排气孔大得多，气流在里面扩散、碰撞反射，互相干涉，从而减弱噪声强度，最后从孔径较大的多孔外壳排出，如图 8-2-5 和 8-2-6 所示。

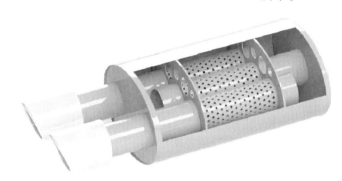

图 8-2-5　汽车消声器

图 8-2-6　干燥机用消声器

### 4. 压力表与真空表

测定高于大气压力的压力仪表称为压力表，如图 8-2-7 所示为气动系统压力表，测定低于大气压力也即真空压力（真空度）的仪表称为真空压力表，图 8-2-8 为气动系统真空表。

压力表具有不同的精度等级，精度等级是指压力表的指示压力的最大误差相对于该表最高指示压力的百分比，如 3 级精度压力表，表示压力表的最高指示压力为 1 MPa 时，其指示压力的最大误差为 0.03 MPa，压力表的安装形式有多种，有径向、轴向和面板安装等。

图 8-2-7　气动系统压力表

图 8-2-8　气动系统真空表

**想一想**：气动系统中真空表和压力表可以同时用吗？

_____

_____

### 5. 管道与管接头

在气动系统中，连接各种元件的管道有金属管道和非金属管道两类。

1）金属管道

常用金属管有镀锌钢管、不锈钢管和纯铜管等。镀锌钢管和不锈钢管主要用于工厂主管以及大型气动设备，适用于固定不动的连接，一般采用螺纹连接或者焊接。纯铜管主要用于特殊场合，比如环境温度高，使用软管易受损伤等地方，一般采用扩口式或者卡套式连接。

2）非金属管道

常用非金属管有尼龙管、橡胶管和聚氨酯管等。其主要优点是拆装方便、不生锈、阻力小以及吸振消声等；其缺点是容易老化，不适于高温场合使用。使用时需用专用的整管钳和拔管工具。

3）管接头

管接头是连接管道的元件，对于金属管和非金属管具有不同的形式。

（1）金属管接头。

金属管接头一般有法兰式、扩口式和卡套式。法兰式一般用于通径比较大的通道或阀门的连接。扩口式一般用于管径小于 30 mm 的无缝钢管或者铜管的连接，如图 8-2-9 所示为扩口式接头。

（2）非金属管接头。

非金属管接头主要有快插式、快拧式、卡套式、快换式和宝塔式等。如图 8-2-10 所示为快插式接头，在气动系统中，快插式接头使用最为广泛。

图 8-2-9　扩口式接头

图 8-2-10　非金属管接头

## 练习题

一、判断题

1. 有些气压传动系统不需要气压系统辅助元件。　　　　　　　　　　　　　（　　）

2. 空气过滤器可以过滤压缩空气中的固态杂质、灰尘、水分和油污。　　　（　　）

3. 油雾器是一种注油装置，它将水分进行雾化后注入压缩空气中。　　　　（　　）

209

4. 真空压力表可以检测低于大气压力。 （　　）

5. 常用金属管有镀锌钢管、不锈钢管和纯银管等。 （　　）

## 二、选择题

1. （　　）管接头是连接管道的元件。【单选题】

   A. 消声器      B. 空气过滤器      C. 管接头      D. 油雾器

2. （　　）用来过滤压缩空气中的固态杂质、灰尘、水分和油污等。【单选题】

   A. 消声器      B. 空气过滤器      C. 空气压缩机      D. 油雾器

3. 在气动系统中，纯铜管一般采用（　　）连接。【单选题】

   A. 螺纹连接或焊接           B. 扩口式或者卡套式

   C. 过盈压装               D. 铆钉连接

4. （　　）是一种注油装置，它将润滑油进行雾化后注入压缩空气中。【单选题】

   A. 消声器      B. 空气过滤器      C. 空气压缩机      D. 油雾器

5. （　　）能够将压缩空气排出时所产生的噪声降低到正常范围内。【单选题】

   A. 消声器      B. 空气过滤器      C. 空气压缩机      D. 油雾器

## 三、简答题

1. 请简述空气过滤器的作用及组成。

2. 请简述油雾器的结构与工作原理。

# 任务三　气压传动系统执行元件

在气动系统中将压缩空气的压力能转换为机械能，驱动工作机构做往复直线运动、摆动或者旋转运动的元件称为气动执行元件。气动执行元件由于都是采用压缩空气作为动力源，其输出力或力矩都不可能很大，同时由于空气的可压缩性，使其受负载的影响也较大。

本项目主要介绍气缸和马达两种执行元件的作用和分类、工作原理及图形符号。

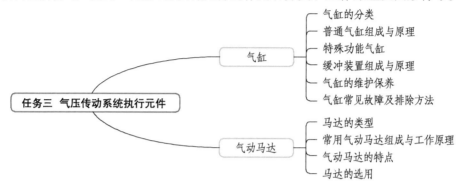

【学习目标】

知识目标：

（1）说出气缸作用、组成和原理。

（2）阐述马达作用、组成和特点。

能力目标：

（1）具备选用合适气缸以及简单维护的能力。

（2）具备选用合适马达的能力。

素质目标：

（1）在学习过程中，通过团队协作探究气缸组成和工作原理，使学生具备分析问题和解决问题的能力；

（2）通过探究马达的组成和特点，使学生具备严格谨慎、务真求实的学习精神。

【任务描述】

某学校新能源汽车运用与维修专业学生前面学习过气压传动基础知识，了解了气压传动系统主要由气源装置、控制元件、执行元件和辅助元件组成。现开始学习气动系统执行元件，教师提出 2 个问题：气压传动系统为什么要有执行元件？气动系统执行元件要具备哪些功能？若你是本专业的学生，请通过学习气压传动系统执行元件的相关内容，解答教师问题。

**【获取信息】**

气动执行元件是用来将压缩空气的压力能转化为机械能，从而实现所需的直线运动，摆动或回转运动等。那么这些动作是通过哪些元件来实现的，这些元件的类型又有哪些？为使各种运动顺利完成，必须合理选择出所需的动力装置，为此需要了解气动执行元件的类型、工作原理、结构特点及选择方法。气动执行元件主要有气缸和气动马达。

1. 气缸

气缸是气压传动系统中使用最多的一种执行元件，用于实现往复直线运动，输出推力和位移根据使用条件、场合的不同其结构、形状也有多种形式。

1）气缸的分类

按照不同标准，气缸分为不同类型，气缸的种类很多，常见的分类方法有以下几种。

① 按气缸活塞的受压状态可分为单作用气缸和双作用气缸。

② 按气缸的结构特征可分为活塞式气缸、柱塞式气缸、薄膜式气缸、叶片式摆动气缸、齿轮齿条式摆动气缸等。

③ 按气缸的安装方式可分为固定式气缸、轴销式气缸、回转式气缸、嵌入式气缸等。

④ 按气缸的功能可分为普通气缸和特殊功能气缸。

2）普通气缸组成与原理

普通气缸有单作用气缸和双作用气缸。

（1）单作用气缸。

单作用气缸只在活塞一侧通入压缩空气使其伸出或缩回，另一侧是通过呼吸孔开放在大气中的。这种气缸只能在一个方向上做功，活塞的反向动作则靠一个复位弹簧或施加外力来实现。由于压缩空气只能在一个方向上控制气缸活塞的运动，所以称为单作用气缸。其结构及图像符号如图8-3-1所示。

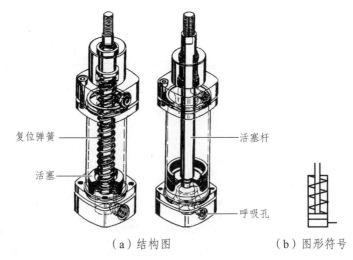

复位弹簧　　　　　　　　　　　活塞杆

活塞　　　　　　　　　　　　　呼吸孔

（a）结构图　　　　　　　　（b）图形符号

图8-3-1　单作用气缸的结构图及图形符号

单作用气缸的特点是：

① 由于单边进气，因此结构简单，耗气量小；

② 缸内安装了弹簧，增加了气缸长度，缩短了气缸的有效行程，其行程受弹簧长度限制；

③ 借助弹簧力复位，使压缩空气的能量有一部分用来克服弹簧张力，减小了活塞杆的输出力，而且输出力的大小和活塞杆的运动速度在整个行程中随弹簧的变形而变化。

因此，单作用气缸多用于行程较短以及对活塞杆输出力和运动速度要求不高的场合。

（2）双作用气缸。

双作用气缸活塞的往返运动是依靠压缩空气在缸内被活塞分隔开的两个腔室（有杆腔、无杆腔）交替进入和排出来实现的，压缩空气可以在两个方向上做功。由于气缸活塞的往返运动全部靠压缩空气来完成，所以称为双作用气缸，其结构图及图形符号如图 8-3-2 所示。

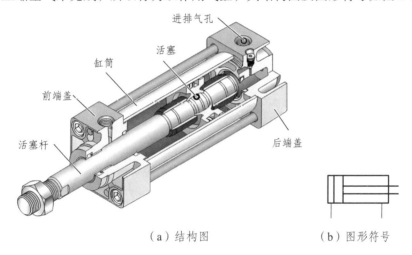

（a）结构图　　　　　　　　　　（b）图形符号

图 8-3-2　双作用气缸的结构图及图形符号

这种双作用气缸由于没有复位弹簧，双作用气缸可以实现更长的有效行程和稳定的输出力。但双作用气缸是利用压缩空气交替作用于活塞上实现伸缩运动的，由于回缩时压缩空气有效作用面积较小，所以产生的力要小于伸出时产生的推力。

3）特殊功能气缸

气缸的种类繁多。除上面所述最常用的单作用、双作用气缸外，还有无杆气缸、导向气缸、双出杆气缸、多孔气缸、气囊气缸气动手指等。

（1）直动气缸。

a. 无杆气缸。

无杆气缸顾名思义就是没有活塞杆的气缸，它利用活塞直接或间接带动负载实现往复运动。由于没有活塞杆，气缸可以在较小的空间中实现更长的行程运动。无杆气缸主要有机械耦合实物结构，如图 8-3-3 所示。

b. 双活塞杆气缸。

双活塞杆气缸具有两个活塞杆。在双活塞杆气缸中，通过连接板将两个并列的活塞杆连接起来，在定位和移动工具或零件时，这种结构可以抗扭转。与相同缸径的标准气缸相比，双活塞杆气缸可以获得两倍的输出力，其实物图如图 8-3-4 所示。

图 8-3-3　机械耦合实物图

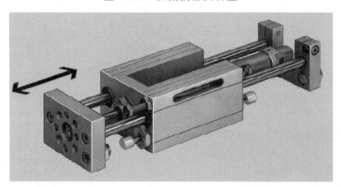

图 8-3-4　双活塞杆气缸实物图

c. 双端单活塞杆气缸。

这种气缸的活塞两端都有活塞杆，活塞两侧受力面积相等，即气缸的推力和拉力是相等的，双端单活塞杆气缸也称为双出杆气缸，如图 8-3-5 所示。

图 8-3-5　双端单活塞杆气缸

d. 双端双活塞杆气缸。

这种气缸活塞两端都有两个活塞杆。在这种气缸中，通过两个连接板将两个并列的双端活塞杆连接起来，以获得良好的抗扭转性。与相同缸径的标准气缸相比，这种气缸可以获得两倍的输出力。其实物图如图 8-3-6 所示。

图 8-3-6　双端双活塞杆气缸

e. 导向气缸。

导向气缸如图 8-3-7 和图 8-3-8 所示。它一般由一个标准双作用气缸和一个导向装置组成。其特点是结构紧凑、坚固，导向精度高，并能抗扭矩，承载能力强。导向气缸的驱动单元和导向单元被封闭在同一外壳内，并可根据具体要求选择安装滑动轴承或滚动轴承支撑。

图 8-3-7　导向气缸实物

图 8-3-8　导向气缸实物

f. 多位气缸。

由于压缩空气具有很强的可压缩性，所以气缸本身不能实现精确定位。将缸径相同但行程不同的两个或多个气缸连接起来，使组合后的气缸就能具有 3 个或 3 个以上的精确停止位置，这种类型气缸称为多位气缸，如图 8-3-9 所示为多位气缸实物。

铝合金缸体　　多位安装孔

活塞杆

进出气孔

限位块安装孔

图 8-3-9　多位气缸实物图

g. 气囊气缸。

气囊气缸如图 8-3-10 所示，它是通过对一节或多节具有良好伸缩性的气囊进行充气加压和排气来实现对负载的驱动的。气囊气缸既可以作为驱动器也可以作为气弹簧来使用。通过给气缸加压或排气,该气缸就作为驱动器来使用;如果保持气囊气缸的充气状态,就成了一个气弹簧。

图 8-3-10　气囊气缸实物图

这种气缸的结构简单,由两块金属板扣住橡胶气囊而成。气囊气缸为单作用动作方式,无须复位弹簧。

> **想一想:** 汽车有哪个部位使用多囊气缸吗?
> _____
> _____

h. 气动肌腱。

气动肌腱如图 8-3-11 所示,它是一种新型的气动执行机构,由一个柔性软管构成的收缩系统和连接器组成。当压缩气体进入柔性管时,气动肌腱就在径向上扩张,长度变短,产生拉伸力,并在径向有收缩运动。气动肌腱的最大行程可达其额定长度的 25%,可产生比传统气动驱动器驱动力大 1 倍的力,由于其具有良好的密封性,可以不受污垢、沙子和灰尘的影响。

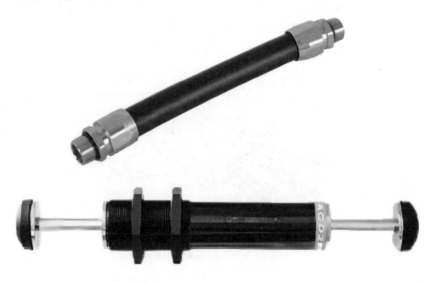

图 8-3-11　气动肌腱

i. 气动手指。

气动手指（气爪）可以实现各种抓取功能，是现代气动机械手中一个重要部件。气动手指的主要类型有平行手指气缸、摆动手指气缸、旋转手指气缸、三点手指气缸等。气动手指能实现双向抓取、自动对中，并可安装无接触式位置检测元件，有较高的重复精度。

① 平行气爪。

平行气爪如图 8-3-12 所示，它通过两个活塞工作。通常让一个活塞受压，另一个活塞排气实现手指移动。平行气爪的手指只能轴向靶心移动，不能单独移动一个手指。

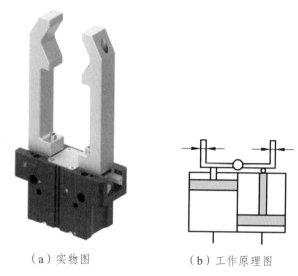

（a）实物图　　　　　　（b）工作原理图

图 8-3-12　平行气爪结构图和工作原理图

② 摆动气爪。

摆动气爪通过一个带环形槽的活塞杆带动手指运动。由于气爪手指耳环始终与环形槽相连，所以手指移动能实现自对中，并保证抓取力矩的恒定，如图 8-3-13 为摆动气爪实物图。

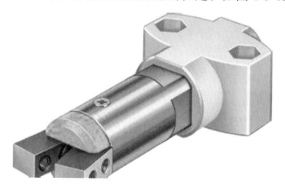

图 8-3-13　摆动气爪实物图

③ 旋转气爪。

旋转气爪如图 8-3-14 所示，它是通过齿轮齿条来进行手指运动的。齿轮齿条可使气爪手指同时移动并自动对中，确保取力的恒定。

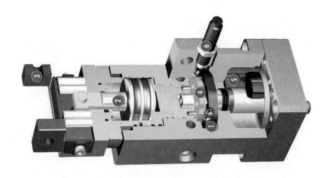

（a）结构图

（b）实物图 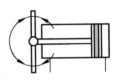 （c）工作原理图

图 8-3-14　旋转气爪结构图、实物图和工作原理图

④ 三点气爪。三点气爪如图 8-3-15 所示，它通过一个带环形槽的活塞带动 3 个曲柄工作。每个曲柄与一个手指相连，因而使手指打开或闭合。

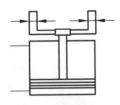

（a）实物图　　　　　（b）工作原理图

图 8-3-15　三点气爪实物图和工作原理图

想一想：工业机器人用哪种行驶的气爪？

_____

_____

（2）摆动气缸。

摆动气缸是利用压缩空气驱动输出轴在小于 360°的角度范围内做往复摆动的气动执行元件。多用于物体的转位、零件的翻转、阀门的开闭等场合。

摆动气缸按结构特点可分为叶片式、齿轮齿条式两大类。

a. 叶片式摆动气缸。

叶片式摆动气缸是利用压缩空气作用在安装于缸体内的叶片上来带动回转轴从而实现往复摆动的。当压缩空气作用在叶片的一侧，叶片另一侧排气，叶片就会带动转轴向一个方向转动；改变气流方向就能实现叶片转动的反向。叶片式摆动气缸具有结构紧凑、工作效率高的特点，常用于零件的分类、翻转、夹紧。

叶片式摆动气缸可分为单叶片式和双叶片式两种。单叶片式摆动气缸，如图 8-3-16 所示，输出轴转角大，可以实现小于 360°的往复摆动；双叶片式输出轴转角小，只能实现小于 180°的摆动图 8-3-17。通过挡块装置可以对摆动缸的摆动角度进行调节。

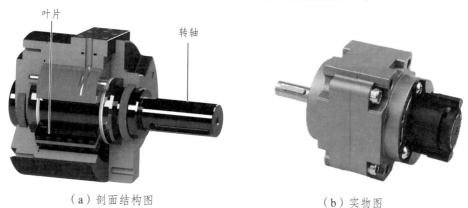

（a）剖面结构图　　　　　　　　　（b）实物图

图 8-3-16　单叶片摆动气缸结构图和实物图

b. 齿轮齿条式摆动气缸。

齿轮齿条式摆动气缸，如图 8-3-17，利用气压推动活塞带动齿条作往复直线运动，齿条带动与之啮合的齿轮作相应的往复摆动，并由齿轮轴输出转矩。这种摆动气缸的回转角度不受限制，可超过 360°，但不宜太大，否则齿条太长，给加工带来困难。齿轮齿条式摆动气缸有单齿条和双齿条两种结构。

图 8-3-17　齿轮齿条式及齿轮齿条式摆动气缸实物图

4）缓冲装置组成与原理

在利用气缸进行长行程或重负荷工作时，若气缸活塞接近行程末端仍具有较高的速度，可能造成对端盖的损害性冲击。为了避免这种现象，应在气缸靠近端盖位置或气缸的末端设置缓冲装置。缓冲装置的作用是当气缸行程接近末端时，减缓气缸活塞运动速度，防止活塞对端盖的高速撞击。常见的气缸缓冲装置有气压缓冲、液压缓冲和橡胶缓冲垫。

（1）气压缓冲。

在端盖上设置气压缓冲装置的气缸称为缓冲气缸，否则称为无缓冲气缸。缓冲装置主要由节流、缓冲柱塞和缓冲腔组成，如图 8-3-18。缓冲气缸接近行程末端时，缓冲柱塞阻断了空气直接流向外部的通路，使空气只能通过一个可调的节流阀排出。由于空气排出受阻，使活塞运动速度下降。避免了活塞对端盖的高速撞击。

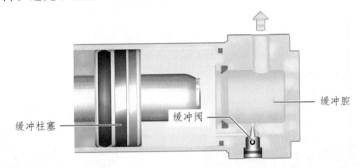

图 8-3-18　缓冲气缸

（2）缓冲橡胶垫。

在活塞杆的两端设置橡胶缓冲垫，也可以起到缓冲作用，如图 8-3-19 所示，这种有缓冲垫的气缸缓冲能力固定不可变，缓冲能力小，多用于小型气缸，防止动作噪声，同时需要注意橡胶老化而导致变形、剥落等现象。

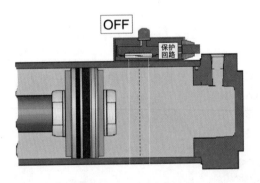

图 8-3-19　缓冲橡胶垫

（3）液压缓冲。

液压缓冲装置依靠液压阻尼对作用在其上的物体进行缓冲减速至停止，起到一定程度的保护作用，如图 8-3-20 所示。其主要由活塞、活塞杆、液压腔和缓冲弹簧等组成，液压缓冲器是主要通过液流的节流流动来将冲击能量转化为热能，其中液压缓冲器能承受高速冲击，缓冲性能较好。这种缓冲装置适用于起重运输、电梯、冶金、港口机械、铁道车辆等机械设备，其作用是在工作过程中防止硬性碰撞导致机构损坏的安全缓冲装置。

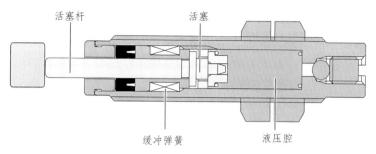

图 8-3-20　液压缓冲装置

想一想：汽车上常用的缓冲装置是哪种类型？

5）气缸的选用及保养

（1）根据工作任务对设备运动的要求选择气缸的结构形式及安装方式。

（2）根据设备所需力的大小来确定活塞杆的推力和拉力。

（3）根据设备任务的要求确定气缸行程，一般不将气缸行程使用完。

（4）推荐气缸工作速度为 0.5～1 m/s，并按此原则选择管路及控制元件。

想一想：气缸有故障时该如何维修？

6）气缸的维护保养

气缸在使用过程中，应定期进行维护保养，认真检查气缸各部位有无异常现象，以便发现问题及时处理。

（1）检查各连接部位有无松动等，轴销式安装的气缸等活动部位应该定期加润滑油。除无油润滑气缸外，均应注意合理润滑，运动表面涂以润滑脂，气源入口设置油雾器。

（2）气缸的正常工作条件为：工作压力为 0.4～0.6 MPa，普通气缸运动速度范围为 50～500 mm/s、环境温度为 5～60 ℃。在低温下，要采取防冻措施，防止系统中的水分冻结。

（3）气缸在安装前，应在 1.5 倍工作压力下试压，不应漏气。气缸检查后重新装配时，零件必须清洗干净，不得将脏物带入气缸内。特别是要防止密封圈被剪切、损坏，注意动密封圈的安装方向。

（4）气缸拆下的零部件长时间不使用时，所有加工表面应涂防锈油，进排气口应该加防尘堵塞。

7）气缸常见故障及排除方法

即使气缸本身制造质量符合标准，满足质量要求，但由于安装和使用不当，特别是长期使用，气缸也会发生故障。气缸常见故障的诊断及排除方法见表 8-3-1。

**想一想**：气缸有故障时该如何维修？

表 8-3-1　气缸常见故障的诊断及排除方法

| 故障 | | 原因分析 | 排除方法 |
|---|---|---|---|
| 外泄漏 | 活塞杆端漏气 | 1. 活塞杆安装偏心<br>2. 润滑油供应不足<br>3. 活塞密封圈磨损<br>4. 活塞杆轴承配合面有杂质，活塞杆有伤痕 | 1. 重新安装调整，使活塞杆不受偏心和横向负荷影响<br>2. 检查油雾器是否失灵<br>3. 更换密封圈<br>4. 除去杂质，安装防尘罩，更换活塞杆 |
| | 缸筒与端盖漏气 | 密封圈损坏中 | 更换密封圈 |
| | 缓冲调节处漏气 | 密封圈损坏 | 更换密封圈 |
| 内泄漏 | 活塞两端窜气 | 1. 活塞密封圈已损坏<br>2. 润滑不良<br>3. 活塞被卡住，活塞配合面有缺陷<br>4. 杂质挤入密封面 | 1. 更换密封圈<br>2. 检查油雾器是否失灵<br>3. 重新安装调整，使活塞杆不受偏心和横向负荷<br>4. 除去杂质，采用净化压缩空气 |
| 输出力不足，动作不平稳 | | 1. 润滑不良<br>2. 活塞或活塞杆被卡住<br>3. 供气流量不足<br>4. 有冷凝水等杂质 | 1. 检查油雾器是否失灵<br>2. 重新安装调整，消除偏心和横向负荷<br>3. 加大连接管或管接头口径<br>4. 注意用净化干燥压缩空气 |
| 缓冲效果不良 | | 1. 缓冲密封圈磨损<br>2. 调节螺钉损坏<br>3. 气缸速度太快 | 1. 更换密封圈<br>2. 更换调节螺钉<br>3. 注意缓冲机构是否合适 |
| 损伤 | 活塞杆损坏 | 1. 有偏心横向负荷<br>2. 活塞杆受冲击负荷<br>3. 气缸速度太快 | 1. 消除横向偏心负荷<br>2. 冲击不能加在活塞杆上<br>3. 设置缓冲装置 |
| | 缸盖损坏 | 缓冲机构不起作用 | 在外部或回路中设置缓冲机构 |

2. 气动马达

气动马达是另一种常用的气动执行元件，它可以将空气的压力能转换成机械能的能量转换装置，相当于液压系统的液压马达或者电动系统的电动机，即输出力矩带动机构作用旋转运动。

1）马达的类型

气动马达按结构形式分为叶片式、活塞式和薄膜式。在气压传动中应用最广泛的是叶片式气动马达和活塞式气动马达。

2）常用气动马达组成与工作原理

（1）叶片式气动马达。

叶片式气动马达主要由定子、转子和叶片组成，如图 8-3-21 所示为叶片式气动马达结构图，压缩空气由输入口进入，作用在工作腔两侧的叶片上。由于转子偏心安装，气压作用在两侧叶片上的转矩不等，使转子旋转。转子转动时，每个工作腔的容积在不断变化。相邻两个工作腔间存在压力差，这个压力差进一步推动转子的转动。做功后的气体从输出口输出。如果调换压缩空气的输入和输出方向，就可让转子反向旋转。叶片式气动马达的实物图和图形符号如图 8-3-22 所示。

图 8-3-21 叶片式气动马达结构图

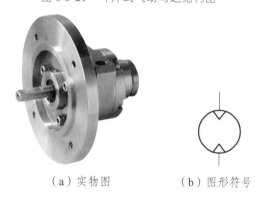

（a）实物图　　　　　（b）图形符号

图 8-3-22 叶片式气动马达实物图和图形符号

叶片马达体积小、重量轻、结构简单。但耗气量较大，一般用于中、小容量及高转速的场合。

（2）活塞式气动马达。

活塞式气动马达是一种通过曲柄或斜盘将多个气缸活塞的输出力转换为回转运动的气动马达。活塞式气动马达中为达到力的平衡，气缸数目大多为偶数。气缸可以径向配置和轴向配置称为径向活塞式气动马达和轴向活塞式气动马达。如图 8-3-23 所示为径向活塞式气动马达剖面结构图，5 个气缸均匀分布在气动马达壳体的圆周上，5 个连杆都装在同一个曲轴的曲拐上。压缩空气顺序推动各气缸活塞伸缩，从而带动曲轴连续旋转。这种气动马达的实物图如图 8-3-24 所示。

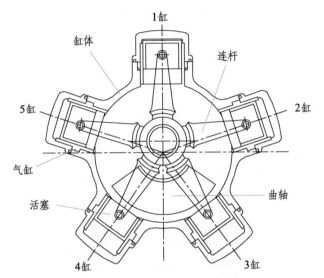

图 8-3-23　径向活塞式气动马达剖面结构图

图 8-3-24　径向活塞式气动马达实物图

3）气动马达的特点

气动马达与电动机和液压马达相比，有以下特点。

① 由于气动马达的工作介质是压缩空气。以及它本身有良好的防爆、防潮和水性，不受振动、高温、电磁、辐射等影响，可在高温、潮湿、高粉尘等恶劣环境下使用。

② 气动马达具有结构简单、体积小、重量轻、操纵容易、维修方便等特点，其用过的空气也不需处理，不会造成污染。

③ 气动马达有很宽的功率和速度调节范围。气动马达功率小到几百瓦，大到几万瓦，转速可以从零到 25 000 r/min 或更高。通过对流量的控制即可非常方便地达到调节功率和速度的

目的。

④ 正反转实现方便。只要改变进气排气方向就能实现正反转换向，而且回转部分惯性小，且空气本身的惯性也小，所以能快速地启动和停止。

⑤ 具有过载保护性能。在过载时气动马达只会降低速度或停车，当负载减小时即能重新正常运转，不会因过载而烧毁。

⑥ 气动马达能长期满载工作，由于压缩空气绝热膨胀的冷却作用，能降低滑动摩擦部分的发热。因此气动马达能在高温环境下运行，其温升较小。

⑦ 气动马达，特别是叶片式气动马达转速高、零部件磨损快，需及时检修、清洗或更换。

⑧ 气动马达还具有输出功率小、耗气量大、效率低、噪声大和易产生振动的特点。

4）马达的选用

气动马达多用于工作条件较差的矿山机械和气动工具中。因此，气动马达的选用应根据负载状态和工作条件而定。特别是在变载荷工作条件下，应考虑速度范围与输出转矩之间的关系，而在均衡载荷条件下工作时，则主要考虑其输出速度。

> 想一想：车门启闭系统采用哪种行驶的马达？
>
> _____
>
> _____

## 练习题

### 一、判断题

1. 单作用气缸属于特殊功能气缸。　　　　　　　　　　　　　　　　　　（　　）
2. 为避免高速运动对端盖的损害性冲击，所有气缸都设置缓冲装置。　　（　　）
3. 气缸在使用过程中，应定期进行维护保养，认真检查气缸各部位有无异常现象，以便发现问题及时处理。　　　　　　　　　　　　　　　　　　　　　　（　　）
4. 气缸是气压传动系统中使用最多的一种执行元件，用于实现往复直线运动。　（　　）
5. 气压马达是可以将空气的压力能转换成机械能的能量转换装置。　　（　　）

### 二、选择题

1. 在端盖上设置缓冲装置的气缸称为（　　　）。【单选题】
　　A. 缓冲气缸　　　　B. 无缓冲气缸　　　　C. 非缓冲气缸　　　　D. 特殊气缸
2. （　　　）是没有活塞杆的汽缸，它利用活塞直接带动负载实现往复运动。【多选题】
　　A. 无杆气缸　　　　B. 双活塞杆气缸　　　　C. 多位气缸　　　　D. 导向气缸
3. （　　　）的驱动单元和导向单元被封闭在同一外壳内，并可根据具体要求选择安装滑动轴承或滚动轴承支撑。【单选题】
　　A. 无杆气缸　　　　B. 双活塞杆气缸　　　　C. 多位气缸　　　　D. 导向气缸

4.（　　　）径相同但行程不同的两个或多个气缸连接起来，使组合后的气缸就能具有 3 个或 3 个以上的精确停止位置。【单选题】

    A. 无杆气缸　　　　B. 双活塞杆气缸　　　　C. 多位气缸　　　　　　D. 导向气缸

5.（　　　）输出力矩带动机构作用旋转运动。【单选题】

    A. 气压马达　　　　B. 无杆气缸　　　　　　C. 多位气缸　　　　　　D. 导向气缸

## 三、简答题

1. 简述单作用气缸的组成及工作过程。

2. 简述叶片式马达的组成及工作过程。

# 任务四　气压传动系统控制元件

在气动系统中，控制元件的基本的任务是实现气动执行元件运动方向的控制，而方向控制是由哪些气动元件完成的？工作原理是什么？本任务主要介绍气动系统控制元件的作用、类型组成及原理。

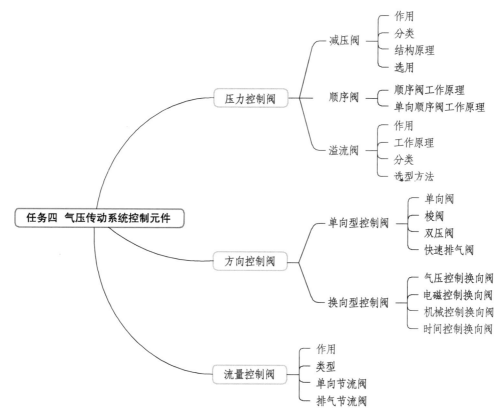

## 【学习目标】

知识目标：

（1）说出气压传动系统各类控制元件组成。

（2）列举气压传动系统气压控制元件类型。

能力目标：

（1）具备判断辨别气动控制元件类型的能力。

（2）具备选用合适压控制阀的能力。

素质目标:

（1）在学习过程中，通过团队协作探究气压传动系统各类阀控的组成，使学生具备分析问题和解决问题的能力；

（2）通过探究气压传动系统各类阀的工作原理，使学生具备严格谨慎、务真求实的学习精神。

 【任务描述】

某学校新能源汽车运用与维修专业学生前面学习过气压传动基础知识，了解了气压传动系统主要由气源装置、控制元件、执行元件和辅助元件组成。现开始学习气动系统控制元件，教师提出2个问题：气压传动系统为什么要有控制元件？气动系统控制元件要具备哪些功能？若你是本专业的学生，请通过学习气压传动系统控制元件的相关内容，解答教师问题。

 【获取信息】

气动控制元件是指在气压传动系统中，控制和调节压缩空气的压力、流量和方向的各类控制阀，按功能不同分为压力控制阀、流量控制阀、方向控制阀以及一些能实现一定逻辑功能的气动逻辑元件。

1. 压力控制阀

压力控制主要指的是控制、调节气动系统中压缩空气的压力，以满足系统对压力的要求。在工业气动控制中，冲压、拉伸、夹紧等很多工作过程都需要对执行元件的输出力进行调节或根据输出力的大小进行控制。在气压传动系统中，控制压缩空气的压力或依靠气压力来控制执行元件动作顺利的阀称为压力控制阀。

压力控制阀分为减压阀、顺序阀和溢流阀，压力控制阀都是利用压缩空气作用在阀芯上的力和弹簧力相平衡的原理来进行工作的。由于溢流阀和顺序阀在气动系统中应用较少，因此，这里重点介绍气动系统中应用最广泛的压力控制阀——减压阀。

> 想一想：什么情况下用减压阀？
>
> _____
>
> _____

1）减压阀

减压阀又称调压阀，是气动系统中必不可少的一种调压元件，它在气动系统中起降压稳压作用。在气压传动中，一般都是由空气压缩机将空气压缩后储存于气罐中，然后经管路输送给各气压传动装置使用。由于气罐提供的空气压力通常都高于每台装置所需的工作压力。且压力波动较大。因此必须在系统的入口处安装一个具有减压、稳压作用的元件，即减压阀。

（1）减压阀的作用。

减压阀又称调压阀，用来调节或控制气压的变化，并保持降压后的输出压力值稳定在需要的值上，确保系统压力的稳定。

（2）减压阀的分类。

减压阀的种类繁多，可按压力调节方式、排气方式等进行分类。

① 按压力调节方式分类。

按压力调节方式分，有直动式减压阀和先导式减压阀两大类。直动式减压阀是利用手柄或旋钮直接调节调压弹簧来改变减压阀输出压力，先导式减压阀是采用传统空气代替调压弹簧来调节输出压力。先导式减压阀又可分为外部先导式和内部先导式。

② 按排气方式分类。

按排气方式可分为溢流式、非溢流式和恒量排气式 3 种。溢流式减压阀的特点是减压过程中从溢流孔中排出少量多余的气体，维持输出压力不变。非溢流式减压阀没有溢流孔，使用时回路中要安装一个放气阀，以排出输出侧的部分气体，它适用于调节有害气体压力的场合，可防止大气污染。恒量排气式减压阀始终有微量气体从溢流阀座的小孔排出，能更准确地调整压力，一般用于输出压力要求调节精度高的场合。

（3）减压阀的结构原理。

常用的减压阀是直动式减压阀和先导式减压阀。其工作原理是：将减压阀输出口的压力反馈在膜片或活塞上，与调压弹簧力相平衡，以保持出口压力不变。调节调压弹簧的预紧力，可以实现对出口压力的控制并稳定输出压力。

① 直动式减压阀。

直动式减压阀的结构原理如图 8-4-1 所示，当顺时针方向旋转调压手柄时，调压弹簧推动下面的弹簧座（活塞）、推杆和阀芯向下移动，使阀口开启。压缩空气从 $P_1$ 进入，通过阀口并降压从出口 $P_2$ 流出。与此同时，出口的压缩空气作用在活塞上，在活塞下面产生一个向上的

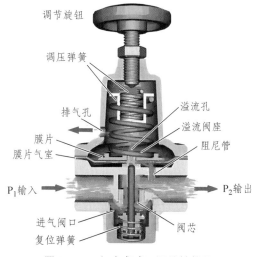

图 8-4-1　直动式减压阀的结构图

推力与调压弹簧力平衡。当减压阀维持这种平衡状态时，阀便有稳定的压力输出。当输入压力增高时，输出压力也随之增高，活塞下面的压力也增高，将膜片向上推，阀芯和推杆在复位弹簧的作用下上移，从而使阀口的开度减小，节流作用增强，导致输出压力降低到调定值为止，活塞上的空气压力与调压弹簧力达到一个新的平衡。反之，若输入压力下降，则输出压力也随之下降，活塞在调压弹簧力的作用下向下移动，推杆和阀芯随之下移，阀口开度增大，节流作用降低，导致输出压力回升到调定压力，压力维持稳定。

当减压阀不使用时，可旋松调压手柄使弹簧恢复自由状态，阀芯在复位弹簧作用下，关闭进气阀口，这样减压阀便处于截止状态，无气流输出。但是，减压阀在工作时，阀口是处于常开状态的。

② 先导式减压阀。

当气动系统对压力要求较高，需要进行精确调压时，直动式减压阀就不能满足要求了。此时，可以采用精密减压阀。精密减压阀实际上是一种先导式减压阀，它由先导阀和主阀两部分组成。先导式减压阀的工作原理和主阀结构与直动式减压阀基本相同。先导式减压阀所采用的调压空气是由小型直动式减压阀供给的。若把小型直动式减压阀装在主阀的内部，则称为内部先导式减压阀；若将小型直动式减压阀装在主阀的外部，则称为外部先导式减压阀。

如图 8-4-2 所示为活塞结构先导式减压阀将两个阀门融为一体，先导阀控制活塞压力，可开启更大的主阀，因此，与直动式减压阀相比，这种减压阀拥有更大的容量和更高的精度。

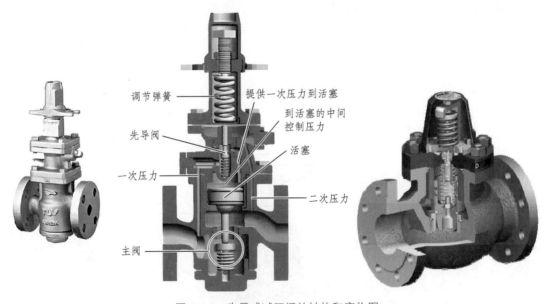

图 8-4-2　先导式减压阀的结构和实物图

先导式减压阀提高了阀芯控制的灵敏度，使输出压力的波动减小，稳压精度比直动式减压阀高。

想一想：先导式减压阀和直动式减压阀可以互换使用吗？

_____

_____

（4）减压阀的选用。

① 减压阀的选择。

气动减压阀在选用时，首先应根据气动系统对压力精度的要求选择减压阀的类型，对调压精度要求较高的系统应选择先导式减压阀；对调压精度无特殊要求的系统可选择直动式减压阀。然后根据气源压力确定减压阀的额定输入压力，减压阀的最低输入压力应大于最高输出压力 0.1 MPa。再根据减压阀所在气动回路的最大输出流量要求确定减压阀的规格。最后根据机械设备的安装要求选择减压阀的安装形式。

② 减压阀的安装。

安装减压阀时，最好将减压阀的手柄朝上，以方便操作。要按照气动系统压缩空气流动的方向，按过滤器—减压阀—油雾器的顺序依次进行安装，不得颠倒顺序，否则，气动元件将不能实现正常的功能。同时要注意气动元件上表示气流方向的箭头不要装反。在减压阀压力调节时，应由低向高调，直到规定的压力值为止。减压阀在储存和长期不使用时，应把手柄放松，以免膜片长期受压变形。在正常使用的气动系统中，不允许放松手柄。

2）顺序阀

顺序阀是根据回路中气体压力的大小来控制各种执行机构按顺序动作的压力控制阀。顺序阀常与单向阀组合使用，组成单向顺序阀。

（1）顺序阀工作原理。

顺序阀靠调压弹簧压缩量来控制其开启压力的大小。图 8-4-3 为顺序阀工作原理，压缩空气进入进气腔作用在阀芯上，若此力小于弹簧的压力时，阀为关闭状态，A 无输出。而当作用在阀芯上的力大于弹簧的压力时，阀芯被顶起，阀为开启状态，压缩空气由 P 口流入，从 A 口流出，然后输出到气缸或气控换向阀。

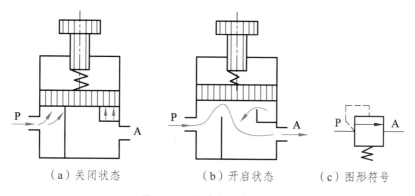

（a）关闭状态　　（b）开启状态　　（c）图形符号

图 8-4-3　顺序阀工作原理

（2）单向顺序阀工作原理。

单向顺序阀是由顺序阀与单向阀并联组合而成。它依靠气路中压力的作用而控制执行元件的顺序动作，其工作原理如图 8-4-4 所示，压缩空气经过油道进入控制活塞下端，当其进口气压低于弹簧调定压力时，控制活塞下端推力较小，阀芯处于最下端，阀口关闭，顺序阀不通。当其进口气压达到或超过弹簧调定压力时，阀芯上升，阀口开启，顺序阀接通，阀后的气路工作。通过螺钉调节弹簧的预压缩量即能调节阀的开启压力。

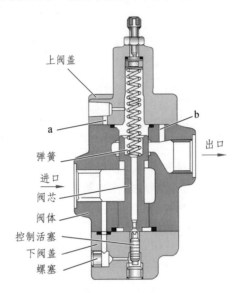

图 8-4-4　单向顺序阀工作原理

3）溢流阀

在气动系统中，溢流阀又称安全阀、限压切断阀，主要起限压安全保护作用。当气罐或气动系统中的压力超过一定值时，溢流阀能立即打开排气、溢流，以防止压力继续升高产生压力过载。

（1）作用。

溢流阀（安全阀）在系统中起限制最高压力，保护系统安全的作用。当回路、储气罐的压力上升到设定值以上时，溢流阀（安全阀）把超过设定值的压缩空气排入大气，以保持输入压力不超过设定值。

（2）工作原理。

图 8-4-5 所示为溢流阀的工作原理图。它由调压弹簧 2、调节机构 1、阀芯 3 和壳体组成。当气动系统的气体压力在规定的范围内时，由于气压作用在阀芯 3 上的力小于调压弹簧 2 的预压力，所以阀门处于关闭状态。当气动系统的压力升高，作用在阀芯 3 上的力超过了弹簧 2 的预压力时，阀芯 3 就克服弹簧力向上移动，阀芯 3 开启，压缩空气由排气孔 T 排出，实现溢流，直到系统的压力降至规定压力以下时，阀重新关闭。开启压力大小靠调压弹簧 2 的预压缩量来实现。

（3）分类。

溢流阀与减压阀相类似，按控制方式分为直动式和先导式两种。

直动式溢流阀开启压力与关闭压力比较接近，即压力特性较好、动作灵敏；但最大开启量比较小，即流量特性较差，如图8-4-6所示。

先导式溢流阀由一小型的直动式减压阀提供控制信号，以气压代替弹簧控制溢流阀的开启压力。先导式溢流阀一般用于管道直径大或需要远距离控制的场合，如图8-4-7所示。

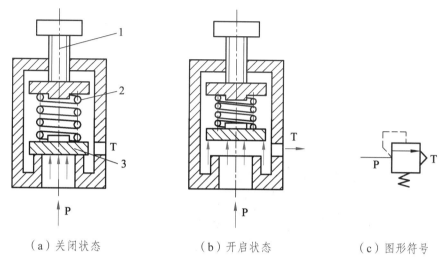

（a）关闭状态　　　　　　（b）开启状态　　　　　　（c）图形符号

图8-4-5　溢流阀工作原理

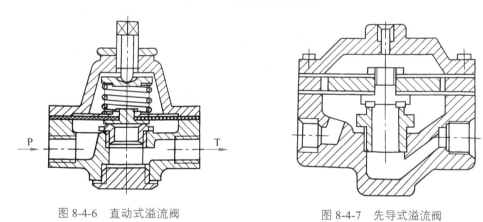

图8-4-6　直动式溢流阀　　　　　　　　图8-4-7　先导式溢流阀

（4）选型方法。

① 根据需要的溢流量选择溢流阀的途径。

② 溢流阀的调定压力越接近阀的最高使用压力，则溢流阀的溢流特性越好。

## 2. 方向控制阀

用于通断气路或改变气流方向，从而控制气动执行元件启动、停止和换向的元件称为方向控制阀。方向控制阀是气动系统中应用最多的一种控制元件，可以实现气动执行元件运动方向的控制。方向控制阀主要有单向型和换向型两种。

方向控制阀的工作原理

**想一想**：单向阀和换向阀可以用于同一种气压系统吗？

_____

_____

1）单向型控制阀

单向型控制阀有单向阀、梭阀、双压阀和快速排气阀等。

（1）单向阀。单向阀指气流只能沿一个方向流动而反方向不能流动的阀。气动单向阀的工作原理、结构和图形符号与液压元件中的单向阀相同，只是在气动单向阀中，为保证密封效果，阀芯和阀座之间有一层软质密封胶垫，如图 8-4-7 所示。

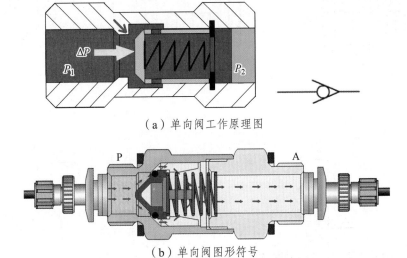

（a）单向阀工作原理图

（b）单向阀图形符号

图 8-4-7　单向阀工作原理图及图形符号

（2）梭阀。梭阀相当于两个单向阀反向串联组成，如图 8-4-8（a）所示，为一种梭阀，其主要由阀体、阀芯和阀座组成。其中梭阀有三个通口，$P_1$、$P_2$ 和 A。其中 $P_1$ 口和 $P_2$ 口都可与 A 口相通，而 $P_1$ 口和 $P_2$ 口互不相通。当 $P_1$ 口进气时，阀芯切断 $P_2$ 口，$P_1$ 口与 A 口相通，A 口有输出；当 $P_2$ 口进气时，阀芯切断 $P_1$ 口，$P_2$ 口与 A 口相通，A 口也有输出；如 $P_1$ 口和 $P_2$ 口都进气时，活塞则移向压力较低侧关闭低压侧进气口，使高压侧进气口与 A 口相通，A 口有输出；如果两侧压力相等时，则先加入压力一侧与 A 口相通，并输出，具体如图 8-4-8 所示。

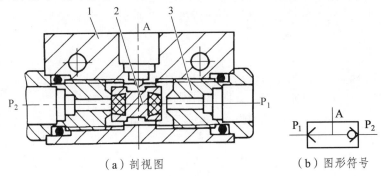

（a）剖视图　　　　　　　　　　　（b）图形符号

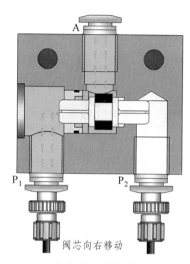

（c）工作原理图

图 8-4-8　梭阀工作原理图及图形符号

（3）双压阀。在气动逻辑回路中，双压阀的作用与门的作用原理相似，如图 8-4-9 所示。双压阀有 $P_1$ 和 $P_2$ 两个输入口和一个输出口 A。当 $P_2$ 口有压缩气体，$P_1$ 口无压力气体时，滑阀右移，阀不导通，A 口无压力气体输出；只有当 $P_1$、$P_2$ 同时有输入时，A 口才有输出；当 $P_1$ 和 $P_2$ 口压力不等时，则关闭高压侧，低压侧与 A 口相通。双压阀可用于"互锁控制""安全控制"等逻辑功能。

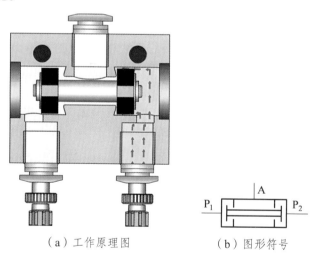

（a）工作原理图　　　　　（b）图形符号

图 8-4-9　双作用阀工作原理图与图形符号

（4）快速排气阀。快速排气阀简称快排阀，是为使气缸快速排气、加快气缸运动速度而设置的，一般安装在换向阀和气缸之间。图 8-4-10 所示为一种快速排气阀的结构、工作原理及图形符号。当系统处于正常工作状态时，气体从进气口 P 进入，经 A 进入气缸，排气时从 A 经排气口 O 排出。当系统需要排气时，进气口 P 处的压力下降或者撤销 P 口关闭，排气口 O 打开，A 口气体经 O 口快速排出，系统实现快速排气。实践证明，安装快排阀后，气缸的运动速度可提高 4～5 倍。

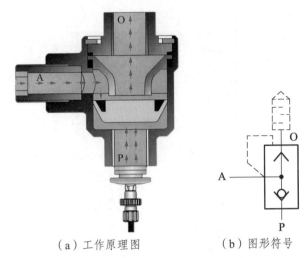

（a）工作原理图　　　　　　　　（b）图形符号

图 8-4-10　快速排气阀工作原理和图形符号

2）换向型控制阀

换向型控制阀通过改变压缩空气的流动方向，从而改变执行元件的运动方向。根据控制方式不同，换向阀可分为气压控制、电磁控制、机械控制、手动控制和时间控制等。

（1）气压控制换向阀。

气压控制换向阀是以压缩空气为动力切换主阀，使气路换向或通断的阀。按作用原理可分为加压控制、卸压控制、差压控制和时间控制四种方式，常用的是加压控制和差压控制。加压控制是指加在阀芯上的控制信号的压力值是逐渐升高的，当控制信号的气压增加到阀的切换动作压力时，使阀芯迅速沿加压方向移动，换向阀实现换向，这类阀有单气控和双气控之分。差压控制是利用控制气压作用在两端面积不等的活塞上产生推力差，从而使阀换向的一种控制方式。

图 8-4-11 所示为二位三通单气控加压式换向阀的工作原理和符号。无气控加压信号时阀的状态为常态位，如图 8-4-11（a）所示，此时阀芯 1 在弹簧 2 的作用下处于上端位置，阀口 A 与 O 接通。有气控加压信号时，阀芯 1 向下动作，如图 8-4-11（b）所示。由于气压力的作用，阀芯 1 压缩弹簧 2 下移，阀口 A 与 O 断开，P 与 A 接通。图 8-4-11（c）为该阀的图形符号。

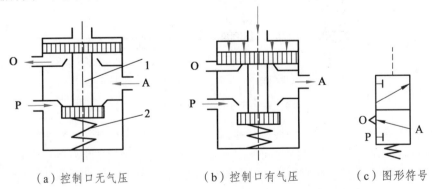

（a）控制口无气压　　　　　　（b）控制口有气压　　　　　（c）图形符号

图 8-4-11　二位三通单气控加压式换向阀的工作原理和图形符号

（2）电磁控制换向阀。

电磁控制换向阀是利用电磁力的作用来实现阀的切换并控制气流的流动方向。按照电磁控制部分对换向阀的推动方式，电磁控制换向可分为直动式和先导式两大类，电磁换向阀操控方式的表示方法如图 8-4-12 所示。

单侧电磁控制（直动式）

双侧电磁控制（直动式）

先导式电磁控制（带手控）

电磁阀线圈

图 8-4-12　电磁换向阀操控方式表示方法

① 直动式电磁换向阀。由电磁铁的衔铁直接推动换向阀阀芯的阀称为直动式电磁阀，这种电磁阀是利用电磁线圈通电时，静铁心对动铁心产生的电磁吸力直接推动阀芯移动实现换向的，如图 8-4-13 所示。通电时，电磁线圈产生电磁力把阀芯从阀座上提起，阀门打开；断电时，电磁力消失，弹簧把阀芯压在阀座上，阀门关闭。这种电磁吸力直接推动阀芯换向的电磁阀，结构简单，切换速度快，动作频率高，通径大时，所需电磁力也大，因此体积和功耗都大。交流电磁铁在阀芯卡死时，有可能烧毁线圈。

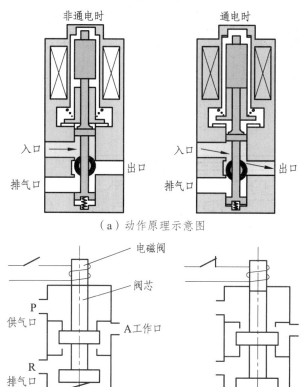

（a）动作原理示意图

（b）动作原理简图

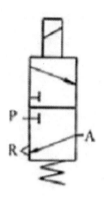

（c）图形符号

图 8-4-13　直动式电磁换向阀动作原理图及图形符号

②先导式电磁换向阀直动式电磁阀由于阀芯的换向行程受电磁吸合行程的限制，只适用于小型阀。先导式电磁换向阀则是由直动式电磁阀（导阀）和气控换向阀（主阀）两部分构成。其中直动式电磁阀在电磁先导阀线圈得电后，导通产生先导气压。先导气压再来推动大型气控换向阀阀芯动作，实现换向，如图 8-4-14 所示为内部先导式电磁换向阀结构和图形符号。

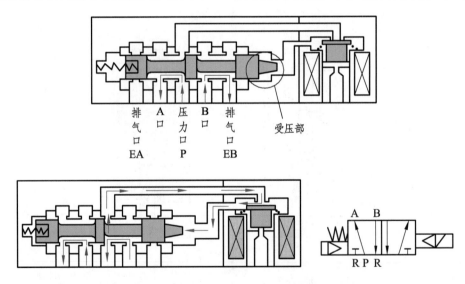

图 8-4-14　内部先导式电磁换向阀结构和图形符号

（3）机械控制换向阀。机械操纵换向阀是利用安装在工作台上的凸轮、撞块或其他机械外力来推动阀芯动作实现推向的换向阀。由于它主要用来控制和检测机械运动部件的行程，所以一般也称为行程阀。行程阀常见的操控方式有顶杆式、滚轮式、单向滚轮式等。

顶杆式是利用机械外力直接推动阀杆的头部使阀芯位置变化实现换向的，如图 8-4-15 所示。

手动换向阀的换向原理与机械换向阀类似，如图 8-4-16 所示，在此不再重复描述。

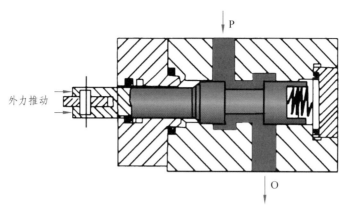

图 8-4-15 机械控制换向阀

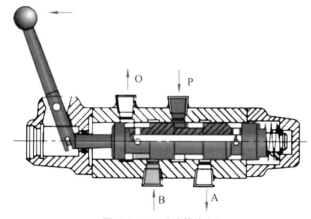

图 8-4-16 手动换向阀

（4）时间控制换向阀。

时间控制换向阀是利用气流通过气阻（如小孔、缝隙等）节流后到气容（储气空间）中经一定时间，气内容建立起一定压力后，再使阀芯换向的阀。时间控制换向阀中时间控制的信号输出有脉冲信号和延时信号两种。

① 延时阀。

延时阀是由延时部分和换向部分组成的，图8-4-17 所示为二位三通延时换向阀的工作原理。当无气控信号时，P 与 A 断开，A 口排气；当有气控信号时，气体从 K 口输入经可调节流阀节流后到气容 a 内，使气容不断充气，直到气容 a 内部的气压上升到某一值时，阀芯由左向右移动，使 P 口与 A 口接通，A 口有输出；当气控信号消失后，气容 a 内部气体经单向阀到 K 口排空。这种阀的延时时间可在 0～20 s 内调整。

② 脉冲阀。

脉冲阀与延时阀一样，也是依靠气流流经气阻，并通过气容的延时作用使输入压力的长信号变为短暂的脉冲信号输出。

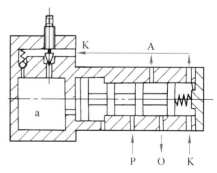

图 8-4-17 二位三通延时换向阀

脉冲阀由阀体①、阀盖②、膜片③、弹簧④等零件组成，如图 8-4-18 所示，当阀体输入口与分气箱（气包）连接后，压缩气体进入脉冲阀前气室⑥并通过前气室的节流孔⑤进入后气室⑦。由于膜片后气室的压力大于膜片前气室的压力，迫使膜片紧贴在脉冲阀输出口一端，使脉冲阀处于"关闭"状态，如图 8-4-18（a）。

当打开脉冲阀后气室的放气孔，后气室因气体释放而失压，前气室的压力迫使膜片后移。压缩气体通过输出口向外喷吹，脉冲阀处于"开启"状态，如图 8-4-18（b）所示。当关闭脉冲阀后气室的放气孔，由于节流孔充气，后气室的压力上升加之弹簧的作用，迫使膜片复位，使脉冲阀又处于"关闭"状态。这种脉冲阀的工作气压为 0.15～0.8 MPa，脉冲时间小于 2 s。

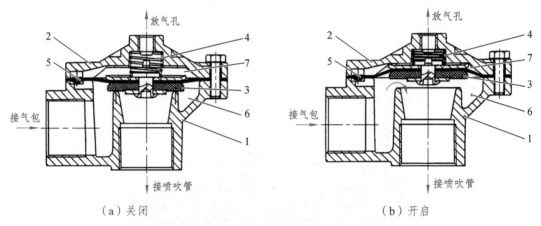

（a）关闭　　　　　　　　　　　　　　　（b）开启

图 8-4-18　脉冲阀结构图

> **想一想：**脉冲阀可以用于哪些器件？
> _____
> _____

### 3. 流量控制阀

**1）流量控制阀作用**

流量控制阀是通过改变阀的通流截面积来调节压缩空气的流量，从而控制气动执行元件的运动速度、换向阀的切换时间和气动信号的传递速度等的气动控制元件。

**2）流量控制阀类型**

流量控制阀包括节流阀、单向节流阀和排气阀等。

**3）单向节流阀**

单向节流阀由单向阀和节流阀并联而成，用于一个方向需要控制流量而另一个方向（反向）需要油流畅通的回路中，以实现执行元件正向可调速，而反向能快速退回。单向节流阀的结构和图形符号如图 8-4-19 所示，利用流体力学原理工作。它利用流体在节流口处形成的局部阻力，来限制液体的流动并控制流量。当液体通过阀芯和节流口时，流体的速度会加快，从而产生高压区域。这种压力差会使阀芯受力，将节流口限制在一定程度上。

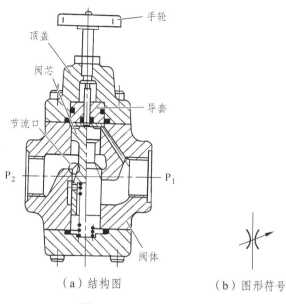

（a）结构图　　　　　（b）图形符号

图 8-4-19　单向节流阀

4）排气节流阀

排气节流阀可调节排入大气的流量，以改变执行元件的运动速度，通常安装在执行元件的排气口处，常带有消声元件以降低排气噪声，并防止不清洁的环境通过排气口污染气路中的元件。排气节流阀的气流从底部气口进入阀内，由节流口节流后经消声套排出，如图 8-4-20所示。所以它不仅能调节执行元件的运动速度，还能起到降低排气噪声的作用。

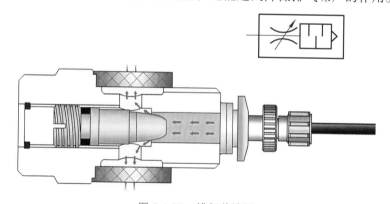

图 8-4-20　排气节流阀

排气节流阀通常安装在换向阀的排气口与换向阀联用，起单向节流阀的作用。它实际上是节流阀的一种特殊形式，由于其结构简单、安装方便、能简化回路，故而应用十分广泛。

---

**想一想：** 排气节流阀可以用于汽车的什么系统？

---

# 练习题

## 一、判断题

1. 气动控制元件是指在气压传动系统中，控制和调节压缩空气的压力、流量和方向的各类控制阀。 （　　）

2. 压力控制主要指的是控制、调节气动系统中压缩空气的压力，以满足系统对压力的要求。 （　　）

3. 顺序阀常与单向阀组合使用，组成单向顺序阀。 （　　）

4. 手动换向阀主要用来控制和检测机械运动部件的行程。 （　　）

5. 排气节流阀可调节排入大气的流量，以改变执行元件的运动速度。 （　　）

## 二、选择题

1. 在气动系统中，（　　）主要起限压安全保护作用。【单选题】

　　A. 减压阀　　　　　B. 溢流阀　　　　　C. 顺序阀　　　　　D. 节流阀

2. （　　）在气动系统中起降压稳压作用。【单选题】

　　A. 减压阀　　　　　B. 溢流阀　　　　　C. 顺序阀　　　　　D. 节流阀

3. （　　）是根据回路中气体压力的大小来控制各种执行机构按顺序动作的压力控制阀。【单选题】

　　A. 减压阀　　　　　B. 溢流阀　　　　　C. 顺序阀　　　　　D. 节流阀

4. （　　）通过改变压缩空气的流动方向，从而改变执行元件的运动方向。【单选题】

　　A. 换向型控制阀　　　　　　　　　B. 压力型控制阀

　　C. 速度型控制阀　　　　　　　　　D. 单向型控制阀

5. 下列不是流量控制阀的是（　　）。【单选题】

　　A. 节流阀　　　　　B. 单向节流阀　　　　　C. 排气阀　　　　　D. 顺序阀

## 三、简答题

1. 简述溢流阀的工作原理。

2. 简述单向节流阀的组成和工作过程。

# 任务五　气压传动基本回路

　　气压传动基本回路是由一系列气动元件组成的能完成某项特定功能的典型回路。气压传动系统是由各种功能的基本回路组成的，那么气动回路的功能是什么呢？功能是如何实现的呢？本任务主要介绍气压传动基本回路的作用、组成和工作过程。

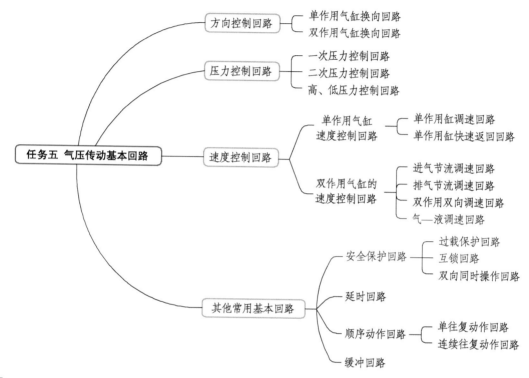

## 【学习目标】

### 知识目标：

（1）说出气压传动基本回路的作用。
（2）列举气压传动基本回路的类型。

### 能力目标：

（1）具备判断辨别气压传动回路类型的能力。
（2）具备为气压传动系统选用合适压回路的能力。

### 素质目标：

（1）在学习过程中，通过团队协作探究气压传动基本回路的作用及组成，使学生具备分析问题和解决问题的能力；

（2）通过探究气压传动基本回路的工作过程，使学生具备严格谨慎、务真求实的学习精神。

## 【任务描述】

某学校新能源汽车运用与维修专业学生前面学习过气压传动基础知识，了解了气压传动系统主要由气源装置、控制元件、执行元件和辅助元件组成。现开始学习气动回路，教师提出 2 个问题：气压传动系统实现各种功能一定要有对应系统的工作回路吗？不同气压传动系统的工作回路一样吗？若你是本专业的学生，请通过学习气压传动基本回路的相关内容，解答教师问题。

## 【获取信息】

气动基本回路按其功能分为方向控制回路、压力控制回路、速度控制回路和其他常用基本回路。因为气压传动系统是由各种功能的基本回路组成，所以熟练掌握常用的基本回路是分析气压传动系统的基础。

1. 方向控制回路

在气压传动系统中，用于控制执行元件的启动、停止（包括锁紧）及换向的回路称为方向控制回路。换向回路是方向控制回路的一种主要形式，它的作用是通过方向控制元件换向阀改变压缩气体流动方向的回路。

> 想一想：方向控制回路可以用于什么气路系统中？
>
> _____
>
> _____

1）单作用气缸换向回路

如图 8-5-1（a）所示为利用二位三通电磁阀控制单作用气缸的回路。当换向阀电磁铁不得电，即图示状态时，气缸左腔经换向阀排气。活塞在复位弹簧力作用下退回。当换向阀的电磁铁得电后，气缸的左腔进气，活塞克服弹簧力和负载力向右运动。当电磁铁断电后，气缸又退回。

2）双作用气缸换向回路

如图 8-5-2 所示是利用两个二位三通电磁阀控制的换向回路。在图示状态下，压力气体经换向阀 2 的右位进入气缸的右腔，气缸左腔经阀 1 的右位排气，并推动活塞退回。当换向阀 1 和换向阀 2 的电磁铁都得电后，气缸的左腔进气，右腔排气，活塞杆伸出。当电磁铁都断电后，活塞杆退回。

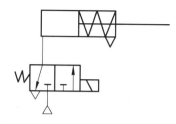

图 8-5-1 　（a）单作用气缸换向回路

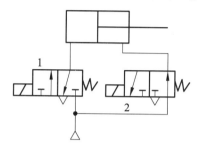

图 8-5-2 　（b）双作用气缸换向回路

图 8-5-2 　气缸换向回路

**想一想**：单作用气缸换向回路与双作用气缸换向回路可以在气动系统中互换使用吗？

_____

_____

## 2. 压力控制回路

压力控制回路是对系统压力进行调节和控制的回路。常用的压力控制回路有一次压力控制回路、二次压力控制回路和高低压转换回路。在气动控制系统中，进行压力控制主要有两种：第一是控制一次压力，提高气动系统工作的安全性；第二是控制二次压力，给气动装置提供稳定的工作压力，这样才能充分发挥元件的功能和性能。

1）一次压力控制回路

如图 8-5-3 所示为一次压力控制回路，是指气源供气压力的控制回路。此回路主要用于把空气压缩机的输出的压缩空气的压力，在储气罐位置控制在一定压力范围内。因为系统中压力过高，会增加压缩空气输送过程中的压力损失和泄漏以外，还会使管道或元件破裂而发生危险。因此，压力应始终控制在系统的额定值以下。

该回路中常用外控型溢流阀保持供气压力基本恒定和用电触点式压力表 1 来控制空气压缩机 3 的转、停，使储气罐 5 内的压力保持在规定的范围内。一般情况下，空气压缩机的出口压力为 0.8 MPa 左右。

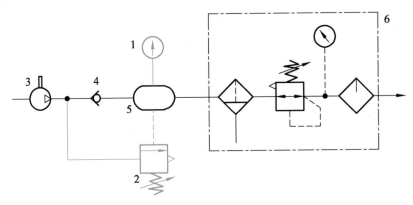

1—压力表；2—溢流阀；3—空气压缩机；4—单向阀；5—储气罐；6—气动三联件。

图 8-5-3　一次压力控制回路

**想一想：** 一次压力控制回路可以用于气源入口处的压力调节吗？

2）二次压力控制回路

二次压力控制回路的主要作用是对气动装置的气源入口处压力进行调节，提供稳定的工作压力。该回路一般由空气过滤器、减压阀和油雾器组成，这三种装置为气动调节装置，简称气动三联件。其中，过滤器除去压缩空气中的灰尘、水分等杂质；减压阀调节压力并使其稳定；油雾器使清洁的润滑油雾化后注入空气流中，对需要润滑的气动部件进行润滑。

如图 8-5-4 所示的二次压力控制回路是由溢流减压阀来实现压力的控制的二次压力控制回路，其主要由空气滤清器、溢流减压阀、压力表和油雾器组成。二次减压阀可以用多种组合连接方式，形成对同一系统或不同系统的压力控制。

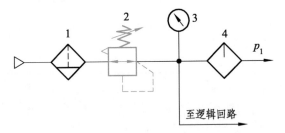

1—空气滤清器；2—溢流减压阀；3—压力表；4—油雾器。

图 8-5-4　二次压力控制回路

**想一想：** 需要使用一次压力控制回路的气路系统用二次压力控制回路可行吗？

3）高、低压转换回路

高、低压转换回路用于低压气源或高压气源的转换输出，这种回路可以满足某些气动设备时而需要高压，时而需要低压的需要。

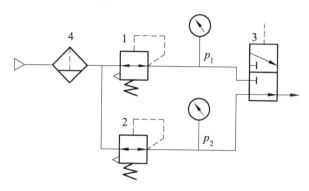

1、2—减压阀；3—二位三通换向阀；4—空气过滤器

图 8-5-5 高、低压转换回路

该回路用两个减压阀 1 和 2 调出两种不同的压力 $p_1$ 和 $p_2$，再利用二位三通换向阀 3 实现高、低压转换。

想一想：什么情况下用高、低压转换回路？

_____

_____

3. 速度控制回路

在气压传动系统中，用来控制和调节执行元件运动速度的回路称为速度控制回路。气压传动系统对执行元件运动速度的调节和控制大多采用节流调速原理。节流调速回路可采用进口节流、出口节流、双向节流调速回路等。

1）单作用气缸速度控制回路

（1）单作用气缸调速回路。

单作用气缸的双向节流调速回路如图 8-5-6 所示，两个单向节流阀反向串联在单作用气缸的进气路上，由换向阀控制气缸换向。在图示状态，压力气体经过换向阀的左位、单向节流阀 4 的节流阀、单向节流阀 3 的单向阀进入气缸，气缸活塞杆伸出。活塞杆伸出的速度由单向节流阀 4 调节。

（2）单作用气缸快速返回回路。

如图 8-5-7 所示的单作用气缸快速返回回路中，接通 SB1 按钮开关，二位三通换向阀工作在右位，气缸活塞杆伸出；断开 SB1 按钮开关，二位三通换向阀工作在左位，气缸活塞杆在弹簧力的作用下收缩。调节右侧单向节流阀开度大小，控制气缸活塞杆伸出速度。气缸活塞杆缩回时通过带消声器的快速排气阀排气，使气缸快速返回。

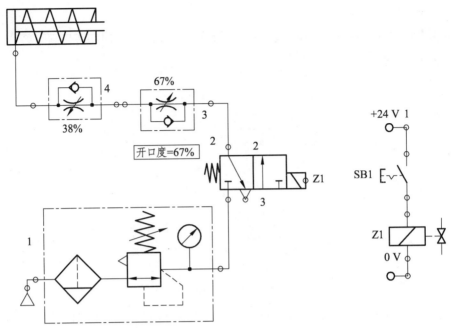

1—三联件；2—二位三通单控电磁换向阀；3、4—单向节流阀；5—单作用气缸。

图 8-5-6  单作用气缸的速度控制回路

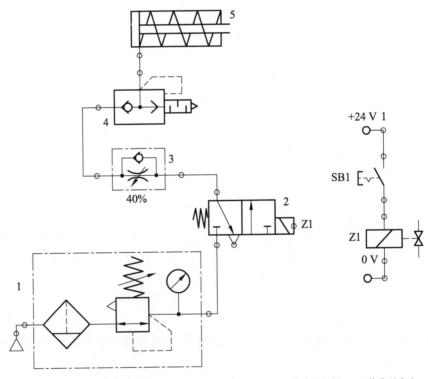

1—三联件；2—二位三通单控电磁换向阀；3—单向节流阀；4—快速排气阀；5—单作用气缸。

图 8-5-7  单作用气缸快速返回回路

2）双作用气缸的速度控制回路

（1）进气节流调速回路。

进气节流调速回路中进入气缸 A 腔的气流流经节流阀，B 腔排出的气体直接经换向阀快速排出。当节流阀开度较小时，进入 A 腔的流量较小，压力上升缓慢；当气压达到能克服负载时，活塞前进，此时 A 腔容积增大，压缩空气膨胀，压力下降，使作用在活塞上的力小于负载，因而活塞就停止前进，如图 8-5-8 所示。待压力再次上升时，活塞才再次前进。这种由于负载及供气的原因使活塞忽走忽停的现象，便是气缸的爬行现象。

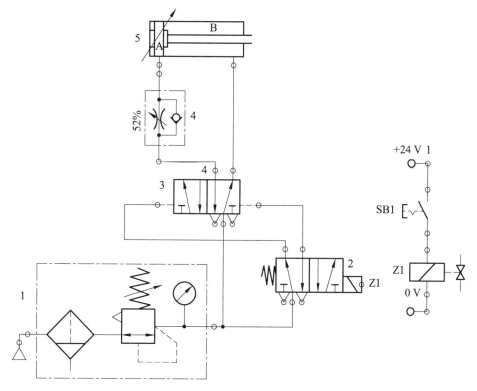

1—三联件；2—二位五通双气控换向阀；3—二位五通单控电磁换向阀；4—单向节流阀；5—双作用气缸。

图 8-5-8　进气节流调速回路

图 8-5-8 所示的进气节流调速阀工作过程为：

① SB1 按钮开关断开，二位五通换向阀失电工作在左位，二位五通双气控换向阀工作在左位，气缸活塞杆伸出。

② SB1 按钮开关接通，二位五通电磁换向阀得电工作在右位，二位五通双气控换向阀工作在右位，气缸活塞杆缩回。

③ 通过调节单向节流阀的开度大小，控制气缸伸出运动速度。

节流供气调速回路不足之处主要表现为：① 当负载方向与活塞运动方向相反时，活塞运动容易出现不平稳现象，即"爬行"现象。② 当负载方向与活塞运动方向一致时，由于排气经换向阀快排，几乎没有阻尼，负载易产生"空跑"现象，使气缸失去控制。所以节流供气调速，多用于垂直安装的气缸的供气回路中。

（2）排气节流调速回路。

供水平安装的气缸供气回路中一般采用排气节流调速回路，如图 8-5-9 所示。在排气节流调速回路中，SB1 按钮开关断开，二位五通换向阀失电工作在左位，二位五通双气控换向阀工作在左位，气缸活塞杆伸出；SB1 按钮开关接通，二位五通电磁换向阀得电工作在右位，二位五通双气控换向阀工作在右位，气缸活塞杆缩回；通过调节单向节流阀的开度大小，控制气缸缩回运动速度。

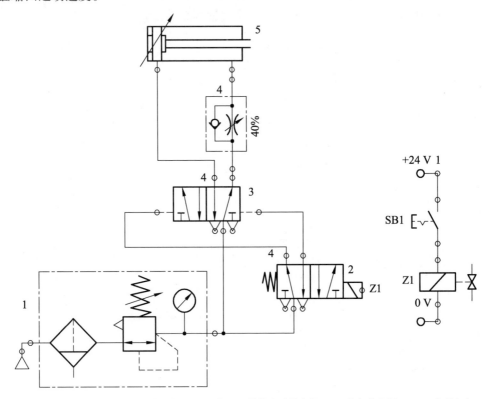

1—三联件；2—二位五通双气控换向阀；3—二位五通单控电磁换向阀；4—单向节流阀；5—双作用气缸。

图 8-5-9　排气节流调速回路

排气节流调速回路气缸速度随负载变化较小，运动较平稳，且能承受与活塞运动方向相同的反向负载，负载变化对速度影响较小，所以比进气节流调速效果好，应用较普遍。

> **想一想**：需要采用排气节流调速回路的气路系统，采用进气节流调速回路可以吗？
>
> _____
>
> _____

（3）双作用双向调速回路。

单向节流阀的双向节流调速回路都是采用排气节流调速方式，当外负载变化不大时，进气阻力小，负载变化对速度影响小，比进气节流调速的效果好，如图 8-5-10 所示。其工作过程为：

①SB1 按钮开关断开，二位五通换向阀失电工作在左位，二位五通双气控换向阀工作在左位，气缸活塞杆伸出。

②SB1 按钮开关接通，二位五通换向阀得电工作在右位，二位五通双气控换向阀工作在右位，气缸活塞杆缩回。

③通过调节左侧单向节流阀的开度大小，控制气缸伸出速度。

④通过调节右侧单向节流阀的开度大小，控制气缸缩回速度。

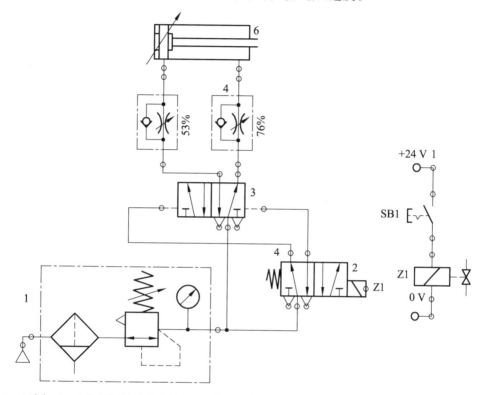

1—三联件；2—二位五通双气控换向阀；3—二位五通单控电磁换向阀；4—单向节流阀；5—双作用气缸。

图 8-5-10　双作用气缸的双向调速回路

（4）气—液调速回路。

气—液调速回路是利用气液转换器将气体的压力转变成液体的压力，再利用液压油驱动液压缸的速度控制回路，如图8-5-11 所示。调节节流阀的开度，可以实现活塞两个运动方向的无级调速。这要求气液转换器的储油量大于液压缸的容积，并有一定的余量。

这种回路运动平稳，充分发挥了气动供气的方便性和液压速度容易控制的特点；但气、液之间要求密封性好，以防止

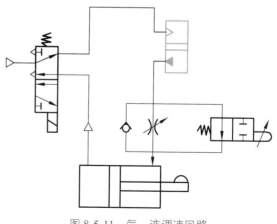

图 8-5-11　气—液调速回路

空气混入液压油中，从而影响液压缸的运动平稳性。

**想一想**：气—液调速回路可以用于气路系统的工作吗？

_____

_____

### 4. 其他常用基本回路

气压传动系统中，除了用到方向控制、压力控制和速度控制这些基本回路，还会用到安全保护回路、延时回路和顺序动作回路。

1）安全保护回路

气动机构负荷过载或气压的突然降低，以及气动执行机构的快速动作等都可能危及操作人员或设备的安全，因此在气动回路中，为了保护操作者的人身安全和设备的正常运转，常常用安全保护回路。下面介绍几种常用的安全保护回路：

（1）过载保护回路。

如图 8-5-12 所示为过载保护回路。按下手动换向阀 1，在活塞杆伸出的过程中，若遇到障碍物 6，无杆腔压力升高超过预定值时，打开顺序阀 3，使阀 2 换向，阀 4 随即复位，活塞立即退回，实现了过载保护；若无障碍物 6，气缸向前运动时压下阀 5，活塞即刻返回。

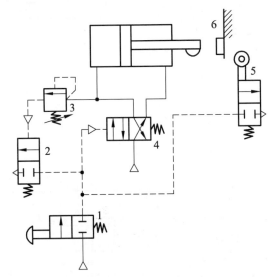

1—手动换向阀；2、4—换向阀；3—顺序阀；5—行程阀；6—障碍物。

图 8-5-12　过载保护回路

（2）互锁回路。

如图 8-5-13 所示为互锁回路。在该回路中，四通阀的换向受三个串联的机动三通阀控制，只有三个阀都接通，主阀才能换向。

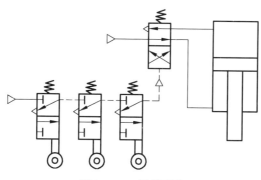

图 8-5-13　互锁回路

（3）双手同时操作回路。

双手同时操作回路就是使用两个启动用的手动阀，只有同时按动两个阀才动作的回路，如图 8-5-14 所示。这种回路的安全性高，常应用于锻造、冲压机械上来避免误动作，以保护操作者的安全。

图 8-5-14 是使用逻辑"与"的双手同时操作回路，为使主控阀 3 换向，必须使压缩空气信号进入阀 3 左侧，为此必须使两只三通手动阀 1 和 2 同时换向，而且，这两只阀必须安装在单手不能同时操作的位置上。在操作时，如任何一只手离开时则控制信号消失，主控阀复位，则活塞杆后退。

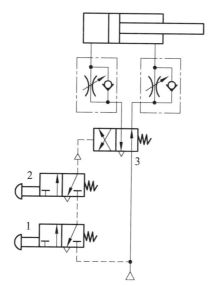

图 8-5-14　双手同时操作回路

想一想：汽车门窗的防夹功能采用的是哪种安全保护回路？

_____

_____

2）延时回路

延时回路用于精确控制气动系统气体流量和延时阀的延迟关闭时间，从而保证气动工作或生产过程的稳定性和安全性的回路。

当控制信号切换阀 4 后，压缩空气经单向节流阀 3 向储气罐 2 充气；当充气压力经过延时升高致使阀 1 换位时，阀 1 就有输出，如图 8-5-15 所示为延时输出回路。

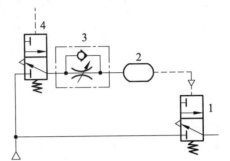

1、4—二位三通换向阀；2—储气罐；3—单向节流阀。

图 8-5-15　延时输出回路

按下阀 8，则气缸向外伸出，当气缸在伸出行程中压下阀 5 后，压缩空气经节流阀到储气罐 6，延时后才将阀 7 切换，气缸退回，如图 8-5-16 所示为延时接通回路。

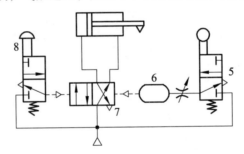

5，8—二位三通换向阀；6—储气罐；7—二位四通换向阀。

图 8-5-16　延时接通回路

3）顺序动作回路

顺序动作回路是指气动系统中，各个气缸按一定顺序完成各自的动作的回路。这里介绍单往复动作回路和连续往复动作回路。

（1）单往复动作回路。

如图 8-5-17（a）为行程阀控制的单往复回路，当按下阀 1 的手动按钮后，压缩空气使阀 3 换向，活塞杆前进；当凸块压下行程阀 2 时，阀 3 复位，活塞杆返回，完成一次循环。

如图 8-5-17（b）为压力控制的单往复动作回路，当按下阀 1 的手动按钮后，压缩空气使阀 3 换向，活塞杆前进；当活塞行程到达终点时，气压升高，打开顺序阀 2，使阀 3 换向，活塞杆返回，完成一次循环。

如图 8-5-17（c）为利用延时回路形成的时间控制单往复动作回路，当按下阀 1 的手动按钮后，压缩空气使阀 3 换向，活塞杆前进；当凸块压下行程阀 2 后，再经过一定的时间，阀 3 换向，活塞杆返回，完成一次循环。

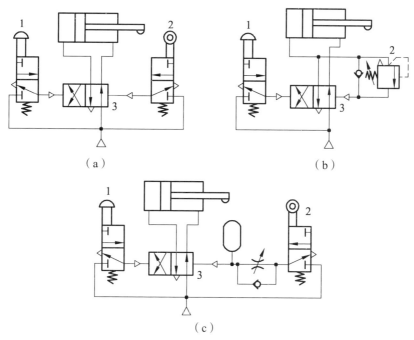

1—手动换向阀；2—行程阀；3—二位四通换向阀；4—顺序阀。

图 8-5-17　单往复动作回路

由以上可知，在单往复动作回路中，每按下一次按钮，气缸就完成一次往复动作。

（2）连续往复动作回路。

如图 8-5-18 所示为连续往复动作回路，按下阀 1，阀 3 处于复位状态，阀 4 换向，气缸活塞向右运动；当活塞伸出至挡块压下行程阀 2 时，阀 4 的控制气路排气，在弹簧的作用下阀 4 复位，活塞返回；当活塞返回到终点，挡块压下行程阀 3，阀 4 换向，活塞再次向右伸出。因此，气缸能够完成连续的动作循环。当断开阀 1 时，活塞返回到原位停止运动。

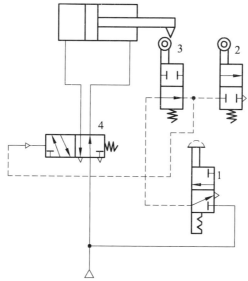

1—手动换向阀；2—气动换向阀；3、4—行程阀。

图 8-5-18　连续往复动作回路

4）缓冲回路

气压传动系统的工作机构如果速度较快或质量较大，若突然停止或换向时，会产生很大的冲击和振动，为减少或消除冲击的气压传动回路即为缓冲回路。

图 8-5-19 所示气压缓冲回路中，利用二位五通电磁阀 2 和二位三通的电磁阀 3 控制气缸的动作。当电磁阀 2 和电磁阀 3 都得电时，气缸快速前进。当电磁阀 2 得电，电磁阀 3 失电时，电磁阀 2 和气缸有杆腔之间设置有一个单向节流阀 4。当气缸接近停止位置时，使电磁阀 3 断开，气缸的回气经单向节流阀回气，阻力加大，从而在有杆腔形成一个由单向节流阀调节的背压气缸开始慢进，起到缓冲作用。其具体工作过程为：

① 当气缸缩回时，关门；气缸伸出时，开门。

② 电磁铁动作顺序如下：Z1、Z2 同时得电时，气缸快速前进；Z1 得电但 Z2 失电时，气缸慢速前进；Z1 失电，气缸快退。

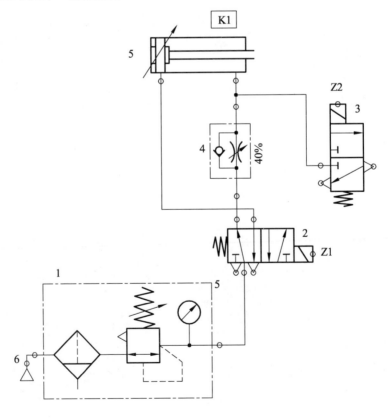

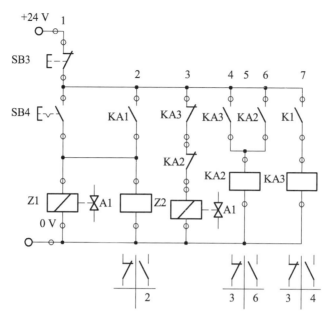

1—三联件；2—二位五通单控电磁换向阀；3—二位三通单控电磁换向阀；
4—单向节流阀；5—双作用气缸；6—气泵。

图 8-5-19　缓冲回路

③ 当按下 SB4 后，Z1、Z2、KA1 得电，同时相应的触点也动作，气缸快速前进。当碰到磁性开头 A1 后，A1 触发，Z2 失电，气缸的回气经单向节流阀回气，阻力加大，气缸慢进。当按下 SB3 后，Z1、KA1 均失电，二位五通电磁阀复位，气缸经单向节流阀快退。

## 练习题

### 一、判断题

1. 气压传动系统是由各种功能的基本回路组成。　　　　　　　　　　　　　（　　）
2. 在气动控制系统中控制二次压力，可以提高系统的可靠性、稳定性和安全性。　（　　）
3. 在气动回路中，为了保护操作者的人身安全和设备的正常运转，常常用安全保护回路。

　　　　　　　　　　　　　　　　　　　　　　　　　　　　　　　　　　（　　）
4. 缓冲回路用于精确控制气动系统气体流量和延时阀的延迟关闭时间。　　　（　　）
5. 换向回路是速度控制回路的一种主要形式。　　　　　　　　　　　　　　（　　）

### 二、选择题

1.（　　）回路的主要作用是对气动装置的气源入口处压力进行调节。【单选题】
　A. 压力控制　　　　　B. 一次压力控制　　　　C. 二次压力控制　　　　D. 方向控制
2. 在气压传动系统中，（　　）回路用来控制和调节执行元件运动速度。【单选题】
　A. 压力控制　　　　　B. 速度控制　　　　　　C. 单作用气缸换向　　　D. 方向控制

3. 气动基本回路按其功能分为（　　　）和其他常用基本回路。【多选题】

  A. 方向控制回路      B. 压力控制回路

  C. 速度控制回路      D. 质量控制回路

4. 压力控制回路是对系统（　　　）进行调节和控制的回路。【单选题】

  A. 压力   B. 速度   C. 方向     D. 指令

5. （　　　）用于低压气源或高压气源的转换输出。【单选题】

  A. 高、低压转换回路    B. 一次压力回路

  C. 二次压力回路      D. 双向调速回路

## 三、简答题

1. 简述单作用气缸换向回路的组成及工作过程。

2. 简述过载保护回路的工作过程。

## 任务六　典型气压传动系统及常见故障排除方法

气压传动技术是实现工业生产自动化和半自动化的方式之一，其应用遍及国民经济生产的各个部门。本任务主要介绍应用于机械行业的气动机械手和工件夹紧两种气压传动系统的作用、组成和工作原理。

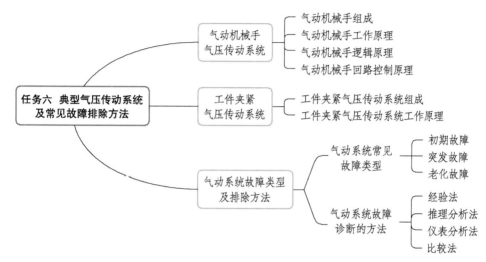

【学习目标】

### 知识目标：

（1）说出两种气压传动系统的作用及组成。

（2）总结两种气压传动系统的工作过程。

### 能力目标：

（1）具备分析典型气动系统回路的能力。

（2）具备说出典型气动系统控制过程的能力。

### 素质目标：

（1）在学习过程中，通过团队协作探究典型气压传动的作用及组成，使学生具备分析问题和解决问题的能力；

（2）通过探究典型气压传动系统的工作过程，使学生具备严格谨慎、务真求实的学习精神。

【任务描述】

一台组合机床的工件夹紧装置工作异常，需要检修。若你是某学校新能源汽车运用与维修专业学生，前面学习气压传动系统主要由气源装置、辅助元件、控制元件和执行元件组成。现让你维修这个设备，请你学习典型气压传动系统及常见故障排除方法，完成机床的检修。

 【获取信息】

在气动系统中，一种以气压为动力驱动执行件动作，而控制执行件动作的各类换向阀又都是电磁—气动控制的系统，能充分发挥电、气两方面的优点，应用相当广泛。

1. 气动机械手气压传动系统

机械手是自动生产设备和生产线上的重要装置之一，它可以根据各种自动化设备的工作需要，按照预定的控制程序动作。因此，在机械加工、冲压、锻造、铸造、装配和热处理等生产过程中被广泛用来搬运工件，借以减轻工人的劳动强度；也可实现自动取料、上料、卸料和自动换刀的功能，气动机械手是机械手的一种，它具有结构简单，重量轻，动作迅速、平稳、可靠和节能等优点。

1）气动机械手组成

机械手主要由夹紧缸 A、长臂伸缩缸 B、立柱升降缸 C 和回转缸 D 等组成，如图 8-6-1 所示，其中夹紧缸的活塞退回时夹紧工件，活塞杆伸出时松开工件；长臂伸缩缸也称为水平缸，可实现伸出和缩回动作。立柱升降缸，也称为垂直缸，带动上下升降；回转缸有两个活塞，分别装在带齿条的活塞杆两头，齿条的往复运动带动立柱上的齿轮旋转，从而实现立柱及长臂的回转。

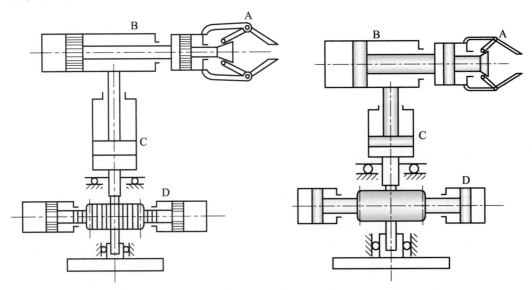

图 8-6-1　气动机械手组成

2）气动机械手工作原理

气动机械手的控制要求是：手动启动后，能从第一个动作开始自动延续到最后一个动作。具体的工作循环是：启动→立柱下降→伸臂→夹紧工件→缩臂→立柱顺时针转→立柱上升→放开工件→立柱逆时针转。

气动机械手的工作流程为：

$$q \xrightarrow{(qd_0)} \xrightarrow{a_1} A_1 \xrightarrow{b_1} B_1 \xrightarrow{b_0} B_0 \xrightarrow{b_1} B_1 \xrightarrow{b_0} B_0 \xrightarrow{a_0} A_0 \xrightarrow{a_0}$$

3）气动机械手逻辑原理

气动机械手在其程序为 $C_0B_1A_0B_0D_1C_1A_1D_0$ 条件下的气控逻辑原理图，如图 8-6-2 所示，图中列出了四个缸八个状态以及与它们相对应的主控阀，图中左侧列出的是由行程阀、启动阀等发出的原始信号，在三个与门元件中，中间一个与门元件说明启动信号 $q$ 对 $d_0$ 起开关作用，其余两个与门则起排除障碍作用。

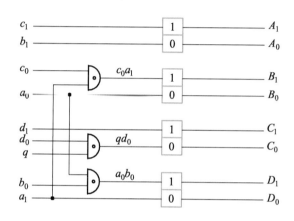

图 8-6-2　机械手气控逻辑原理图

4）气动机械手回路控制原理

气动机械手的气动回路图，如图 8-6-3 所示，其中原始信号 $c_0$、$b_0$ 均为障碍信号，而且是用逻辑回路法除障，故它们应为无源元件，即不能直接与气源相接，按除障后的执行信号表达式 $C_0 * (B_1) = C_0a_1$ 和 $b_0 * (D_1) = b_0a_0$ 可知，原始信号 $c_0$ 要通过 $a_1$ 与气源相接，同样原始信号 $b_0$ 要通过 $a_0$ 与气源相接。

由气动机械手的气动回路图可知，当按下启动阀 $q$ 后，主控阀 C 将处于 $C_0$ 位，活塞杆退回，即得到 $C_0$；$a_1c_0$ 将使主控阀 B 处于 $B_1$ 位置，活塞杆伸出，得到 $B_1$；活塞杆伸出碰到 $b_1$，则控制气使主控阀 A 处于 $A_0$ 位，A 缸活塞退回，即得到 $A_0$；A 缸活塞杆挡铁碰到 $a_0$；$a_0$ 又使主控阀 B 处于 $B_0$ 位，B 缸活塞缸返回，即得到 $B_0$；B 缸活塞杆挡块又压下 $b_0$，$a_0b_0$ 又使主控阀 D 处于 $D_1$ 位，使 D 缸活塞杆往右运动，得到 $D_1$；D 缸活塞杆上的挡铁压下 $d_1$，$d_1$ 则使主控阀 C 处于 $C_1$ 位，使 C 缸活塞杆伸出，得到 $C_1$，C 的活塞杆上挡铁又压下 $C_1$，则 $C_1$ 使主控缸 A 处于 $A_1$ 位，A 缸活塞杆伸出，即得到 $A_1$；A 缸活塞杆上的挡铁压下 $a_1$，$a_1$ 使主控阀 D 处于 $D_0$ 位，使 D 缸活塞杆往左，即得 $D_0$，D 缸活塞上的挡铁压下 $d_0$，$d_0$ 经启动阀又使主控阀 C 处于 $C_0$ 位，又开始新的一轮工作循环。

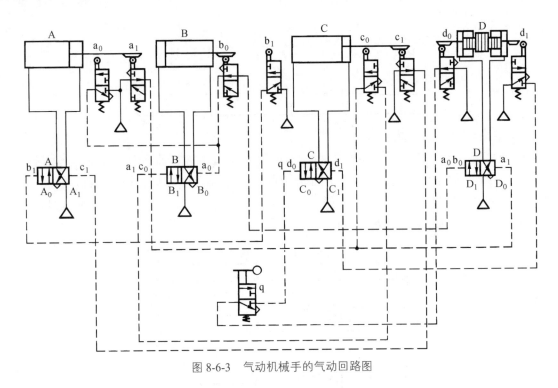

图 8-6-3　气动机械手的气动回路图

**想一想：** 应用在不同工作场景的气动机械手其固定方式相同吗？

2. 工件夹紧气压传动系统

工件夹紧气压传动系统是一种常用的夹紧装置，主要用于固定工件，确保其在加工或使用过程中的稳定性和安全性，这种系统适用于机械加工、组合机床中各种形状和材料的工件夹紧。

1）工件夹紧气压传动系统组成

工件夹紧气压传动系统主要由作用缸 A、夹紧缸 B、夹紧缸 C、换向阀 1、行程阀 2、单向节流阀 3 和 5、主控阀 4 和中继阀 6 等组成，如图 8-6-4 所示，是机械加工自动线、组合机床中常用的工件夹紧的气压传动系统。

2）工件夹紧气压传动系统工作原理

其工作原理是：当工件运行到指定位置后气缸 A 的活塞杆伸出，将工件定位锁紧后，两侧的气缸 B 和 C 的活塞杆同时伸出，从两侧面压紧工件，实现夹紧，而后进行机械加工，其气压系统的动作过程如下。

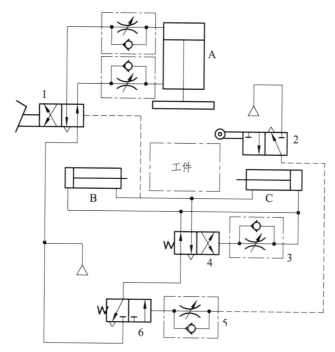

图 8-6-4　工件夹紧气压传动系统回路

当用脚踏下脚踏换向阀 1（在自动线中往往采用其他形式的换向方式）后，压缩空气经单向节流阀进入气缸 A 的无杆腔，夹紧头下降至锁紧位置后使机动行程阀 2 换向。压缩空气经单向节流阀 5 进入中继阀 6 的右侧。使阀 6 换向，压缩空气经阀 6 通过主控阀 4 的左位进入气缸 B 和 C 的无杆腔，两气缸同时伸出。与此同时，压缩空气的一部分经单向节流阀 3 调定延时后使主控阀换向到右侧，则两气缸 B 和 C 返回。在两气缸返回的过程中有杆腔的压缩空气使脚踏阀 1 复位，则气缸 A 返回。此时由于行程阀 2 复位（右），所以中继阀 6 也复位，由于阀 6 复位气缸 B 和 C 的无杆腔通大气，主控阀 4 自动复位，由此完成了一个缸 A 压下（$A_1$）→夹紧缸 B 和 C 伸出夹紧（$B_1$、$C_1$）→夹紧缸 B 和 C 返回（$B_0$、$C_0$）→缸 A 返回（$A_0$）的动作循环。

---

想一想：机械加工自动线和组合机床中工件夹紧气压传动系统组成完全一样吗？

_____

_____

---

### 3. 气动系统故障类型及排除方法

在工业和机械设备中，气动系统是广泛应用的一种传动方式。气动系统与任何其他系统一样，也可能出现故障。当气动系统出现故障时，可能会导致设备停工，生产延误以及损失。

1）气动系统常见故障类型

由于气动系统故障发生的时期不同，反映出的故障现象以及引发故障的原因也不相同。

一般可以将气动系统故障分为初期故障、突发故障和老化故障三类。

（1）初期故障。

所谓初期故障，是指在气动系统调试阶段和开始运转的 2 ~ 3 个月内发生的故障。初期故障主要是由气动系统设计、加工、安装和气动元件质量等方面的缺陷造成的，如：

① 元件加工、装配不良。元件内孔的研磨不符合要求，零件毛刺未清除干净。不清洁安装零件，装错、装反，装配时对中不良，紧固螺钉拧紧力矩不恰当，零件材质不符合要求。外购密封圈、弹簧等零件质量差等。

② 设计失误。设计气动元件时，对零件的材料选用不当，加工工艺要求不合理等；对元件的特点、性能和功能了解不够，造成回路设计时元件选用不当；设计的空气处理系统不能满足气动元件和系统的要求或回路设计中出现错误。

③ 安装不符合要求。安装时，气动元件及通道内吹洗不干净，使灰尘、密封材料等杂质混入，造成气动系统故障；安装气缸时存在偏益，管道的防松、防振动等没有采取无效措施。

④ 维护管理不善。未及时排放冷凝水，未及时给油雾器补油等。

（2）突发故障。

气动系统在稳定运行时期内突然发生的故障称为突发故障。例如，油杯和水杯都是用聚碳酸酯材料制成的。如果它们在有机溶剂的雾气中工作，就有可能突然变形；空气或管路中的残留杂质混入元件内部，突然使相对运动件卡死；弹簧突然折断、软管突然爆裂、电磁线圈突然烧坏；突然停电造成回路误动作等。

有些突发故障是有先兆的。如排出的空气中出现杂质和水分，表明过滤器已失效。应及时查明原因，予以排除，不要酿成突发故障。但有些突发故障是无法预测的，只能采取安全保护措施加以防范，或准备一些易损备件，以便及时更换失效的元件。

（3）老化故障。

个别或少数气动元件达到使用寿命后发生的故障称为老化故障。参照气动系统中各气动元件的生产日期、开始使用日期，使用的频繁程度以及已经出现的某些征兆，如声音反常、泄漏越来越严重、气缸运动不平稳等，可以大致预测老化故障的发生期限。

2）气动系统故障诊断的方法

气动系统故障诊断常采用的方法有经验法和推理分析法。

> **想一想**：气动系统的故障诊断或检修有固定的思路吗？
>
> _____
>
> _____

（1）经验法。

经验法是指依靠检修人员的实际工作经验，凭借视觉、听觉、嗅觉、触觉等判断故障发生的部位，并找出故障原因的方法。

① 通过视觉观察，了解气动系统发生故障时的现象。如观察执行动作的运动速度有无异常变化；各测压点的压力表显示的压力是否符合要求，有无大的波动；润滑油的质量和油量

是否符合要求；冷凝水能否正常排出；换向阀排气口排出空气是否干净；电磁阀的指示灯显示是否正常；紧固螺钉及管接头有无松动；管道有无扭曲和压扁；有无明显振动存在；加工产品质量有无变化等。

②通过听觉和嗅觉，了解系统发生故障时的现象。如听气缸及换向阀换向时有无异常声音；气动系统停止工作但尚未卸压时，有无漏气，漏气声音大小及其每天的变化情况；电磁线圈和密封圈有无因过热而发出的特殊气味等。

③通过触觉，了解系统发生故障时的温度与振动情况。如通过触摸相对运动件外壳和电磁线圈，感受其温度。如触摸 2 s 后感到烫手，则应查明发热原因。此外，通过触摸可以查明气缸、管道等处有无振动，气缸有无爬行。各接头处及元件处有无漏气等。

经验法简单易行，但由于每个人的感觉、实践经验和判断能力的差异，诊断故障会存在一定的局限性。在使用经验法时，适当采用查阅技术资料和人员访谈的方法，能够取得更好的诊断效果。如通过查阅气动系统的技术资料，可以了解系统的工作程序、运行要求及主要技术参数；查阅产品样本，可以了解每个元件的作用、结构、功能和性能，查阅维护检查记录，可以了解日常维护保养的工作情况；访谈现场操作人员，可以了解设备运行情况，故障发生前的征兆及故障发生时的状况等

（2）推理分析法。推理分析法是利用逻辑推理，由简到繁、由易到难、由表及里逐一进行分析，排除不可能的和非主要的故障原因，优先检查故障发生前曾经调整或更换过的元件，查找故障概率高的常见原因，从而找出故障真实原因的一种方法。

（3）仪表分析法。利用检测仪器仪表，如压力表、压差计、电压表、温度计及其他电子仪器等检查气动系统或元件的技术参数是否符合相应的技术要求，从而找出故障发生的真实原因。

（4）比较法。用标准的或合格的气动元件代替气动系统中相同的元件，通过工作状况的对比，来判断被更换的气动元件是否失效。

## 拓展　气动机械手系统故障诊断与排除

### 【实训器材】

气动机械手系统、常用工具和机械手设备说明书或手册等。

### 【作业准备】

拆装工具；穿戴工作服；设置隔离栏；做好人员防护。

## 【操作步骤】

### 1. 确认故障现象

某自动生产线机械手操作单元，在一次提取物件时，突然不工作。机械手操作单元主要由提取模块（机械手）、气源处理组件、阀组、I/O 接线端口、滑槽模块等组成，该机械手工作单元的执行系统是气压传动控制系统，其方向控制阀的工作由电磁阀控制，各执行机构的逻辑控制功能是通过 PLC 控制实现的。检查 PLC 接线及其程序部分均正常，因机械手所有机构的动作均由气压传动系统驱动，初步判断可能是气压传动系统中的机械手提取模块与相关阀组故障，现需要对故障进行分析，并排除故障。

### 2. 气动机械手系统工作原理分析

气动机械手是集机械、电气和控制于一体的典型的机电一体化设备，空气压缩机提供动力源，压缩空气作为工作介质，传递能量或信号，执行系统和控制系统是其核心部分。

提取模块即气动机械手，主要由直线运动的提取气缸、摆臂气缸、转动气缸及气动夹爪等组成。提取气缸安装在摆臂气缸的气缸杆的前端，实现垂直方向的运动，以便于提取工件。摆臂气缸组成了气动机械手的"手臂"，有两个压力腔和两个活塞杆，在同等压力下，其输出力是一般气缸的两倍，是一个双联气缸，也叫倍力缸，用于实现水平方向的伸出与缩回动作。在气缸的两个极限位置上分别安装有磁感应式接近开关，用于判断气缸动作是否到位。转动气缸可以实现摆臂气缸 180°的旋转，但需要在气缸的两个极限位置分别安装一个用于缓冲旋转冲击的阻尼缸和一个用于判断气缸旋转是否到位的电感式接近开关。气动夹爪则用于工件的抓取与松开。气动机械手操作单元如图 8-6-5 所示。气动机械系统原理图如图 8-6-6 所示。各电气元件的用途如表 8-6-1 所示。

图 8-6-5　气动机械手操作单元

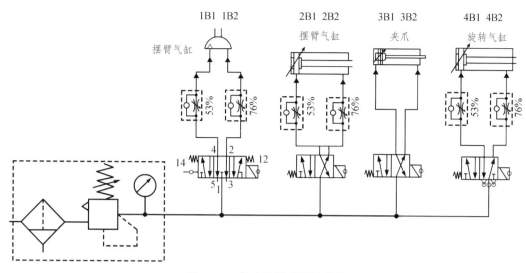

图 8-6-6　气动机械系统原理图

表 8-6-1　各电气元件的用途

| 序号 | 设备符号 | 设备名称 | 设备用途 | 信号特征 |
|---|---|---|---|---|
| 1 | 1B1 | 电磁式传感器 | 判断摆臂的左右位置 | 信号为 1：摆臂在最左端 |
| 2 | 1B2 | 电磁式传感器 | 判断摆臂的左右位置 | 信号为 1：摆臂在最右端 |
| 3 | 2B1 | 磁感应式接近开关 | 判断摆臂的伸缩位置 | 信号为 1：摆臂缩回到位 |
| 4 | 2B2 | 磁感应式接近开关 | 判断摆臂的伸缩位置 | 信号为 1：摆臂伸出到位 |
| 5 | 3B1 | 磁感应式接近开关 | 判断夹爪开闭情况 | 信号为 1：夹爪打开<br>信号为 0：夹爪夹紧 |
| 6 | 4B1 | 磁感应式接近开关 | 判断夹爪上下位置 | 信号为 1：夹爪下降到位 |
| 7 | 4B2 | 磁感应式接近开关 | 判断夹爪上下位置 | 信号为 1：夹爪上升返回到位 |
| 8 | 1Y1 | 电磁阀 | 控制旋转气缸左右动作 | 信号为 1：旋转缸左转 |
| 9 | 1Y2 | 电磁阀 | 控制旋转气缸左右动作 | 信号为 1：旋转缸右转 |
| 10 | 2Y1 | 电磁阀 | 控制旋转气缸伸缩动作 | 信号为 1：摆臂缩回 |
| 11 | 2Y2 | 电磁阀 | 控制旋转气缸伸缩动作 | 信号为 1：摆臂伸出 |
| 12 | 3Y1 | 电磁阀 | 控制夹爪开闭的动作 | 信号为 1：夹爪打开 |
| 13 | 3Y2 | 电磁阀 | 控制夹爪开闭的动作 | 信号为 1：夹爪闭合 |
| 14 | 4Y1 | 电磁阀 | 控制提取缸上下的动作 | 信号为 1：夹爪下降<br>信号为 0：夹爪上升 |

### 3. 机械手故障诊断方法

根据诊断经验法，按照先易后难、先外后内、积极假设、认真论证的故障排除原则，找出可能性大的故障元件，再利用更换法验证怀疑对象是否真有故障。所谓更换法，就是在现场对设备的故障症状做了初步诊断之后，怀疑故障原因在某一组件之上，可将其拆下，另装一正常组件试运行。若更换后故障排除，说明更换组件就是故障元件；若更换后故障依然存在，且故障现象与原先一致，说明更换部件不是故障元件。或者将更换下的组件装在无故障的系统上，此时若系统出现故障，说明更换下的组件为故障件，反之则不是。

### 4. 机械手故障诊断流程

机械手故障根据故障现象、组成和工作原理，梳理出的诊断流程如图 8-6-7 所示。

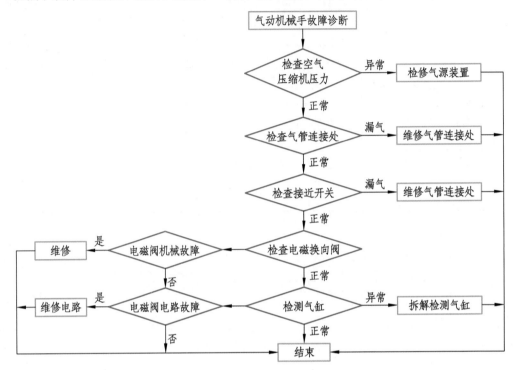

图 8-6-7　气动系统诊断流程图

（1）检查空气压缩机的压力。

若压力正常说明气源装置即空气压缩机没有问题，若不正常说明气源装置有问题，需要进一步检修。

（2）检查气管连接处是否存在漏气。

用听或摸或测量的方法检查是否漏气。若听到"扑哧扑哧"的漏气声或用手触摸气管连接处感到有风吹过，说明存在漏气。用压力表测量其压力，若压力不正常可能管路存在漏气故障。

（3）检查接近开关是否损坏。

若怀疑接近开关出现故障，可以用替换法验证，即拆卸下接近开关，更换一个正常的接近开关试操作，如果操作手能正常工作就说明接近开关有问题，如果操作手不能正常工作，说明接近开关正常。需要进一步检查换向阀或其他元件。

（4）检查电磁换向阀是否损坏。

若怀疑电磁换向阀出现故障，可以将其拆下安装在正常工作的操作手单元上，也可以用手动换向阀替换电磁换向阀，通过看操作手是否正常工作来判定电磁换向阀是否有问题。

若换向阀上的消声器太脏或被堵塞时，则会影响换向阀的灵敏度和换向时间，故需要经常清洗消声器。

电磁换向阀的故障主要有两类，一是电磁阀机械故障，二是电路故障（包括电磁阀故障和电磁线圈故障）。因此，在检查电磁阀故障前，首先应先将换向阀的手动旋钮转动几下，看换向阀在额定的气压下是否能正常换向，若能正常换向，则是电路或电磁线圈故障，否则就是电磁阀阀体与阀芯出现机械故障。例如若润滑不良、油污或杂质卡住滑动部分，若弹簧被卡住或损坏、阀芯密封圈磨损、阀杆和阀座损伤等则会引起阀不能换向或换向动作缓慢，这时，应检查油雾器的工作是否正常，润滑油的黏度是否合适，清洗换向阀的滑动部分，更换弹簧、密封圈、阀杆和阀座甚至更换向阀。

若电磁先导阀的进、排气孔被油泥等杂物堵塞，封闭不严，活动铁芯被卡死等则会导致换向阀不能正常换向，这时，应首先清洗先导阀及活动铁芯上的油泥和杂质。而对于电路故障，则按照控制电路故障和电磁线圈故障两类来处理。在检查时，可用仪表测量电磁线圈的电压，看是否达到了额定电压，如果电压过低，应进一步检查控制电路中的电源和相关联的行程开关电路。如果在额定电压下换向阀不能正常换向，则应检查电磁线圈的插头是否松动或接触不实。检测方法用电阻法，即拔下插头，测量线圈的阻值，阻值太大或太小，说明电磁线圈已损坏，应更换。

（5）检测气缸。

若上述检查都做完，若还没有排除故障，可能是气缸故障。此时，可以用替换法判断是否气缸故障，即用正常的气缸替换，看操作手是否正常工作，若能正常工作说明气缸故障。在确定气缸出现故障的基础上，再对气缸进行拆卸检测。

一般情况下，气缸内、外泄漏可能是由于密封圈和密封环的磨损或损坏，气缸内存在杂质，润滑油供应不足或活塞杆安装出现偏心或伤痕等原因引起的。因此，当发现气缸出现内、外泄漏时，需要更换磨损的密封圈、密封环和有伤痕的活塞杆，清除气缸内的杂质，并检查油雾器的工作情况，确保气缸得到良好的润滑，并重新调整活塞杆的中心位置，保证活塞杆与缸筒的同轴度。

另外，如果发现气缸输出力不足或动作不平稳，可能是由于活塞或活塞杆被卡住、润滑不良或供气量不足，或者缸内存在冷凝水和杂质等原因引起的。在这种情况下，应调整活塞杆的中心位置，检查油雾器的工作情况，确保供气管路畅通，清除气缸内的冷凝水和杂质。此外，如果缓冲密封圈磨损或调节螺钉损坏，可能会导致气缸的缓冲效果不良。这时，需要更换密封圈和调节螺钉。

最后，如果活塞杆安装偏心或缓冲机构不起作用，可能会损坏气缸的活塞杆和缸盖。对于这种情况，需要调整活塞杆的中心位置，更换缓冲密封圈或调节螺钉。

5. 故障检测

（1）检查空气压缩机压力和气管连接。

经检查空气压缩机的压力充足，气管连接良好，没有漏气，空气压缩机和气管连接正常。

（2）检查接近开关。

由于操作手没有进行循环动作，接近开关没有触发，我们可以采用更换法来检查接近开关是否故障。如果更换接近开关后，机械手的摆臂气缸在伸缩时出现间歇性的走走停停的现象，我们怀疑可能是电磁换向阀或气缸出现了问题。

（3）检查电磁换向阀。

用替换法检查电磁换向阀，即拆下电磁换向阀将其安装在另一台正常工作的操作单元上，机械手能正常工作，说明电磁换向阀无故障。

（4）检查气缸。

用替换法检查气缸故障，即重新安装一个正常的气缸，机械手故障排除。这说明故障就出在气缸上，拆解有故障的气缸，把里面的杂质清理干净，更换新的密封圈，再重新安装上去，故障排除。

竞赛小知识：
① 更换密封圈时一定要与原规格相同。
② 安装密封圈时一定要按装到位，确保接触良好。

6. 复检及整理归位

（1）重新启动机械手，确保其能正常工作；

（2）整理工具；

（3）恢复设备；

（4）清洁作业场地。

气动机械手系统故障诊断与排除工作页

| 气动机械手系统故障诊断与排除 | 工 作 任 务 单 | 班级： |
| --- | --- | --- |
| | | 姓名： |

1. 设备信息记录

| 品牌 | | 型号 | | 生产年月 | |
| --- | --- | --- | --- | --- | --- |
| 故障记录 | | | | | |

2. 作业场地准备

| 检查设置隔离栏 | □是　　□否 |
| --- | --- |
| 穿戴工作服 | □是　　□否 |
| 检查并确认工具 | □是　　□否 |
| 翻阅维护记录 | □是　　□否 |
| 其他： | □是　　□否 |

3. 记录故障现象

4. 气动机械手系统原理分析

| 气动机械手系统组成 | ①气动机械手主要由_____、_____、_____及_____等组成。 |
| --- | --- |
| | ②提取气缸_____，以便于提取工件 |
| | ③摆臂气缸组成了气动机械手的"手臂"，用于_____。 |
| | ④转动气缸用于_____，从而带动机械手动作。 |
| | ⑤气动夹爪_____。 |
| 气动机械手系统工作原理 | 气动机械手操作单元系统主要由_____、_____、_____、I/O接线端口、_____等组成。这种机械手工作单元的执行系统是气压传动控制系统，其方向控制阀的工作由电磁阀控制，各执行机构的逻辑控制功能是通过PLC控制实现的 |

5. 气动机械手可能故障

| 气源装置（空气压缩机） | |
| --- | --- |
| | |
| | |
| | |

6. 故障检测

| 检测内容 | 检测条件或方法 | 检测结果 | 其他 | 结果判断 |
|---|---|---|---|---|
| 检测空气压缩机压力 | | | | |
| 检查气管连接处 | | | | |
| 检查接近开关 | | | | |
| 检测电磁换向阀 | | | | |
| 检测气缸 | | | | |
| | | | | |

7. 故障确认

| 故障点 | 故障类型 | 维修措施 |
|---|---|---|
| | | |
| | | |

8. 故障复检

| 机械手能否正常工作 | □是　　□否 |
|---|---|

9. 作业场地恢复

| 整理工具 | □是　　□否 |
|---|---|
| 恢复设备 | □是　　□否 |
| 清洁作业场地 | □是　　□否 |
| 其他 | □是　　□否 |

| 气动机械手系统故障诊断与排除 | | | 实习日期： | | |
|---|---|---|---|---|---|
| 姓名： | | 班级： | 学号： | | |
| 自评：□熟练 □不熟练 | | 互评：□熟练 □不熟练 | 师评：□合格 □不合格 | | 导师签名： |
| 日期： | | 日期： | 日期： | | |

【评分细则】

| 序号 | 评分项 | 得分条件 | 分值 | 评分要求 | 自评 | 互评 | 师评 |
|---|---|---|---|---|---|---|---|
| 1 | 安全/7S/态度 | □1. 能进行工位 7S 操作<br>□2. 能进行设备和工具安全检查<br>□3. 能进行人员防护操作<br>□4. 能进行工具清洁、存放操作<br>□5. 能实现三不落地操作 | 15 | 未完成1项扣3分，扣分不得超过15分 | □熟练<br>□不熟练 | □熟练<br>□不熟练 | □合格<br>□不合格 |
| 2 | 专业技能能力 | □1. 能正确确认故障现象<br>□2. 能正确检查空气压缩机<br>□3. 能正确检查连接气管<br>□4. 能正确检测接近开关<br>□5. 能正确检测电磁换向阀<br>□6. 能正确检测气缸<br>□7. 能规范修复故障部位 | 50 | 未完成1项扣8分，扣分不得超过50分 | □熟练<br>□不熟练 | □熟练<br>□不熟练 | □合格<br>□不合格 |
| 3 | 故障分析和流程能力 | □1. 能正确分析出可能故障原因<br>□2. 能梳理出故障诊断流程 | 10 | 未完成1项扣5分，扣分不得超过10分 | □熟练<br>□不熟练 | □熟练<br>□不熟练 | □合格<br>□不合格 |
| 4 | 理论分析及资料、信息查询能力 | □1. 能正确分析出气动机械手组成<br>□2. 能正确总结气动机械手系统工作原理<br>□3. 能正确使用维修手册查询资料<br>□4. 能正确梳理气动机械手维修相关信息 | 10 | 未完成1项扣2.5分，扣分不得超过10分 | □熟练<br>□不熟练 | □熟练<br>□不熟练 | □合格<br>□不合格 |
| 5 | 数据判断和分析能力 | □1. 能正确判断检测数据是否正常<br>□2. 能判断具体故障点 | 10 | 未完成1项扣5分，扣分不得超过10分 | □熟练<br>□不熟练 | □熟练<br>□不熟练 | □合格<br>□不合格 |
| 6 | 工单填写能力 | □1. 字迹清晰<br>□2. 语句通顺<br>□3. 无错别字<br>□4. 无涂改<br>□5. 无抄袭 | 5 | 未完成1项扣1分，扣分不得超过5分 | □熟练<br>□不熟练 | □熟练<br>□不熟练 | □合格<br>□不合格 |

总分：

# 练习题

## 一、判断题

1. 机械手可以根据各种自动化设备的工作需要，按照预定的控制程序动作。　　（　　）

2. 机械手在机械加工、冲压、锻造、铸造、装配和热处理等生产过程中被广泛用来搬运工件。　　（　　）

3. 气动机械手具有结构复杂，重量轻，动作迅速、平稳、可靠和节能等特点。　　（　　）

4. 气动机械手启动后，不能从第一个动作开始自动延续到最后一个动作。　　（　　）

5. 工件夹紧装置是机械加工自动线、组合机床中常用的工件夹紧的气压传动系统。

（　　）

## 二、选择题

1. 机械手主要由（　　　）等组成。【多选题】

　　A. 夹紧缸　　　　　　B. 长臂伸缩缸　　　　　C. 立柱升降缸　　　　　D. 回转缸

2. （　　　）也称为水平缸，可实现伸出和缩回动作。立柱升降缸，也称为垂直缸，带动上下升降。【单选题】

　　A. 夹紧缸　　　　　　B. 长臂伸缩缸　　　　　C. 立柱升降缸　　　　　D. 回转缸

3. 机械手的（　　　）有两个活塞。【单选题】

　　A. 夹紧缸　　　　　　B. 长臂伸缩缸　　　　　C. 立柱升降缸　　　　　D. 回转缸

4. 工件夹紧气压传动系统主要（　　　）夹紧缸、换向阀、行程阀、单向节流阀、主控阀和中继阀等组成。【多选题】

　　A. 作用缸　　　　　　B. 双作用缸　　　　　　C. 夹紧缸　　　　　　　D. 回转缸

5. （　　　）是指在气动系统调试阶段和开始运转的 2 ~ 3 个月内发生的故障。【单选题】

　　A. 老化故障　　　　　B. 突发故障　　　　　　C. 初期故障　　　　　　D. 间隙故障

## 三、简答题

1. 请简述气动机械手系统组成和工作过程。

2. 请简述工件夹紧气压传动系统组成和工作原理。

# 参考文献

[ 1 ] 张忠远，韩玉勇. 液压传动与气动技术[M]. 天津：南开大学出版社，2010.

[ 2 ] 徐建国、包君. 液压传动与气动技术[M]. 北京：国防工业出版社，2013.

[ 3 ] 陈桂芳. 液压与气动技术[M]. 3 版. 北京：北京理工大学出版社，2015.

[ 4 ] 路雨祥. 液压气动技术手册[M]. 北京：机械工业出版社，2002.

[ 5 ] 韩玉勇、杨眉. 液压与气压传动技术. 机械工业出版社，2018.

[ 6 ] 周建清、王金娟. 气动与液压实训. 机械工业出版社，2021.

[ 7 ] 许福玲，陈尧明. 液压与气压传动[M]. 2 版. 北京：机械工业出版社，2005.

[ 8 ] 李壮云，葛宜远. 液压元件与系统[M]. 北京：机械工业出版社，1999.

[ 9 ] 蒋翰成. 液压与气动[M]. 北京：机械工业出版社，2009.

[10] 徐永生. 气压传动[M]. 北京：机械工业出版社，2000.

[11] 广州机床研究所. 机床液压系统设计指导手册[M]. 广州：广东高等教育出版社，1993.

[12] 上海工业大学流控研究室. 气动技术基础[M]. 北京：机械工业出版社，1985.

[13] 陈清奎，等. 液压与气压传动[M]. 北京：机械工业出版社，2017.

[14] 丁又青，周小鹏. 液压传动与控制[M]. 重庆：重庆大学出版社，2008.

[15] 毛好喜. 液压与气动技术[M]. 北京：人民邮电出版社，2017.

[16] 刘延俊，液压系统使用与维修[M]. 北京：化学工业出版社，2015.

[17] 杨健. 液压与气动技术[M]. 北京：北京邮电大学出版社，2014.

[18] 张春东. 液压与气压传动[M]. 长春：吉林大学出版社，2016.

[19] 李芝. 液压传动[M]. 北京：机械工业出版社，2005.

[20] 潘玉山. 液压与气动技术[M]. 北京：机械工业出版社，2008.

[21] 金英姬，冯海明. 液压与气动技术[M]. 北京：高等教育出版社，2013.

[22] 王秋敏，赵秀华. 液压与气动系统[M]. 天津：天津大学出版社，2013.

[23] 李壮云，葛宜远. 液压元件与系统[M]. 北京：机械工业出版社，1999.

[24] 蒋翰成. 液压与气动[M]. 北京：机械工业出版社，2009.

[25] 广州机床研究所. 机床液压系统设计指导手册[M]. 广州：广东高等教育出版社，1993.

[26] 陈清奎，等. 液压与气压传动[M]. 北京：机械工业出版社，2017.

[27] 丁又青，周小鹏. 液压传动与控制[M]. 重庆：重庆大学出版社，2008.

[28] 毛好喜. 液压与气动技术[M]. 北京：人民邮电出版社，2017.

[29] 刘延俊，液压系统使用与维修[M]. 北京：化学工业出版社，2015.

[30] 林文坡. 气压传动及控制[M]. 西安：西安交通大学出版社，1992.

[31] 陈书杰. 气压传动及控制[M]. 北京：冶金工业出版社，1991.

[32] 刘延俊. 液压与气压传动[M]. 北京：机械工业出版社，2012：23-90.

[33] 许贤良. 液压传动[M]. 北京：国防工业出版社，2006.

[34] 田勇，高长根. 液压与气压传动技术及应用[M]. 北京：电子工业出版社，2011.

[35] 李松晶，王清岩. 液压系统经典设计实例[M]. 北京：化学工业出版社，2016.

[36] 杜君文. 机械制造技术装备及设计[M]. 天津：天津大学出版社，2007，（10）.

[37] 王光华. 组合机床液压传动[J]. 机床与液压，1975，5（02）：110-128.

[38] 一泵控制多个动力滑台（或部件）的液压装置[J]. 组合机床通讯，1977，（06）：23-32.

[39] 潘启杞. 国外小型组合机床动力部件[J]. 仪器制造，1975，1（02）：50-61

[40] 宋鲁涛. 精密卧式加工中心的动态特性分析[D]. [硕士学位论文]. 大连：大连理工大学，2010.

[41] 王富强. 精密机床床身的动态特性分析与优化[D]. [硕士学位论文]. 兰州：兰州理工大学，2007.

[42] 张宗兰. 机械结合面动态参数的研究[J]. 哈尔滨学报，1988，8（4）：79-85

[43] 王明燕，王雷. 基于 AMESim 的工程机械液压油冷却系统设计方法研究[J]. 工程机械，2018 年 01 期.

[44] 何淼，边鑫. 基于更换法的气动操作手的故障诊断[J]. 轻工科技，2013，6（6）：69-70.

[45] 周进民，杨成刚. 液压与气动技术[M]. 北京：机械工业出版社，2012.12

[46] 左健民. 液压与气压传动[M]. 北京：机械工业出版社，2015.6